建筑工程施工现场管理人员必备系列

预算员

传帮带

盖卫东 主编

第二版

U0320033

化学工业出版社

·北京·

本书主要依据《建设工程工程量清单计价规范》《通用安装工程工程量计算规范》等最新规范编写，系统地介绍了工程造价概述、工程定额计价理论、工程量清单计价理论、建筑工程预算常见问题、安装工程预算常见问题、建筑工程预算实例、安装工程预算实例以及工程量清单计价实例。

全书重点突出、通俗易懂、实例丰富。本书可供设计、建设、施工单位预算员和工程预算管理人员阅读，也可作为本专业中等技术学校的教学参考书。

图书在版编目（CIP）数据

预算员传帮带/盖卫东主编. —2 版. —北京：化学工业
出版社，2016.5
（建筑工程施工现场管理人员必备系列）
ISBN 978-7-122-26435-0

Ⅰ.①预…　Ⅱ.①盖…　Ⅲ.①建筑预算定额-基本知识
Ⅳ.①TU723.3

中国版本图书馆 CIP 数据核字（2016）第 044420 号

责任编辑：徐　娟　　　　　　　　　装帧设计：史利平
责任校对：战河红

出版发行：化学工业出版社（北京市东城区青年湖南街 13 号　邮政编码 100011）
印　　装：大厂聚鑫印刷有限责任公司
850mm×1168mm　1/32　印张 13¾　字数 381 千字
2016 年 6 月北京第 2 版第 1 次印刷

购书咨询：010-64518888（传真：010-64519686）
售后服务：010-64518899
网　　址：http://www.cip.com.cn
凡购买本书，如有缺损质量问题，本社销售中心负责调换。

定　　价：48.00 元　　　　　　　　版权所有　违者必究

编写人员名单

主　　编：盖卫东

编写人员：王　勇　王海廷　关　昕　刘志强

　　　　　刘　曼　孙秀玉　吴　丹　吴　兮

　　　　　张　顺　李宗正　李　颖　汪　欣

　　　　　陈　荣　陈　露　郑丽英　姚冬阳

　　　　　郭　磊　白雅君　盖卫东

前　言

目前，我国建筑业发展迅速，城镇建设规模日益扩大，建筑施工队伍不断增加，建筑工地比比皆是。预算员已经成为建设工程施工必需的管理人员，肩负着重要的职责。他们既是工程项目经理进行工程项目管理命令的执行者，同时也是广大建筑施工工人的领导者。他们的管理能力、技术水平的高低，直接关系到千千万万个建设项目能否有序、高效率、高质量地完成；关系到建筑施工企业的信誉、前途和发展，甚至是整个建筑业的发展。

为了规范建设市场秩序、提高投资效益，做好工程造价工作，住房与城乡建设部于 2013 年颁布实施《建设工程工程量清单计价规范》（GB 50500—2013）、《通用安装工程工程量计算规范》（GB 50856—2013）等最新标准规范文件，这些给广大工程造价人员带来了极大的挑战。再者，第一版的很多知识对于现在的工程造价人员来说，已经过时，适用性不强。尤其是清单计价规范，因此，非常有必要出版第二版。

书中在介绍理论知识的同时，注重与实际的联系，真正做到了基础理论与工程实践的紧密结合。本书的体例特点如下。

传（传授）：

主要介绍基础知识，常用方法，常用资料、岗位管理以及安全管理等知识。

帮（帮助与指导）：

采用一问一答形式，作者凭借多年工作经验来解答新手在工作中经常遇见的问题。

带（手把手教）：

主要讲解工作过程的实际操作，包括实操图，实操案例，表格填写范例，例题计算等。

　　本书内容简练、层次清晰、图文并茂、实例丰富，可供设计、建设、施工单位预算员和工程预算管理人员阅读，也可作为本专业中等技术学校的教学参考书。

　　由于编者水平有限，难免存在不妥之处，敬请有关专家、学者和广大读者批评指正。

编者

2016 年 2 月

第一版前言

目前，我国建筑业发展迅速，城镇建设规模日益扩大，建筑施工队伍不断增加，建筑工地比比皆是。预算员已经成为建设工程施工必需的管理人员，肩负着重要的职责。他们既是工程项目经理进行工程项目管理命令的执行者，也是广大建筑施工工人的领导者。他们管理能力、技术水平的高低，直接关系到千千万万个建设项目能否有秩序、高效率、高质量地完成；关系到建筑施工企业的信誉、前途和发展，甚至整个建筑业的发展。

为帮助广大工程预算人员更好地履行岗位职责，培养其实践应用能力、提高其业务水平和综合素质，我们编写了本书。书中在介绍理论知识的同时，注重与实际的联系，真正做到了基础理论与工程实践的紧密结合。本书的体例特点如下。

传（传授）：

主要介绍基础知识、常用方法、常用资料、岗位管理以及安全管理等知识。

帮（帮助与指导）：

采用一问一答形式，编者凭借多年工作经验解答新手在工作中经常遇见的问题。

带（手把手教）：

主要讲解工作过程的实际操作，包括实操图、实操案例、表格填写范例、例题计算等。

本书内容简练、层次清晰、图文并茂、实例丰富，可供设计、建设、施工单位预算员和工程预算管理人员阅读，也可作为本专业中等技术学校的教学参考书。

由于编者水平有限，书中难免存在不妥之处，敬请有关专家、学者和广大读者批评指正。

编者

2012 年 5 月

目　录

【传】

1 工程造价概述

1.1 工程造价分类

1.1.1 按用途分类

建筑工程造价按照用途分为标底价格、投标价格、中标价格、直接发包价格、合同价格和竣工结算价格。

1.1.1.1 标底价格

标底价格是招标人的期望价格，不是交易价格。招标人以此作为衡量投标人投标价格的尺度，也是招标人一种控制投资的手段。

编制标底价可以由招标人自行操作，也可以委托招标代理机构操作，由招标人做出决策。

1.1.1.2 投标价格

投标人为了得到工程施工承包的资格，按照招标人在招标文件中的要求进行估价，然后根据投标策略确定投标价格，以争取中标并且通过工程的实施取得经济效益。所以投标报价是卖方的要价，若中标，这个价格就是合同谈判和签订合同确定工程价格的基础。

若设有标底，在投标报价时就要研究招标文件中评标时如何使用标底。

① 以靠近标底者得分最高，此时报价就无须追求最低标价。

② 标底价仅作为招标人的期望，但是仍要求低价中标。此时，投标人就要努力采取措施，既使报价最具竞争力（最低价），又使报价不低于成本，即能获得理想的利润。由于"既能中标，又能获

利"是投标报价的原则，所以投标人的报价必须以雄厚的技术和管理实力做后盾，编制出既有竞争力，又能赢利的投标报价。

1.1.1.3 中标价格

《招标投标法》第四十条规定："评标委员会应当按照招标文件确定的评标标准和方法，对投标文件进行评审和比较；设有标底的，应当参考标底。"所以评标的依据一是招标文件，二是标底（若设有标底）。

《招标投标法》第四十一条规定，中标人的投标应该符合下列两个条件之一：一是"能最大限度地满足招标文件中规定的各项综合评价标准"；二是"能满足招标文件的实质性要求，并且经评审投标价格最低，但是投标价低于成本的除外"。第二个条件主要是说投标报价。

1.1.1.4 直接发包价格

直接发包价格是由发包人与指定的承包人直接接触，通过谈判达成协议签订施工合同，而无须像招标承包定价方式那样，通过竞争定价。直接发包方式计价只适用于不宜进行招标的工程，如军事工程、保密技术工程、专利技术工程以及发包人认为不宜招标但又不违反《招标投标法》第三条规定的其他工程。

直接发包方式计价首先提出协商价格意见的可能是发包人或其委托的中介机构，也可能是由承包人提出价格意见交发包人或其委托的中介组织进行审核。无论由哪方提出协商价格意见，都要通过谈判协商，签订承包合同，确定为合同价。

直接发包价格是以审定的施工图预算为基础，由发包人与承包人商定增减价的方式定价。

1.1.1.5 合同价格

《建筑工程施工发包与承包计价管理办法》第十二条规定："合同价款的有关事项由发承包双方约定，一般包括合同价款约定方式，预付工程款、工程进度款、工程竣工价款的支付和结算方式，以及合同价款的调整情形等。"第十三条规定："发承包双方在确定合同价款时，应当考虑市场环境和生产要素价格变化对合同价款的影响。实行工程量清单计价的建筑工程，鼓励发承包双方采用单价方式确定合同价款。建设规模较小、技术难度较低、工期较短的建筑工程，发承包双方可以采用总价方式确定合同价款。紧急抢险、救灾以及施工技术特别复杂的建筑工程，发承包双方可采用成本加酬金方式确定合同价款。"

① 固定合同价。它可以分为固定合同总价和固定合同单价。

a.固定合同总价。它是指承包整个工程的合同价款总额已经确定，在工程实施中不再因物价上涨而变化。所以，固定合同总价应该考虑价格风险因素，也需在合同中明确规定合同总价包含的范围。这类合同价可以使发包人对工程总开支做到大体心中有数，在施工过程中可以更有效地控制资金的使用。但是对承包人来说，要承担较大的风险，如物价波动、气候条件恶劣、地质地基条件及其他意外困难等，所以合同价款通常会高些。

b.固定合同单价。它是指合同中确定的各项单价在工程实施期间不因价格变化而调整，而是在每月（或每阶段）工程结算时，根据实际完成的工程量结算，在工程全部完成时以竣工图的工程量最终结算工程总价款。

② 可调合同价

a.可调合同总价。合同中确定的工程合同总价在实施期间可随价格的变化而调整。发包人和承包人在商订合同时，以招标文件的要求和当时的物价计算出合同总价。若在执行合同期间，由于通货膨胀引起成本增加达到某一限度时，合同总价则做相应的调整。可调合同价使发包人承担了通货膨胀的风险，承包人则承担其他风险。通常适用于工期较长（例如1年以上）的项目。

b.可调合同单价。合同单价可调通常在工程招标文件中规定。在合同中签订的单价，根据合同约定的条款，若在工程实施过程中物价发生变化，可做相应调整。有的工程在招标或签约时，由于某些不确定因素而在合同中暂定某些分部分项工程的单价，在工程结算时，根据实际情况和合同约定对合同单价进行调整，确定实际结算单价。

常用的可调价格的调整方法包括以下几种。

ⅰ．按主料计算价差。发包人在招标文件中列出需要调整价差的主料表及其基期价格，工程在竣工结算时按照竣工当时当地工程造价管理机构公布的材料信息价或结算价，与招标文件中列出的基期价格进行比较计算材料差价。

ⅱ．主料按抽料法计算价差，其他材料按系数计算价差。主要材料按照施工图预算计算的用量和竣工当月当地工程造价管理机构公布的材料结算价或信息价与基价对比计算差价。其他材料按照当地工程造价管理机构公布的竣工调价系数计算方法计算差价。

ⅲ．按工程造价管理机构公布的竣工调价系数以及调价计算方法计算差价。

另外，还有调值公式法和实际价格结算法。

调值公式通常包括固定部分、材料部分和人工部分三项。若工程规模和复杂性增大，公式也会变得复杂。调值公式如下：

$$P = P_0 \left(a_0 + a_1 \frac{A}{A_0} + a_2 \frac{B}{B_0} + a_3 \frac{C}{C_0} + \cdots \right) \tag{1-1}$$

式中 P——调值后的工程价格；

        P_0——合同价款中工程预算进度款；

        a_0——固定要素的费用在合同总价中所占比重，这部分费用在合同支付中不能调整；

a_1、a_2、a_3、$\cdots$——分别为有关各项变动要素的费用（例如人工费、钢材费用、水泥费用、运输费用等）在合同总价中所占比重，$a_0 + a_1 + a_2 + a_3 + \cdots = 1$；

A_0、B_0、C_0、$\cdots$——签订合同时与 a_1、a_2、a_3、$\cdots$ 对应的各种费用的基期价格指数或价格；

A、B、C、$\cdots$——在工程结算月份与 a_1、a_2、a_3、$\cdots$ 对应的各种费用的现行价格指数或价格。

各部分费用在合同总价中所占比重在许多标书中要求承包人在投标时提出，并且在价格分析中予以论证。或者由发包人在招标文件中规定一个允许范围，由投标人在此范围内选定。

实际价格结算法。有些地区规定对钢材、木材和水泥三大材料

4

的价格按照实际价格结算的方法，工程承包人可凭发票按实报销。这种方法操作简便，但是也导致承包人忽视降低成本。为避免副作用，地方建设主管部门要定期公布最高结算限价，同时合同文件中应规定发包人有权要求承包人选择更廉价的供应来源。

采用哪种方法，应按照工程价格管理机构的规定，经双方协商后在合同的专用条款中约定。

③ 成本加酬金确定的合同价。合同中确定的工程合同价，其工程成本部分按照现行的计价依据计算，酬金部分则按照工程成本乘以通过竞争确定的费率计算，将两者相加，确定出合同价。通常分为以下几种形式。

a. 成本加固定百分比酬金确定的合同价。这种合同价是发包人对承包人支付的人工、材料和施工机械使用费、措施费以及施工管理费等按照实际直接成本全部据实补偿，同时按照实际直接成本的固定百分比付给承包人一笔酬金，作为承包方的利润。计算公式如下：

$$C=C_a(1+P) \tag{1-2}$$

式中　　C——总造价；

C_a——实际发生的工程成本；

P——固定的百分数。

由公式可知，总造价 C 将随工程成本 C_a 而水涨船高，所以不能鼓励承包商关心缩短工期和降低成本，这对建设单位是不利的。现在已很少采用这种承包方式。

b. 成本加固定酬金确定的合同价。工程成本实报实销，但酬金是事先商定的一个固定数目。计算公式如下：

$$C=C_a+F \tag{1-3}$$

式中 F 代表酬金，通常按照估算的工程成本的一定百分比确定，数额是固定不变的。这种承包方式虽然不能鼓励承包商关心降低成本，但是从尽快地取得酬金出发，承包商将会关心缩短工期。为了鼓励承包单位更好地工作，也有在固定酬金以外，再根据工程质量、工期和降低成本情况另加奖金的。奖金所占比例的上限可大于固定酬金，以充分发挥奖励的积极作用。

c. 成本加浮动酬金确定的合同价。这种承包方式要事先商定工程成本和酬金的预期水平。若实际成本正好等于预期水平，工程造价就是成本加固定酬金；若实际成本低于预期水平，则增加酬金；若实际成本高于预期水平，则减少酬金。这三种情况可用计算公式表示如下：

$$\begin{aligned}
&C_a = C_0, 则\ C = C_a + F \\
&C_a < C_0, 则\ C = C_a + F + \Delta F \\
&C_a > C_0, 则\ C = C_a + F - \Delta F
\end{aligned} \tag{1-4}$$

式中　C_0——预期成本；

ΔF——酬金增减部分，可以是一个百分数，也可以是一个固定的绝对数。

采用这种承包方式，若实际成本超支而减少酬金，则以原定的固定酬金数额为减少的最高限度。即在最坏的情况下，承包人将得不到任何酬金，但是不必承担赔偿超支的责任。

从理论上讲，这种承包方式既对承、发包双方都没有太大风险，又能促使承包商关心降低成本和缩短工期；但是在实践中准确地估算预期成本比较困难，所以要求当事双方具有丰富的经验并且掌握充分的信息。

d. 目标成本加奖罚确定的合同价。在只有初步设计和工程说明书即迫切要求开工的情况下，可根据粗略估算的工程量和适当的单价表编制概算，作为目标成本；随着详细设计的逐步具体化，工程量和目标成本可加以调整，另外规定一个百分数作为酬金；在最后结算时，若实际成本高于目标成本并且超过事先商定的界限（例如5%），则减少酬金，若实际成本低于目标成本（同样有一个幅度界限），则增加酬金。计算公式如下：

$$C = C_a + P_1 C_0 + P_2 (C_0 - C_a) \tag{1-5}$$

式中　C_0——目标成本；

P_1——基本酬金百分数；

P_2——奖罚百分数。

此外，还可另加工期奖罚。

这种承包方式不仅可以促使承包商关心降低成本和缩短工期，而且目标成本是随设计的进展而加以调整才确定下来的，所以承、发包双方都不会承担多大风险。当然也要求当事双方代表都需具有比较丰富的经验和掌握充分的信息。

在工程实践中，合同计价方式采用固定价还是可调价方式，应根据建设工程的特点，业主对筹建工作的设想以及对工程费用、工期和质量的要求等，综合考虑后进行确定。

1.1.2　按计价方法分类

建筑工程造价按计价方法可以分为估算造价、概算造价和施工图预算造价等。

1.2　建筑安装工程费用的构成

我国现行工程造价的构成主要划分为设备及工器具购置费用、建筑安装工程费用、工程建设其他费用、预备费、建设期贷款利息、铺底流动资金等几项。具体构成内容如图 1-1 所示。

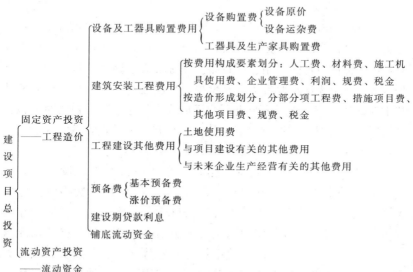

图 1-1　我国现行工程造价的构成

1.2.1 设备及工器具购置费用的构成

1.2.1.1 设备购置费的构成

设备购置费由设备原价和设备运杂费构成。

设备原价是指国产设备或进口设备的原价；设备运杂费是指除设备原价以外的关于设备采购、运输、途中包装以及仓库保管等方面支出费用的总和。

① 国产设备原价的构成。国产设备原价通常是指设备制造厂的交货价或订货合同价。它包括国产标准设备原价和国产非标准设备原价。

a. 国产标准设备原价。国产标准设备是按照主管部门颁布的标准图纸以及技术要求，由我国设备生产厂批量生产的、符合国家质量检测标准的设备。国产标准设备原价包括带有备件的原价和不带备件的原价两种。国产标准设备通常有完善的设备交易市场，所以可通过查询相关市场交易价格或向设备生产厂家询价得到国产标准设备原价。

b. 国产非标准设备原价。国产非标准设备是国家尚无定型标准，各设备生产厂不能在工艺过程中采用批量生产，只能按照订货要求并且根据具体的设计图纸制造的设备。非标准设备因为单件生产、无定型标准，所以无法获取市场交易价格，只能按照其成本构成或者相关技术参数估算其价格。按照成本计算估价法，非标准设备的原价包括材料费、加工费、辅助材料费、专用工具费、废品损失费、外购配套件费、包装费、利润、税金和非标准设备设计费等。

② 进口设备原价的构成。进口设备的原价是进口设备的抵岸价，通常是由进口设备到岸价（CIF）以及进口从属费构成。进口设备的到岸价，是指抵达买方边境港口或者边境车站的价格。在国际贸易中，交易双方所使用的交货类别不同，则交易价格的构成内容也有所不同。进口从属费包括银行财务费、外贸手续费、进口关税、消费税和进口环节增值税等，进口车辆还需缴纳车辆购置税。

a. 进口设备到岸价的构成

ⅰ. 货价。它是装运港船上交货价（FOB）。设备货价分为原币货价和人民币货价，原币货价一律折算成美元表示，人民币货价按照原币货价乘以外汇市场美元兑换人民币汇率中间价来确定。

ⅱ. 国际运费。它是从装运港（站）到达我国目的港（站）的运费。我国进口设备大部分采用海洋运输，小部分采用铁路运输，个别采用航空运输。

ⅲ. 运输保险费。对外贸易货物运输保险是由保险人（保险公司）与被保险人（出口人或进口人）订立保险契约，在被保险人交付一定的保险费后，保险人根据保险契约的规定对货物在运输过程中发生的承保责任范围内的损失给予经济上的补偿。它是一种财产保险。

b. 进口从属费的构成

ⅰ. 银行财务费。它是在国际贸易结算中，中国银行为进出口商提供金融结算服务所收取的费用。

ⅱ. 外贸手续费。它是按对外经济贸易部规定的外贸手续费率计取的费用，外贸手续费率通常取 1.5%。

ⅲ. 关税。它是由海关对进出国境或关境的货物和物品征收的一种税。

ⅳ. 消费税。消费税仅对部分进口设备（例如轿车、摩托车等）征收。

ⅴ. 进口环节增值税。它是对从事进口贸易的单位和个人，在进口商品报关进口后征收的税种。

ⅵ. 车辆购置税。进口车辆需缴纳进口车辆购置税。

③ 设备运杂费的构成

a. 运费和装卸费。国产设备由设备制造厂交货地点起至工地仓库（或施工组织设计指定的需要安装设备的堆放地点）止所发生的运费和装卸费；进口设备则由我国到岸港口或边境车站起至工地仓库（或施工组织设计指定的需要安装设备的堆放地点）止所发生的运费和装卸费。

b. 包装费。它是指在设备原价中没有包含的，为运输而进行的包装支出的各项费用。

c. 设备供销部门的手续费。

d. 采购与仓库保管费。它是指采购、验收、保管和收发设备所发生的各种费用,包括设备采购人员、保管人员和管理人员的工资、工资附加费、办公费、差旅交通费,设备供应部门办公和仓库所占固定资产使用费、工具用具使用费、劳动保护费、检验试验费等。

1.2.1.2 工器具及生产家具购置费的构成

工器具及生产家具购置费,是指新建或扩建项目初步设计规定的,保证初期正常生产必须购置的没有达到固定资产标准的设备、仪器、工卡模具、器具、生产家具和备品备件等的购置费用。

1.2.2 建筑安装工程费用的构成

1.2.2.1 建筑安装工程费用项目组成 (按费用构成要素划分)

建筑安装工程费按照费用构成要素划分:由人工费、材料(包含工程设备,下同)费、施工机具使用费、企业管理费、利润、规费和税金组成。其中人工费、材料费、施工机具使用费、企业管理费和利润包含在分部分项工程费、措施项目费、其他项目费中,见图1-2。

① 人工费。即按工资总额构成规定,支付给从事建筑安装工程施工的生产工人和附属生产单位工人的各项费用。包括计时工资或计件工资、奖金、津贴补贴、加班加点工资和特殊情况下支付的工资。

a. 计时工资或计件工资。是指按计时工资标准和工作时间或对已做工作按计件单价支付给个人的劳动报酬。

b. 奖金。指对超额劳动和增收节支支付给个人的劳动报酬。如节约奖、劳动竞赛奖等。

c. 津贴补贴。是指为了补偿职工特殊或额外的劳动消耗和因其他特殊原因支付给个人的津贴,以及为了保证职工工资水平不受物价影响支付给个人的物价补贴。如流动施工津贴、特殊地区施工津贴、高温(寒)作业临时津贴、高空津贴等。

d. 加班加点工资。是指按规定支付的在法定节假日工作的加班工资和在法定日工作时间外延时工作的加点工资。

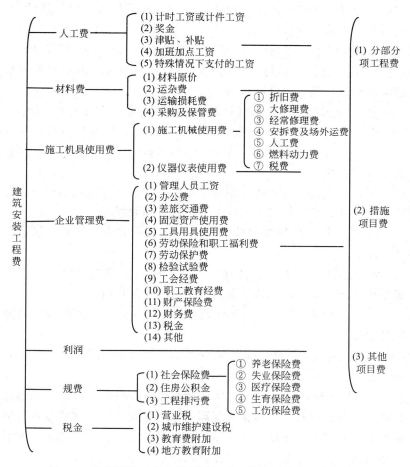

图 1-2　建筑安装工程费用项目组成（按费用构成要素划分）

　　e. 特殊情况下支付的工资。是指根据国家法律、法规和政策规定，因病、工伤、产假、计划生育假、婚丧假、事假、探亲假、定期休假、停工学习、执行国家或社会义务等原因按计时工资标准或计时工资标准的一定比例支付的工资。

　　② 材料费。即施工过程中耗费的原材料、辅助材料、构配件、

零件、半成品或成品、工程设备的费用。包括材料原价、运杂费、运输费、采购及保管费。

a. 材料原价。是指材料、工程设备的出厂价格或商家供应价格。

b. 运杂费。是指材料、工程设备自来源地运至工地仓库或指定堆放地点所发生的全部费用。

c. 运输损耗费。是指材料在运输装卸过程中不可避免的损耗。

d. 采购及保管费。是指为组织采购、供应和保管材料、工程设备的过程中所需要的各项费用。包括采购费、仓储费、工地保管费、仓储损耗。

工程设备是指构成或计划构成永久工程一部分的机电设备、金属结构设备、仪器装置及其他类似的设备和装置。

③ 施工机具使用费。即施工作业所发生的施工机械、仪器仪表使用费或其租赁费。

a. 施工机械使用费。用施工机械台班耗用量乘以施工机械台班单价表示，施工机械使用费由以下七项费用构成。

ⅰ. 折旧费。指施工机械在规定的使用年限内，陆续收回其原值的费用。

ⅱ. 大修理费。指施工机械按规定的大修理间隔台班进行必要的大修理，以恢复其正常功能所需的费用。

ⅲ. 经常修理费。指施工机械除大修理以外的各级保养和临时故障排除所需的费用。包括为保障机械正常运转所需替换设备与随机配备工具附具的摊销和维护费用，机械运转中日常保养所需润滑与擦拭的材料费用及机械停滞期间的维护和保养费用等。

ⅳ. 安拆费及场外运费。安拆费指施工机械（大型机械除外）在现场进行安装与拆卸所需的人工、材料、机械和试运转费用以及机械辅助设施的折旧、搭设、拆除等费用；场外运费指施工机械整体或分体自停放地点运至施工现场或由一施工地点运至另一施工地点的运输、装卸、辅助材料及架线等费用。

ⅴ. 人工费。指机上司机（司炉）和其他操作人员的人工费。

ⅵ. 燃料动力费。指施工机械在运转作业中所消耗的各种燃料及水、电等。

ⅶ.税费。指施工机械按照国家规定应缴纳的车船使用税、保险费及年检费等。

b.仪器仪表使用费。是指工程施工所需使用的仪器仪表的摊销及维修费用。

④ 企业管理费。指建筑安装企业组织施工生产和经营管理所需的费用。包括管理人员工资、办公费、差旅交通费、固定资产使用费、工具用具使用费等。

a.管理人员工资。是指按规定支付给管理人员的计时工资、奖金、津贴补贴、加班加点工资及特殊情况下支付的工资等。

b.办公费。是指企业管理办公用的文具、纸张、账表、印刷、邮电、书报、办公软件、现场监控、会议、水电、烧水和集体取暖降温（包括现场临时宿舍取暖降温）等费用。

c.差旅交通费。是指职工因公出差、调动工作的差旅费、住勤补助费，市内交通费和误餐补助费，职工探亲路费，劳动力招募费，职工退休、退职一次性路费，工伤人员就医路费，工地转移费以及管理部门使用的交通工具的油料、燃料等费用。

d.固定资产使用费。是指管理和试验部门及附属生产单位使用的属于固定资产的房屋、设备、仪器等的折旧、大修、维修或租赁费。

e.工具用具使用费。是指企业施工生产和管理使用的不属于固定资产的工具、器具、家具、交通工具和检验、试验、测绘、消防用具等的购置、维修和摊销费。

f.劳动保险和职工福利费。是指由企业支付的职工退职金、按规定支付给离休干部的经费，集体福利费、夏季防暑降温、冬季取暖补贴、上下班交通补贴等。

g.劳动保护费。是企业按规定发放的劳动保护用品的支出。如工作服、手套、防暑降温饮料以及在有碍身体健康的环境中施工的保健费用等。

h.检验试验费。是指施工企业按照有关标准规定，对建筑以及材料、构件和建筑安装物进行一般鉴定、检查所发生的费用，包括自设试验室进行试验所耗用的材料等费用。不包括新结构、新材料的试验费，对构件做破坏性试验及其他特殊要求检验试验的费用和建设单位委托检测机构进行检测的费用，对此类检测发生的费用，由建设单位在工程建设其他费用中列支。但对施工企业提供的具有合格证明的材料进行检测不合格的，该检测费用由施工企业支付。

ⅰ. 工会经费。是指企业按《工会法》规定的全部职工工资总额比例计提的工会经费。

ⅱ. 职工教育经费。是指按职工工资总额的规定比例计提，企业为职工进行专业技术和职业技能培训，专业技术人员继续教育、职工职业技能鉴定、职业资格认定以及根据需要对职工进行各类文化教育所发生的费用。

ⅲ. 财产保险费。是指施工管理用财产、车辆等的保险费用。

ⅳ. 财务费。是指企业为施工生产筹集资金或提供预付款担保、履约担保、职工工资支付担保等所发生的各种费用。

ⅴ. 税金。是指企业按规定缴纳的房产税、车船使用税、土地使用税、印花税等。

ⅵ. 其他。包括技术转让费、技术开发费、投标费、业务招待费、绿化费、广告费、公证费、法律顾问费、审计费、咨询费、保险费等。

⑤ 利润。是指施工企业完成所承包工程获得的盈利。

⑥ 规费。是指按国家法律、法规规定，由省级政府和省级有关权力部门规定必须缴纳或计取的费用。包括社会保险费、住房公积金、工程排污费等。

a. 社会保险费

ⅰ. 养老保险费。是指企业按照规定标准为职工缴纳的基本养老保险费。

ⅱ. 失业保险费。是指企业按照规定标准为职工缴纳的失业保险费。

ⅲ. 医疗保险费。是指企业按照规定标准为职工缴纳的基本医疗保险费。

ⅳ. 生育保险费。是指企业按照规定标准为职工缴纳的生育保险费。

ⅴ．工伤保险费。是指企业按照规定标准为职工缴纳的工伤保险费。

b．住房公积金。是指企业按规定标准为职工缴纳的住房公积金。

c．工程排污费。是指按规定缴纳的施工现场工程排污费。

其他应列而未列入的规费，按实际发生计取。

⑦ 税金。是指国家税法规定的应计入建筑安装工程造价内的营业税、城市维护建设税、教育费附加以及地方教育附加。

1.2.2.2 建筑安装工程费用项目组成 （按造价形成划分）

建筑安装工程费按照工程造价形成由分部分项工程费、措施项目费、其他项目费、规费、税金组成，分部分项工程费、措施项目费、其他项目费包含人工费、材料费、施工机具使用费、企业管理费和利润，见图 1-3。

① 分部分项工程费。是指各专业工程的分部分项工程应予列支的各项费用。

a．专业工程。是指按现行国家计量规范划分的房屋建筑与装饰工程、仿古建筑工程、通用安装工程、市政工程、园林绿化工程、矿山工程、构筑物工程、城市轨道交通工程、爆破工程等各类工程。

b．分部分项工程。指按现行国家计量规范对各专业工程划分的项目。如房屋建筑与装饰工程划分的土石方工程、地基处理与桩基工程、砌筑工程、钢筋及钢筋混凝土工程等。

各类专业工程的分部分项工程划分见现行国家或行业计量规范。

② 措施项目费。是指为完成建设工程施工，发生于该工程施工前和施工过程中的技术、生活、安全、环境保护等方面的费用。包括安全文明施工费、夜间施工增加费、二次搬运费等。

a．安全文明施工费

ⅰ．环境保护费。是指施工现场为达到环保部门要求所需要的各项费用。

ⅱ．文明施工费。是指施工现场文明施工所需要的各项费用。

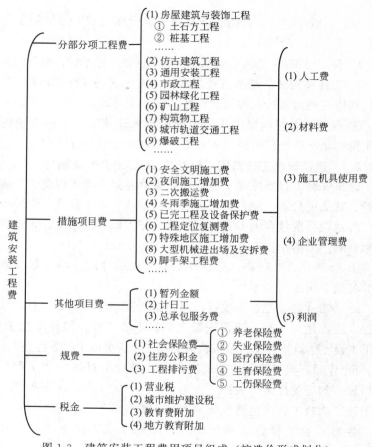

图 1-3　建筑安装工程费用项目组成（按造价形成划分）

ⅲ．安全施工费。是指施工现场安全施工所需要的各项费用。

ⅳ．临时设施费。是指施工企业为进行建设工程施工所必须搭设的生活和生产用的临时建筑物、构筑物和其他临时设施费用。包括临时设施的搭设、维修、拆除、清理费或摊销费等。

b．夜间施工增加费。是指因夜间施工所发生的夜班补助费、夜间施工降效、夜间施工照明设备摊销及照明用电等费用。

c．二次搬运费。是指因施工场地条件限制而发生的材料、构

16

配件、半成品等一次运输不能到达堆放地点，必须进行二次或多次搬运所发生的费用。

d. 冬雨季施工增加费。是指在冬季或雨季施工需增加的临时设施、防滑、排除雨雪，人工及施工机械效率降低等费用。

e. 已完工程及设备保护费。是指竣工验收前，对已完工程及设备采取的必要保护措施所发生的费用。

f. 工程定位复测费。是指工程施工过程中进行全部施工测量放线和复测工作的费用。

g. 特殊地区施工增加费。是指工程在沙漠或其边缘地区、高海拔、高寒、原始森林等特殊地区施工增加的费用。

h. 大型机械设备进出场及安拆费。是指机械整体或分体自停放场地运至施工现场或由一个施工地点运至另一个施工地点，所发生的机械进出场运输及转移费用及机械在施工现场进行安装、拆卸所需的人工费、材料费、机械费、试运转费和安装所需的辅助设施的费用。

i. 脚手架工程费。是指施工需要的各种脚手架搭、拆、运输费用以及脚手架购置费的摊销（或租赁）费用。

措施项目及其包含的内容详见各类专业工程的现行国家或行业计量规范。

③ 其他项目费

a. 暂列金额。是指建设单位在工程量清单中暂定并包括在工程合同价款中的一笔款项。用于施工合同签订时尚未确定或者不可预见的所需材料、工程设备、服务的采购，施工中可能发生的工程变更、合同约定调整因素出现时的工程价款调整以及发生的索赔、现场签证确认等的费用。

b. 计日工。是指在施工过程中，施工企业完成建设单位提出的施工图纸以外的零星项目或工作所需的费用。

c. 总承包服务费。是指总承包人为配合、协调建设单位进行的专业工程发包，对建设单位自行采购的材料、工程设备等进行保管以及施工现场管理、竣工资料汇总整理等服务所需的费用。

④ 规费。定义同 1.2.2.1 中的规费。

⑤ 税金。定义同 1.2.2.1 中的税金。

1.2.3 工程建设其他费用的构成

1.2.3.1 固定资产其他费用

固定资产其他费用是固定资产费用的一部分。固定资产费用是项目投产时将直接形成固定资产的建设投资。它包括工程费用以及在工程建设其他费用中按照规定将形成固定资产的费用，后者称为固定资产其他费用。工程建设其他费用包括以下内容。

① 建设管理费。建设管理费是指建设单位从项目筹建开始直至工程竣工验收合格或交付使用为止发生的项目建设管理费用。其内容包括以下几个方面。

a. 建设单位管理费。它是建设单位发生的管理性质的开支。它包括工作人员工资、工资性补贴、施工现场津贴、职工福利费、住房基金、基本养老保险费、基本医疗保险费、失业保险费、工伤保险费、办公费、差旅交通费、劳动保护费、工具用具使用费、固定资产使用费、必要的办公及生活用品购置费、必要的通信设备及交通工具购置费、零星固定资产购置费、招募生产工人费、技术图书资料费、业务招待费、设计审查费、工程招标费、合同契约公证费、法律顾问费、咨询费、完工清理费、竣工验收费、印花税和其他管理性质开支。

b. 工程监理费。指依据国家有关机关规定和规程规范要求，工程建设项目法人委托工程监理机构对建设项目全过程实施监理所支付的费用。根据国家发展改革委、住房和城乡建设部关于印发《建设工程监理与相关服务收费管理规定》的通知（发改价格［2007］670 号）等文件规定，选择下列方法进行计算。

实行政府指导价的建设工程施工阶段监理收费，其基准价根据《建设工程监理与相关服务收费标准》计算，浮动幅度为上下20%。发包人和监理人应当根据建设项目的实际情况在规定的浮动幅度内协商确定收费额。实行市场调节价的建设工程监理与相关服务收费，由发包人和监理人协商确定收费额。

② 建设用地费。任何一个建设项目都固定在一定的地点与地面相连接，所以必须占用一定量的土地，也就必然会发生为获得建设用地而支付的费用，即土地使用费。它是指通过划拨方式取得土地使用权而支付的土地征用及迁移补偿费，或者通过土地使用权出让方式取得土地使用权而支付的土地使用权出让金。

a. 土地征用及迁移补偿费。它是指建设项目通过划拨方式取得无限期的土地使用权，依照《土地管理法》等规定所支付的费用。其内容包括土地补偿费，青苗补偿费和被征用土地上的房屋、水井、树木等附着物补偿费，安置补助费，缴纳的耕地占用税或城镇土地使用税、土地登记费和征地管理费，征地动迁费，水利水电工程水库淹没处理补偿费。

b. 土地使用权出让金。它是指建设项目通过土地使用权出让方式，取得有限期的土地使用权，依照《城镇国有土地使用权出让和转让暂行条例》规定支付的土地使用权出让金。

ⅰ. 明确国家是城市土地的唯一所有者，并且分层次、有偿、有限期地出让、转让城市土地。第一层次是城市政府将国有土地使用权出让给用地者，该层次是由城市政府垄断经营。出让对象可以是有法人资格的企事业单位，也可以是外商。第二层次及以下层次的转让则发生在使用者之间。

ⅱ. 城市土地的出让和转让可采用协议、招标和公开拍卖等方式。

ⅲ. 在有偿出让和转让土地时，政府对地价不作统一规定，但是应坚持如下原则：地价对目前的投资环境不产生大的影响；地价与当地的社会经济承受能力相适应；地价要考虑已投入的土地开发费用、土地市场供求关系、土地用途和使用年限。

ⅳ. 关于政府有偿出让土地使用权的年限，各地可根据时间和区位等各种条件作不同的规定。根据《城镇国有土地使用权出让和转让暂行条例》，土地使用权出让最高年限按以下用途确定：居住用地 70 年；工业用地 50 年；教育、科技、文化、卫生和体育用地 50 年；商业、旅游和娱乐用地 40 年；综合或者其他用地 50 年。

ⅴ.土地有偿出让和转让，土地使用者和所有者都要签约，明确使用者对土地享有的权利和对土地所有者应承担的义务。

·有偿出让和转让使用权，但是要向土地受让者征收契税。

·转让土地若有增值，要向转让者征收土地增值税。

·在土地转让期间，国家要区别不同地段、不同用途向土地使用者收取土地占用费。

③ 可行性研究费。可行性研究费是指在建设项目前期工作中，编制和评估项目建议书（或预可行性研究报告）、可行性研究报告所需的费用。

④ 研究试验费。研究试验费是指为建设项目提供和验证设计参数、数据和资料等所进行的必要的试验费用以及设计规定在施工中必须进行试验、验证所需的费用。它包括自行或者委托其他部门研究试验所需的人工费、材料费、试验设备及仪器使用费等。

⑤ 勘察设计费。勘察设计费是指委托勘察设计单位进行工程水文地质勘察、工程设计所发生的各项费用。它包括工程勘察费、初步设计费（基础设计费）、施工图设计费（详细设计费）和设计模型制作费。

⑥ 环境影响评价费。环境影响评价费是指按照《环境保护法》和《环境影响评价法》等规定，为全面、详细评价本建设项目对环境可能产生的污染或造成的重大影响所需的费用。它包括编制环境影响报告书（含大纲）、环境影响报告表以及对环境影响报告书（含大纲）、环境影响报告表进行评估等所需的费用。

⑦ 场地准备及临时设施费。建设项目场地准备费是指建设项目为达到工程开工条件进行的场地平整和对建设场地余留的有碍于施工建设的设施进行拆除清理的费用。建设单位临时设施费是指为满足施工建设需要而供到场地界区的、未列入工程费用的临时水、电、路、气、通信等其他工程费用和建设单位的现场临时建（构）筑物的搭设、维修、拆除、摊销或建设期间租赁费用，以及施工期间专用公路或桥梁的加固、养护、维修等费用。

⑧ 引进技术和引进设备其他费

a. 引进项目图纸资料翻译复制费、备品备件测绘费。

b. 出国人员费用包括买方人员出国设计联络、出国考察、联合设计、培训等所发生的旅费、生活费等。

c. 来华人员费用包括卖方来华工程技术人员的现场办公费用、往返现场交通费用、接待费用等。

d. 银行担保及承诺费是指引进项目由国内外金融机构出面承担风险和责任担保所发生的费用，以及支付贷款机构的承诺费用。

⑨ 工程保险费。工程保险费是指建设项目在建设期间根据需要对建筑工程、安装工程、机器设备和人身安全进行投保而发生的保险费用。它包括建筑安装工程一切险、引进设备财产险和人身意外伤害险等。

⑩ 联合试运转费。联合试运转费是指新建项目或新增加生产能力的工程，在交付生产前按照批准的设计文件所规定的工程质量标准和技术要求，进行整个生产线或装置的负荷联合试运转或局部联动试车所发生的费用净支出（试运转支出大于收入的差额部分费用）。试运转支出包括试运转所需原材料、燃料及动力消耗、低值易耗品、其他物料消耗、工具用具使用费、机械使用费、保险金、施工单位参加试运转人员工资以及专家指导费等；试运转收入包括试运转期间的产品销售收入和其他收入。联合试运转费不包括应由设备安装工程费用开支的调试及试车费用，以及在试运转中暴露出来的因施工原因或设备缺陷等发生的处理费用。

⑪ 特殊设备安全监督检验费。特殊设备安全监督检验费是指在施工现场组装的锅炉及压力容器、压力管道、消防设备、燃气设备、电梯等特殊设备和设施，由安全监察部门按照有关安全监察条例和实施细则以及设计技术要求进行安全检验，应由建设项目支付的、向安全监察部门缴纳的费用。

⑫ 市政公用设施费。市政公用设施费是指使用市政公用设施的建设项目，按照项目所在地省一级人民政府有关规定建设或缴纳的市政公用设施建设配套费用，以及绿化工程补偿费用。

1.2.3.2 无形资产费用

无形资产费用是直接形成无形资产的建设投资，主要是指专利及专有技术使用费。

专利及专有技术使用费的主要内容包括国外设计和技术资料费，引进有效专利、专有技术使用费和技术保密费；国内有效专利、专有技术使用费；商标权、商誉和特许经营权费用等。

1.2.3.3 其他资产费用

其他资产费用是指建设投资中除形成固定资产和无形资产以外的部分，主要包括生产准备及开办费等。

生产准备及开办费是指建设项目为保证正常生产（或营业、使用）而发生的人员培训费、提前进厂费以及投产使用必备的生产办公、生活家具用具及工器具等购置费。它包括以下费用。

① 人员培训费及提前进厂费，包括自行组织培训或委托其他单位培训的人员工资、工资性补贴、职工福利费、差旅交通费、劳动保护费和学习资料费等。

② 为了保证初期正常生产（或营业、使用）所必需的生产办公、生活家具用具购置费。

③ 为了保证初期正常生产（或营业、使用）必需的第一套不够固定资产标准的生产工具、器具、用具购置费。它不包括备品备件费。

1.2.4 预备费和建设期贷款利息的构成

1.2.4.1 预备费

① 基本预备费。基本预备费是指针对在项目实施过程中可能发生的难以预料的支出，需要事先预留的费用，又称工程建设不可预见费。它主要指设计变更及施工过程中可能增加工程量的费用。基本预备费通常由以下三部分构成。

a. 在批准的初步设计范围内，技术设计、施工图设计及施工过程中所增加的工程费用；设计变更、工程变更、材料代用、局部地基处理等增加的费用。

b. 一般自然灾害造成的损失和预防自然灾害所采取的措施费

用。实行工程保险的工程项目，该费用应适当降低。

c. 竣工验收时为鉴定工程质量对隐蔽工程进行必要的挖掘和修复的费用。

② 涨价预备费。涨价预备费是指针对建设项目在建设期间内由于材料、人工、设备等价格可能发生变化引起工程造价变化，而事先预留的费用，又称价格变动不可预见费。它包括人工、设备、材料、施工机械的价差费，建筑安装工程费及工程建设其他费用调整，利率、汇率调整等增加的费用。

1.2.4.2 建设期利息

建设期利息包括向国内银行或其他非银行金融机构贷款、出口信贷、外国政府贷款、国际商业银行贷款以及在境内外发行的债券等在建设期间应计的借款利息。

1.3 建筑安装工程计价程序

建筑安装工程计价程序见表 1-1～表 1-3。

表 1-1 建设单位工程招标控制价计价程序

工程名称： 标段： 第 页 共 页

序号	内容	计算方法	金额/元
1	分部分项工程费	按计价规定计算	
1.1			
1.2			
1.3			
1.4			
1.5			

序号	内容	计算方法	金额/元
2	措施项目费	按计价规定计算	
2.1	其中:安全文明施工费	按规定标准计算	
3	其他项目费		
3.1	其中:暂列金额	按计价规定估算	
3.2	其中:专业工程暂估价	按计价规定估算	
3.3	其中:计日工	按计价规定估算	
3.4	其中:总承包服务费	按计价规定估算	
4	规费	按规定标准计算	
5	税金(扣除不列入计税范围的工程设备金额)	(1+2+3+4)×规定税率	

招标控制价合计=1+2+3+4+5

表 1-2　施工企业工程投标报价计价程序

工程名称：　　　　　　　　标段：　　　　　　　　　第　页　共　页

序号	内容	计算方法	金额/元
1	分部分项工程费	自主报价	
1.1			
1.2			
1.3			
1.4			
1.5			

序号	内容	计算方法	金额/元
2	措施项目费	自主报价	
2.1	其中:安全文明施工费	按规定标准计算	
3	其他项目费		
3.1	其中:暂列金额	按招标文件提供金额计列	
3.2	其中:专业工程暂估价	按招标文件提供金额计列	
3.3	其中:计日工	自主报价	
3.4	其中:总承包服务费	自主报价	
4	规费	按规定标准计算	
5	税金(扣除不列入计税范围的工程设备金额)	(1+2+3+4)×规定税率	

投标报价合计=1+2+3+4+5

表 1-3　竣工结算计价程序

工程名称:　　　　　　　　标段:　　　　　　　　　第　页　共　页

序号	汇总内容	计算方法	金额/元
1	分部分项工程费	按合同约定计算	
1.1			
1.2			
1.3			
1.4			
1.5			

序号	汇总内容	计算方法	金额/元
2	措施项目	按合同约定计算	
2.1	其中:安全文明施工费	按规定标准计算	
3	其他项目		
3.1	其中:专业工程结算价	按合同约定计算	
3.2	其中:计日工	按计日工签证计算	
3.3	其中:总承包服务费	按合同约定计算	
3.4	索赔与现场签证	按发承包双方 确认数额计算	
4	规费	按规定标准计算	
5	税金(扣除不列入计税范围的工程设备金额)	(1+2+3+4)×规定税率	
竣工结算总价合计＝1+2+3+4+5			

2 工程定额计价理论

2.1 施工定额

施工定额是以同一性质的施工过程或工序为测定对象，确定建筑安装工人在正常施工条件下，为完成单位合格产品所需劳动、机械、材料消耗的数量标准。建筑安装企业定额一般称为施工定额。施工定额是施工企业直接用于建筑工程施工管理的一种定额。施工定额由劳动定额、材料消耗定额和机械台班定额组成，是最基本的定额。

2.1.1 劳动定额

劳动定额又称人工定额，是建筑安装工人在正常的施工（生产）条件下、在一定的生产技术和生产组织条件下、在平均先进水平的基础上制定的。它表明每个建筑安装工人生产单位合格产品所必须消耗的劳动时间，或在单位时间所生产的合格产品的数量。劳动定额的编制如下。

2.1.1.1 分析基础资料，拟定编制方案

① 影响工时消耗因素的确定

a. 技术因素。包括完成产品的类别；材料、构配件的种类和型号等级；机械和机具的种类、型号和尺寸；产品质量等。

b. 组织因素。包括操作方法和施工的管理与组织；工作地点的组织；人员组成和分工；工资与奖励制度；原材料和构配件的质量及供应的组织；气候条件等。

② 计时观察资料的整理。对每次计时观察的资料进行整理之后，要对整个施工过程的观察资料进行系统的分析、研究和整理。

整理观察资料的方法大多是采用平均修正法。它是一种在对测时数列进行修正的基础上，求出平均值的方法。修正测时数列，就是剔除或修正那些偏高、偏低的可疑数值。目的是保证不受偶然性因素的影响。

若测时数列受到产品数量的影响时，采用加权平均值则是比较适当的。因为采用加权平均值可在计算单位产品工时消耗时，考虑到每次观察中产品数量变化的影响，从而使我们也能获得可靠的值。

③ 日常积累资料的整理和分析。日常积累的资料主要有四类：第一类是现行定额的执行情况及存在问题的资料；第二类是企业和现场补充的定额资料，如因现行定额漏项而编制的补充定额资料，因解决采用新技术、新结构、新材料和新机械而产生的定额缺项所编制的补充定额资料；第三类是已采用的新工艺和新操作方法的资料；第四类是现行的施工技术规范、操作规程、安全规程和质量标准等。

④ 拟定定额的编制方案。编制方案的内容包括以下几项。

a. 提出对拟编定额的定额水平总的设想。

b. 拟定定额分章、分节、分项的目录。

c. 选择产品和人工、材料、机械的计量单位。

d. 设计定额表格的形式和内容。

2.1.1.2 确定正常的施工条件

拟定施工的正常条件包括以下几方面。

① 拟定工作地点的组织。拟定工作地点的组织时，要特别注意人在操作时不能受妨碍，所使用的工具和材料应按使用顺序放置于工人最便于取用的地方，以减少疲劳和提高工作效率，工作地点应保持清洁和秩序井然。

② 拟定工作组成。拟定工作组成就是将工作过程按照劳动分工的可能划分为若干工序，以合理使用技术工人。可以采用两种基本方法：一种是把工作过程中各简单的工序，划分给技术熟练程度较低的工人去完成；另一种是分出若干个技术程度较低的工人，去帮助技术程度较高的工人工作。采用后一种方法就把个人完成的工作过程，变成了小组完成的工作过程。

③ 拟定施工人员编制。拟定施工人员编制即确定小组人数、技术工人的配备，以及劳动的分工和协作。原则是使每个工人都能充分发挥作用，均衡地担负工作。

2.1.1.3　确定劳动定额消耗量的方法

时间定额是在拟定基本工作时间、辅助工作时间、不可避免中断时间、准备与结束的工作时间，以及休息时间的基础上制订的。

① 拟定基本工作时间。基本工作时间在必须消耗的工作时间中占的比重最大。在确定基本工作时间时，必须细致、精确。基本工作时间消耗一般应根据计时观察资料来确定。其做法是，首先确定工作过程每一组成部分的工时消耗，然后综合出工作过程的工时消耗。如果组成部分的产品计量单位和工作过程的产品计量单位不符，就需先求出不同计量单位的换算系数，进行产品计量单位的换算，然后相加，求得工作过程的工时消耗。

② 拟定辅助工作时间和准备与结束工作时间。辅助工作时间和准备与结束工作时间的确定方法与基本工作时间相同。但是，若这两项工作时间在整个工作班工作时间消耗中所占比重不超过5%～6%，则可归纳为一项，以工作过程的计量单位表示，确定出工作过程的工时消耗。

若在计时观察时不能获得足够的资料，也可采用工时规范或经验数据来确定。若具有现行的工时规范，可以直接利用工时规范中规定的辅助和准备与结束工作时间的百分比来计算。

③ 拟定不可避免的中断时间。在确定不可避免中断时间的定额时，必须注意由工艺特点所引起的不可避免中断才可列入工作过程的时间定额。

不可避免中断时间也需要根据测时资料通过整理分析获得，也可根据经验数据或工时规范，以占工作日的百分比表示此项工时消耗的时间定额。

④ 拟定休息时间。休息时间应根据工作班作息制度、经验资料、计时观察资料，以及对工作的疲劳程度做全面分析来确定。同时，应考虑尽可能利用不可避免中断时间作为休息时间。

从事不同工作的工人，疲劳程度有很大差别。为了合理确定休息时间，往往要对从事各种工作的工人进行观察、测定，以及进行生理和心理方面的测试，以便确定其疲劳程度。国内外往往按工作轻重和工作条件好坏，将各种工作划分为不同的级别。例如我国某地区工时规范将体力劳动分为六类：最沉重、沉重、较重、中等、较轻、轻便。

划分出疲劳程度的等级，就可以合理规定休息需要的时间。上面引用的规范中，六个等级的休息时间不同（见表 2-1）。

表 2-1　休息时间占工作日的比重

疲劳程度	轻便	较轻	中等	较重	沉重	最沉重
等级	1	2	3	4	5	6
占工作日的比重/%	4.16	6.25	8.33	11.45	16.7	22.9

⑤ 拟定定额时间。确定的基本工作时间、辅助工作时间、准备与结束工作时间、不可避免的中断时间和休息时间之和，就是劳动定额的时间定额。根据时间定额可计算出产量定额，时间定额和产量定额互成倒数。

利用工时规范，可以计算劳动定额的时间定额。计算公式是：

$$作业时间＝基本工作时间＋辅助工作时间 \tag{2-1}$$

$$规范时间＝准备与结束工作时间＋不可避免的中断时间＋休息时间 \tag{2-2}$$

$$工序作业时间＝基本工作时间＋辅助工作时间$$

$$＝\frac{基本工作时间}{1－辅助时间（\%）} \tag{2-3}$$

$$定额时间＝\frac{作业时间}{1－规范时间（\%）} \tag{2-4}$$

2.1.2　机械台班使用定额

在建筑安装工程中，有些工程产品或工作是由工人来完成的，有些是由机械来完成的，有些则是由人工和机械配合完成的。由机械或人机配合完成的产品或工作中，就包含一个机械工作时间。

机械台班使用定额是在正常施工条件下，合理的劳动组合和使用机械，完成单位合格产品或某项工作所必需的机械工作时间，包括准备与结束时间、基本工作时间、辅助工作时间、不可避免的中断时间以及使用机械的工人生理需要与休息时间。

2.1.2.1 机械台班使用定额的形式

机械台班使用定额按其表现形式不同，可分为机械时间定额和机械产量定额。

① 机械时间定额是指在合理劳动组织与合理使用机械的条件下，完成单位合格产品所必需的工作时间，包括有效工作时间（正常负荷下的工作时间和降低负荷下的工作时间）、不可避免的中断时间、不可避免的无负荷工作时间。机械时间定额以"台班"表示，即一台机械工作一个作业班时间。一个作业班时间为 8h。

$$单位产品机械时间定额(台班) = \frac{1}{台班产量} \qquad (2\text{-}5)$$

由于机械必须由工人小组配合，所以完成单位合格产品的时间定额，同时列出人工时间定额。即

$$单位产品人工时间定额(工日) = \frac{小组成员工日数总和}{台班产量} \qquad (2\text{-}6)$$

② 机械产量定额是指在合理劳动组织与合理使用机械的条件下，机械在每个台班时间内应完成合格产品的数量。机械时间定额和机械产量定额互为倒数关系。

复式表示法有如下形式：

$$\frac{人工时间定额}{机械台班产量} 或 \frac{人工时间定额}{机械台班产量} \bigg| 台班车次 \qquad (2\text{-}7)$$

2.1.2.2 机械台班使用定额的编制

① 确定正常的施工条件。拟定机械工作正常条件，主要是拟定工作地点的合理组织和合理的工人编制。

工作地点的合理组织，就是对施工地点机械和材料的放置位置、工人从事操作的场所，做出科学合理的平面布置和空间安排。

它要求施工机械和操纵机械的工人在最小范围内移动，但是又不阻碍机械运转和工人操作；应使机械的开关和操纵装置尽可能集中地装置在操纵工人的近旁，以节省工作时间和减轻劳动强度；应最大限度发挥机械的效能，减少工人的手工操作。

拟定合理的工人编制，就是根据施工机械的性能和设计能力，工人的专业分工和劳动工效，合理确定操纵机械的工人和直接参加机械化施工过程的工人的编制人数。它应要求保持机械的正常生产率和工人正常的劳动工效。

② 确定机械 1h 纯工作正常生产率。确定机械正常生产率时，必须首先确定出机械纯工作 1h 的正常生产率。

机械纯工作时间，是机械必须消耗的时间。机械 1h 纯工作正常生产率，是在正常施工组织的条件下，具有必需的知识和技能的技术工人操纵机械 1h 的生产率。

根据机械工作特点的不同，机械 1h 纯工作正常生产率的确定方法也有所不同。对于循环动作机械，确定机械纯工作 1h 正常生产率的计算公式如下。

$$\begin{matrix} 机械一次循环的 \\ 正常延续时间 \end{matrix} = \sum \begin{pmatrix} 循环各组成部分 \\ 正常延续时间 \end{pmatrix} - 交叠时间 \quad (2\text{-}8)$$

$$\begin{matrix} 机械纯工作 1h \\ 循环次数 \end{matrix} = \frac{60 \times 60(s)}{一次循环的正常延续时间} \quad (2\text{-}9)$$

$$\begin{matrix} 机械纯工作 1h \\ 正常生产率 \end{matrix} = \begin{matrix} 机械纯工作 1h \\ 正常循环次数 \end{matrix} \times \begin{matrix} 一次循环生产 \\ 的产品数量 \end{matrix} \quad (2\text{-}10)$$

对于连续动作机械，确定机械纯工作 1h 正常生产率要根据机械的类型和结构特征，以及工作过程的特点来进行。计算公式如下：

$$连续动作机械纯工作 1h 正常生产率 = \frac{工作时间内生产的产品数量}{工作时间(h)}$$

$$(2\text{-}11)$$

工作时间内的产品数量和工作时间的消耗，要通过多次现场观察和机械说明书来取得数据。

对于同一机械进行作业属于不同的工作过程，例如挖掘机所挖土壤的类别不同，碎石机所破碎的石块硬度和粒径不同，均需分别确定其纯工作 1h 的正常生产率。

③ 确定施工机械的正常利用系数。它是机械在工作班内对工作时间的利用率。机械的利用系数和机械在工作班内的工作状况有着密切的关系。所以，要确定机械的正常利用系数，首先要拟定机械工作班的正常工作状况，以保证合理利用工时。

确定机械正常利用系数，要计算工作班正常状况下准备与结束工作，机械启动、机械维护等工作所必须消耗的时间，以及机械有效工作的开始与结束时间，从而进一步计算出机械在工作班内的纯工作时间和机械正常利用系数。机械正常利用系数计算公式如下：

$$机械正常利用系数 = \frac{机械在一个工作班内纯工作时间}{一个工作班延续时间 (8h)}$$

(2-12)

④ 计算施工机械台班定额。它是编制机械定额工作的最后一步。在确定了机械工作正常条件、机械 1h 纯工作正常生产率和机械正常利用系数之后，采用下列公式计算施工机械的产量定额：

$$施工机械台班产量定额 = 机械 1h 纯工作正常生产率 \times$$
$$工作班纯工作时间 \qquad (2-13)$$

或者

$$施工机械台班产量定额 = 机械 1h 纯工作正常生产率 \times$$
$$工作班延续时间 \times$$
$$机械正常利用系数 \qquad (2-14)$$

$$施工机械时间定额 = \frac{1}{机械台班产量定额指标} \qquad (2-15)$$

2.1.3 材料消耗定额

材料消耗定额是在正常的施工（生产）条件下，在节约和合理使用材料的情况下，生产单位合格产品所必须消耗的一定品种、规格的材料、半成品、配件等的数量标准。

材料消耗定额是编制材料需要量计划、运输计划、供应计划、计算仓库面积、签发限额领料单和经济核算的根据。制订合理的材料消耗定额，是组织材料正常供应，保证生产顺利进行，以及合理利用资源，减少积压、浪费的必要前提。

2.1.3.1 施工中材料消耗的组成

施工中材料的消耗，可分为必须消耗的材料和损失的材料两类性质。

必须消耗的材料，是在合理用料的条件下，生产合格产品所需消耗的材料。它包括直接用于建筑和安装工程的材料；不可避免的施工废料；不可避免的材料损耗。

必须消耗的材料属于施工正常消耗，是确定材料消耗定额的基本数据。其中直接用于建筑和安装工程的材料，编制材料净用量定额；不可避免的施工废料和材料损耗，编制材料损耗定额。

材料各种类型的损耗量之和称为材料损耗量，除去损耗量之后净用于工程实体上的数量称为材料净用量，材料净用量与材料损耗量之和称为材料总消耗量，损耗量与总消耗量之比称为材料损耗率。总消耗量亦可用如下公式计算：

$$总消耗量 = \frac{净用量}{1-损耗率} \qquad (2-16)$$

为了简便，通常将损耗量与净用量之比作为损耗率。即：

$$损耗率 = \frac{损耗量}{净用量} \times 100\% \qquad (2-17)$$

$$总消耗量 = 净用量 \times (1+损耗率) \qquad (2-18)$$

2.1.3.2 材料消耗定额的制定方法

材料消耗定额必须在充分研究材料消耗规律的基础上制定。科学的材料消耗定额应当是材料消耗规律的正确反映。材料消耗定额是通过施工生产过程中对材料消耗进行观测、试验以及根据技术资料的统计与计算等方法制订的。

① 观测法。观测法亦称现场测定法，是在合理使用材料的条件下，在施工现场按一定程序对完成合格产品的材料耗用量进行测

定，通过分析、整理，最后得出一定的施工过程单位产品的材料消耗定额。

利用现场测定法主要是编制材料损耗定额，也可以提供编制材料净用量定额的数据。其优点是能通过现场观察、测定，取得产品产量和材料消耗的情况，为编制材料定额提供技术依据。

观测法的首要任务是选择典型的工程项目，其施工技术、组织及产品质量，均要符合技术规范的要求；材料的品种、型号、质量也要符合设计要求；产品检验合格，操作工人能合理使用材料和保证产品质量。

在观测前要做好充分的准备工作，如选用标准的运输工具和衡量工具，采取减少材料损耗措施等。

观测的结果要取得材料消耗的数量和产品数量的数据资料。

观测法是在现场实际施工中进行的。观测法的优点是真实可靠，能发现一些问题，也能消除一部分消耗材料不合理的浪费因素。但是，用这种方法制订材料消耗定额，由于受到一定的生产技术条件和观测人员的水平等限制，仍然不能把所消耗材料不合理的因素都揭露出来。同时，也有可能把生产和管理工作中的某些与消耗材料有关的缺点保存下来。

对观测取得的数据资料要进行分析研究，区分哪些是合理的，哪些是不合理的，哪些是不可避免的，以制订出在一般情况下都可以达到的材料消耗定额。

② 试验法。试验法是在材料实验室中进行试验和测定数据。例如，以各种原材料为变量因素，求得不同强度等级混凝土的配合比，从而计算出每立方米混凝土的各种材料耗用量。

利用试验法，主要是编制材料净用量定额。通过试验，能够对材料的结构、化学成分和物理性能以及按强度等级控制的混凝土、砂浆配比做出科学的结论，为编制材料消耗定额提供有技术根据的、比较精确的计算数据。

但是，试验法不能取得在施工现场实际条件下，由于各种客观因素对材料耗用量影响的实际数据。

实验室试验必须符合国家有关标准规范，计量要使用标准容器和称量设备，质量要符合施工与验收规范要求，以保证获得可靠的定额编制依据。

③ 统计法。统计法是通过对现场进料、用料的大量统计资料进行分析计算，获得材料消耗的数据。该方法由于不能分清材料消耗的性质，因而不能作为确定材料净用量定额和材料损耗定额的精确依据。

对积累的各分部分项工程结算的产品所耗用材料的统计分析，是根据各分部分项工程拨付材料数量、剩余材料数量及总共完成产品数量来计算。

采用统计法，必须要保证统计和测算的耗用材料和相应产品一致。在施工现场中的某些材料，往往难以区分用在各个不同部位上的准确数量。所以，要有意识地加以区分，才能得到有效的统计数据。

用统计法制订材料消耗定额一般采取以下两种方法。

a. 经验估算法。指以有关人员的经验或以往同类产品的材料实耗统计资料为依据，通过研究分析并考虑有关影响因素的基础上制定材料消耗定额的方法。

b. 统计法。统计法是对某一确定的单位工程拨付一定的材料，待工程完工后，根据已完产品数量和领退材料的数量，进行统计和计算的一种方法。该方法的优点是不需要专门人员测定和试验。由统计得到的定额有一定的参考价值，但其准确程度较差，应对其分析研究后才能采用。

④ 理论计算法。理论计算法是根据施工图，运用一定的数学公式，直接计算材料耗用量。计算法只能计算出单位产品的材料净用量，材料的损耗量仍要在现场通过实测取得。采用这种方法必须对工程结构、图纸要求、材料特性和规格、施工及验收规范、施工方法等先进行了解和研究。计算法适宜于不易产生损耗，且容易确定废料的材料，如木材、钢材、砖瓦、预制构件等材料。因为这些材料根据施工图纸和技术资料从理论上都可以计算出来，不可避免

的损耗也有一定的规律可循。

理论计算法是材料消耗定额制订方法中比较先进的方法。但是，使用该方法制订材料消耗定额，要求掌握一定的技术资料和各方面的知识，以及有较丰富的现场施工经验。

2.1.3.3 周转性材料消耗量的计算

在编制材料消耗定额时，某些工序定额、单项定额和综合定额中涉及周转材料的确定和计算。例如，劳动定额中的架子工程、模板工程等。

周转性材料在施工过程中不属于通常的一次性消耗材料，而是可多次周转使用，经过修理、补充才逐渐消耗尽的材料。例如，模板、钢板桩、脚手架等，实际上它亦是作为一种施工工具和措施。在编制材料消耗定额时，应按多次使用、分次摊销的办法确定。

周转性材料消耗的定额量是每使用一次摊销的数量，其计算必须考虑一次使用量、周转使用量、回收价值和摊销量之间的关系。

2.2 预 算 定 额

预算定额是指在合理的施工组织设计、正常的施工条件下，生产一定计量单位合格分项工程或构件所需耗费的人工、材料和施工机械台班数量的标准。预算定额是工程建设管理工作中的一项重要技术经济法规，是进行设计方案比较、编制建筑工程施工图预算和确定工程造价的重要依据。

2.2.1 预算定额的内容

预算定额主要由总说明、建筑面积计算规则、分册说明、定额项目表和附录、附件五部分组成。

2.2.1.1 总说明

总说明主要介绍定额的编制依据、编制原则、适用范围及定额的作用等。同时说明编制定额时已考虑和没有考虑的因素、使用方法及有关规定等。

2.2.1.2 建筑面积计算规则

建筑面积计算规则规定了计算建筑面积的范围、计算方法，不应计算建筑面积的范围等。建筑面积是分析建筑工程技术经济指标的重要数据，现行建筑面积计算规则，是由国家统一做出的规定。

2.2.1.3 分册（章）说明

分册（章）说明主要介绍定额项目内容、子目的数量、定额的换算方法及各分项工程的工程量计算规则等。

2.2.1.4 定额项目表

定额项目表是预算定额的主要构成部分，包括工程内容、计量单位、项目表等。

定额项目表中，各子目的预算价值、人工费、材料费、机械费及人工、材料、机械台班消耗量指标之间的关系，可用下列公式表示：

$$预算价值＝人工费＋材料费＋机械费 \tag{2-19}$$

其中 $$人工费＝合计工日×每工日单价 \tag{2-20}$$

$$材料费＝\Sigma（定额材料用量×材料预算价格）＋其他材料费 \tag{2-21}$$

$$机械费＝定额机械台班用量×机械台班使用费 \tag{2-22}$$

2.2.1.5 附录和附件

附录和附件列在预算定额的最后，包括砂浆、混凝土配合比表，各种材料、机械台班单价表等有关资料，供定额换算、编制施工作业计划等使用。

2.2.2 预算定额的编制原则

编制预算定额要遵循两个主要原则。

2.2.2.1 平均合理的原则

平均合理是指在定额适用区域现阶段的社会正常生产条件下，在社会的平均劳动熟练程度和劳动强度下，确定建筑工程预算定额的定额水平。预算定额的定额水平属于平均一般水平，是大多数企业和地区能够达到和超过的水平，稍低于施工定额的平均先进水平。

预算定额是在施工定额的基础上编制的，但不是简单的套用和复制。预算定额的工作内容比施工定额的工作内容有了综合扩大，包含了更多的可变因素，增加了合理的幅度差、等量差。例如，人工幅度差、机械幅度差、辅助用工及材料堆放、运输、操作损耗等，使之达到平均合理的原则。

2.2.2.2 简明适用的原则

简明适用是指在编制预算定额时对于那些主要的、常用的、价值量大的项目分项工程划分宜细，对于那些次要的、不常用的、价值量相对较小的项目可以划分粗一些。项目划分的粗细涉及如下几个具体问题。

① 定额步距。定额项目的多少与步距有关。步距大，定额子目减少，精确度降低；反之，步距小，定额子目增加，精确度提高。因此，对主要工种、主要项目、常用项目，定额步距要小些；对次要工种、次要项目、不常用项目，定额步距可以适当加大。

② 定额项目的范围。预算定额覆盖的范围要广泛，做到项目齐全，把由于采用新技术、新结构、新材料而出现的定额项目吸收进来，尽量减少补充定额，使计价工作能顺利进行。

③ 定额的活口设置。所谓活口就是在符合一定条件时，允许该定额另行调整。编制定额时，要尽量不留活口。对实际情况变化幅度大的项目，确需留有活口的，也应从实际出发，尽量少留，并要规定换算方法，避免采取按实计算。

2.2.3 预算定额的编制依据

编制预算定额要以施工定额为基础，并且和现行的各种规范、技术水平、管理方法相匹配，主要的编制依据如下。

① 现行的劳动定额和施工定额。预算定额以现行的劳动定额和施工定额为基础编制。预算定额中人工、材料和机械台班的消耗水平需要根据劳动定额或施工定额取定。预算定额计量单位的选择，也要以施工定额为参考，从而保证两者的协调性和可比性。

② 现行设计规范、施工及验收规范、质量评定标准和安全操

作规程。在确定预算定额的人工、材料和机械台班消耗时，必须考虑上述法规的要求和影响。

③ 具有代表性的典型工程施工图及有关标准图。通过对这些图纸的分析研究和工程量的计算，作为定额编制时选择施工方法，确定消耗的依据。

④ 新技术、新结构、新材料和先进的施工方法等。这些资料用来调整定额水平和增加新的定额项目。

⑤ 有关试验、技术测定和统计、经验资料。

⑥ 现行预算定额、材料预算价格及有关文件规定等，也包括过去定额编制过程中积累的基础资料。

2.2.4 预算定额的编制步骤

预算定额的编制可分为准备工作、收集资料、编制定额、报批和修改定稿五个阶段。各阶段的工作互有交叉，某些工作还有多次反复。

2.2.4.1 准备工作阶段

① 拟定编制方案。提出编制定额的目的和任务、定额编制范围和内容，明确编制原则、要求、项目划分和编制依据，拟定编制单位和编制人员，制订工作计划，时间、地点安排和经费预算。

② 成立编制小组。抽调人员，按需要成立各编制小组。如土建定额组、设备定额组、费用定额组、综合组等。

2.2.4.2 收集资料阶段

收集编制依据中的各种资料，并进行专项测定和试验。

2.2.4.3 定额编制阶段

① 确定编制细则。该项工作主要包括统一编制表格和统一编制方法；统一计算口径、计量单位和小数点位数的要求；有关统一性的规定，即用字、专业用语、符号代码的统一以及简化字的规范化和文字的简练明确；人工、材料、机械单价的统一。

② 确定定额的项目划分和工程量计算规则。

③ 人工、材料、机械台班消耗量的计算、复核和测算。

2.2.4.4 定额报批阶段

本阶段包括审核定稿和定额水平测算两项工作。

① 审核定稿。定额初稿的审核工作是定额编制工作的法定程序，是保证定额编制质量的措施之一。应由责任心强、经验丰富的专业技术人员承担审核的主要内容，包括文字表达是否简明易懂，数字是否准确无误，章节、项目之间有无矛盾。

② 预算定额水平测算。新定额编制成稿向主管机关报告之前，必须与原定额进行对比测算，分析水平升降原因。新编定额的水平一般应不低于历史上已经达到过的水平，并略有提高。有如下测算方法。

a. 单项定额比较测算。对主要分项工程的新旧定额水平进行逐行逐项比较测算。

b. 单项工程比较测算。对同一典型工程用新旧两种定额编制两份预算进行比较，考察定额水平的升降，并分析原因。

2.2.4.5 修改定稿阶段

该阶段的工作包括如下内容。

① 征求意见。定额初稿完成后征求各有关方面的意见，并深入分析研究，在统一意见书的基础上制订修改方案。

② 修改整理报批。根据确定的修改方案，按定额的顺序对初稿进行修改，并经审核无误后形成报批稿，经批准后交付印刷。

③ 撰写编制说明。为贯彻定额，方便使用，需要撰写新定额编写说明，内容主要包括项目、子目数量；人工、材料、机械消耗的内容范围；资料的依据和综合取定情况；定额中允许换算和不允许换算的规定；人工、材料、机械单价的计算和资料；施工方法、工艺的选择及材料运距的考虑；各种材料损耗率的取定资料；调整系数的使用；其他应说明的事项与计算数据、资料。

④ 立档成卷保存。定额编制资料既是贯彻执行定额需查对资料的依据，也为修编定额提供历史资料数据，应将其分类立卷归档，作为技术档案永久保存。

2.3 概 算 定 额

建筑工程概算定额又称扩大结构定额，由国家或主管部门制订颁发，是指完成一定计量单位前建筑工程扩大结构构件、分部工程或扩大分项工程所需要的人工、材料、机械消耗和费用的数量标准。

概算定额是在预算定额的基础上，按工程形象部位，以主体结构分部为主，将一些相近的分项工程预算定额加以合并，进行综合扩大编制的。与预算定额相比，简化了计算程序，省时省力，使概算工程量的计算和概算书的编制都比预算简化了许多，但精确度相对降低了。概算定额是编制设计概算，进行设计方案优选的重要依据；也是施工企业编制施工组织总设计的依据；也可用作编制建设工程的标底和报价，进行工程结算；同时也是编制投资估算指标的基础。

2.3.1 概算定额的编制原则

概算定额应该贯彻社会平均水平和简明适用的原则。由于概算定额和预算定额都是工程计价的依据，所以应符合价值规律和反映现阶段大多数企业的设计、生产及施工管理水平。概算定额的内容和深度是以预算定额为基础的综合和扩大。在合并中不得遗漏或增减项目，以保证其严密性和正确性。概算定额务必达到简化、准确和适用。

2.3.2 概算定额的编制依据

由于概算定额的使用范围不同，其编制依据也略有不同，一般有以下几种。

① 现行的设计规范和建筑工程预算定额。

② 具有代表性的标准设计图纸和其他设计资料。

③ 现行的人工工资标准、材料预算价格、机械台班预算价格

及其他的价格资料。

2.3.3　概算定额的编制步骤

概算定额的编制一般分三个阶段进行，即准备阶段、编制初稿阶段和审查定稿阶段。

2.3.3.1　准备阶段

该阶段主要是确定编制机构和人员组成，进行调查研究，了解现行概算定额的执行情况和存在的问题，明确编制的目的，制定概算定额的编制方案和确定概算定额的项目。

2.3.3.2　编制初稿阶段

该阶段是根据已经确定的编制方案和概算定额项目，收集和整理各种编制依据，对各种资料进行深入细致的测算和分析，确定人工、材料和机械台班的消耗量指标，最后编制概算定额初稿。

2.3.3.3　审查定稿阶段

该阶段的主要工作是测算定额水平，即测算新编制概算定额与原概算定额及现行预算定额之间的水平。测算的方法既要分项进行测算，又要通过编制单位工程概算以单位工程为对象进行综合测算。概算定额水平与预算定额水平之间有一定的幅度差，一般在5%以内。

概算定额经测算比较后，可报送国家授权机关审批。

2.3.4　概算定额的内容与形式

2.3.4.1　文字说明部分

文字说明部分有总说明和分部工程说明。在总说明中，主要阐述概算定额的编制依据、使用范围、包括的内容及作用、应遵守的规则及建筑面积计算规则等；分部工程说明主要阐述本分部工程包括的综合工作内容及分部工程的工程量计算规则等。

2.3.4.2　定额项目表

① 定额项目的划分。建设工程概算定额项目一般按以下两种方法划分：一是按结构划分，一般是按土方、基础、墙、梁板柱、

门窗、楼地面、屋面、装饰、构筑物等工程结构划分；二是按工程部位（分部）划分，一般是按基础、墙体、梁柱、楼地面、屋盖、其他工程部位等划分，如基础工程中包括了砖、石、混凝土等基础项目。公路工程概算定额的项目划分为路基工程、路面工程、隧道工程、涵洞工程、桥梁工程。

② 定额项目表。定额项目表是概算定额手册的主要内容，由若干个分节组成。各节定额由工程内容、定额表及附注说明组成。定额表中列有定额编号，计量单位，概算价格人工、材料、机械台班消耗指标，综合了预算定额的若干项目与数量。

3 工程量清单计价理论

3.1 工程量清单计价的基本规定

3.1.1 计价方式

① 使用国有资金投资的建设工程发承包，必须采用工程量清单计价。

② 非国有资金投资的建设工程，宜采用工程量清单计价。

③ 不采用工程量清单计价的建设工程，应执行《建设工程工程量清单计价规范》（GB 50500—2013）除工程量清单等专门性规定外的其他规定。

④ 工程量清单应采用综合单价计价。

⑤ 措施项目中的安全文明施工费必须按国家或省级、行业建设主管部门的规定计算，不得作为竞争性费用。

⑥ 规费和税金必须按国家或省级、行业建设主管部门的规定计算，不得作为竞争性费用。

3.1.2 发包人提供材料和工程设备

① 发包人提供的材料和工程设备（以下简称甲供材料）应在招标文件中按照表3-1的规定填写《发包人提供材料和工程设备一览表》，写明甲供材料的名称、规格、数量、单价、交货方式、交货地点等。

承包人投标时，甲供材料单价应计入相应项目的综合单价中，签约后，发包人应按合同约定扣除甲供材料款，不予支付。

② 承包人应根据合同工程进度计划的安排，向发包人提交甲供材料交货的日期计划。发包人应按计划提供。

③ 发包人提供的甲供材料如规格、数量或质量不符合合同要求，或由于发包人原因发生交货日期延误、交货地点及交货方式变更等情况的，发包人应承担由此增加的费用和（或）工期延误，并应向承包人支付合理利润。

④ 发承包双方对甲供材料的数量发生争议不能达成一致的，应按照相关工程的计价定额同类项目规定的材料消耗量计算。

⑤ 若发包人要求承包人采购已在招标文件中确定为甲供材料的，材料价格应由发承包双方根据市场调查确定，并应另行签订补充协议。

表 3-1　发包人提供材料和工程设备一览表

工程名称：　　　　　　　　　标段：　　　　　　　　　第　页　共　页

序　号	材料（工程设备） 名称、规格、型号	单位	数量	单价/元	交货 方式	送达 地点	备注

注：此表由招标人填写，供投标人在投标报价、确定总承包服务费时参考。

3.1.3　承包人提供材料和工程设备

① 除合同约定的发包人提供的甲供材料外，合同工程所需的材料和工程设备应由承包人提供，承包人提供的材料和工程设备均应由承包人负责采购、运输和保管。

② 承包人应按合同约定将采购材料和工程设备的供货人及品种、规格、数量和供货时间等提交发包人确认，并负责提供材料和工程设备的质量证明文件，满足合同约定的质量标准。

③ 对承包人提供的材料和工程设备经检测不符合合同约定的质量标准，发包人应立即要求承包人更换，由此增加的费用和（或）工期延误应由承包人承担。对发包人要求检测承包人已具有合格证明的材料、工程设备，但经检测证明该项材料、工程设备符

合合同约定的质量标准，发包人应承担由此增加的费用和（或）工期延误，并向承包人支付合理利润。

3.1.4 计价风险

① 建设工程发承包。必须在招标文件、合同中明确计价中的风险内容及其范围，不得采用无限风险、所有风险或类似语句规定计价中的风险内容及范围。

② 由于下列因素出现，影响合同价款调整的，应由发包人承担：

a. 国家法律、法规、规章和政策发生变化。

b. 省级或行业建设主管部门发布的人工费调整，但承包人对人工费或人工单价的报价高于发布的除外。

c. 由政府定价或政府指导价管理的原材料等价格进行了调整。

因承包人原因导致工期延误的，应按3.4.2.2法律法规变化②条、3.4.2.8物价变化的规定执行。

③ 由于市场物价波动影响合同价款的，应由发承包双方合理分摊，按表3-2或表3-3填写《承包人提供主要材料和工程设备一览表》作为合同附件；当合同中没有约定，发承包双方发生争议时，应按3.4.2.8物价变化①～③条的规定调整合同价款。

④ 由于承包人使用机械设备、施工技术以及组织管理水平等自身原因造成施工费用增加的，应由承包人全部承担。

⑤ 当不可抗力发生，影响合同价款时，应按3.4.2.10不可抗力的规定执行。

表 3-2 承包人提供主要材料和工程设备一览表

（适用于造价信息差额调整法）

工程名称：　　　　　　　　标段：　　　　　　　第　页　共　页

序　号	名称、规格、型号	单位	数量	风险系数/%	基准单价/元	投标单价/元	发承包人确认单价/元	备注

序 号	名称、规格、型号	单位	数量	风险系数/%	基准单价/元	投标单价/元	发承包人确认单价/元	备注

注：1. 此表由招标人填写除"投标单价"栏的内容，投标人在投标时自主确定投标单价。

2. 招标人应优先采用工程造价管理机构发布的单价作为基准单价，未发布的，通过市场调查确定其基准单价。

表 3-3　承包人提供主要材料和工程设备一览表
（适用于价格指数差额调整法）

工程名称：　　　　　　　　　标段：　　　　　　　第 页 共 页

序 号	名称、规格、型号	变值权重 B	基本价格指数 F_0	现行价格指数 F_t	备注
	定值权重 A		—	—	
合　计		1	—	—	

注：1. "名称、规格、型号"及"基本价格指数"栏由招标人填写，基本价格指数应首先采用工程造价管理机构发布的价格指数，没有时，可采用发布的价格代替。如人工、机械费也采用本法调整，由招标人在"名称"栏填写。

2. "变值权重"栏由投标人根据该项人工、机械费和材料、工程设备价值在投标总报价中所占的比例填写，1减去其比例为定值权重。

3. "现行价格指数"按约定的付款证书相关周期最后一天的前42天的各项价格指数填写，该指数应首先采用工程造价管理机构发布的价格指数，没有时，可采用发布的价格代替。

3.2 工程量清单的编制要求

3.2.1 一般规定

① 招标工程量清单应由具有编制能力的招标人或受其委托、具有相应资质的工程造价咨询人编制。

② 招标工程量清单必须作为招标文件的组成部分，其准确性和完整性应由招标人负责。

③ 招标工程量清单是工程量清单计价的基础，应作为编制招标控制价、投标报价、计算或调整工程量、索赔等的依据之一。

④ 招标工程量清单应以单位（项）工程为单位编制，应由分部分项工程项目清单、措施项目清单、其他项目清单、规费和税金项目清单组成。

⑤ 编制招标工程量清单应依据：

a.《建设工程工程量清单计价规范》（GB 50500—2013）和相关工程的国家计量规范。

b. 国家或省级、行业建设主管部门颁发的计价定额和办法。

c. 建设工程设计文件及相关资料。

d. 与建设工程有关的标准、规范、技术资料。

e. 拟定的招标文件。

f. 施工现场情况、地勘水文资料、工程特点及常规施工方案。

g. 其他相关资料。

3.2.2 分部分项工程项目

① 分部分项工程项目清单必须载明项目编码、项目名称、项目特征、计量单位和工程量。

② 分部分项工程项目清单必须根据相关工程现行国家计量规范规定的项目编码、项目名称、项目特征、计量单位和工程量计算

规则进行编制。

3.2.3　措施项目

①　措施项目清单必须根据相关工程现行国家计量规范的规定编制。

②　措施项目清单应根据拟建工程的实际情况列项。

3.2.4　其他项目

①　其他项目清单应按照下列内容列项：a. 暂列金额；b. 暂估价，包括材料暂估单价、工程设备暂估单价、专业工程暂估价；c. 计日工；d. 总承包服务费。

②　暂列金额应根据工程特点按有关计价规定估算。

③　暂估价中的材料、工程设备暂估单价应根据工程造价信息或参照市场价格估算，列出明细表；专业工程暂估价应分不同专业，按有关计价规定估算，列出明细表。

④　计日工应列出项目名称、计量单位和暂估数量。

⑤　总承包服务费应列出服务项目及其内容等。

⑥　出现第①条未列的项目，应根据工程实际情况补充。

3.2.5　规费

①　规费项目清单应按照下列内容列项：a. 社会保险费，包括养老保险费、失业保险费、医疗保险费、工伤保险费、生育保险费；b. 住房公积金；c. 工程排污费。

②　出现第①条未列的项目，应根据省级政府或省级有关部门的规定列项。

3.2.6　税金

①　税金项目清单应包括下列内容：a. 营业税；b. 城市维护建设税；c. 教育费附加；d. 地方教育附加。

②　出现第①条未列的项目，应根据税务部门的规定列项。

3.3 招标控制价与投标报价的编制

3.3.1 招标控制价的编制

3.3.1.1 一般规定

① 国有资金投资的建设工程招标。招标人必须编制招标控制价。

② 招标控制价应由具有编制能力的招标人或受其委托具有相应资质的工程造价咨询人编制和复核。

③ 工程造价咨询人接受招标人委托编制招标控制价，不得再就同一工程接受投标人委托编制投标报价。

④ 招标控制价应按照 3.3.1.2 编制与复核第①条的规定编制，不应上调或下浮。

⑤ 当招标控制价超过批准的概算时，招标人应将其报原概算审批部门审核。

⑥ 招标人应在发布招标文件时公布招标控制价，同时应将招标控制价及有关资料报送工程所在地或有该工程管辖权的行业管理部门工程造价管理机构备查。

3.3.1.2 编制与复核

① 招标控制价应根据下列依据编制与复核：

a. 《建设工程工程量清单计价规范》（GB 50500—2013）；

b. 国家或省级、行业建设主管部门颁发的计价定额和计价办法；

c. 建设工程设计文件及相关资料；

d. 拟定的招标文件及招标工程量清单；

e. 与建设项目相关的标准、规范、技术资料；

f. 施工现场情况、工程特点及常规施工方案；

g. 工程造价管理机构发布的工程造价信息，当工程造价信息没有发布时，参照市场价；

h. 其他的相关资料。

② 综合单价中应包括招标文件中划分的应由投标人承担的风险范围及其费用。招标文件中没有明确的，如是工程造价咨询人编制，应提请招标人明确；如是招标人编制，应予明确。

③ 分部分项工程和措施项目中的单价项目，应根据拟定的招标文件和招标工程量清单项目中的特征描述及有关要求确定综合单价计算。

④ 措施项目中的总价项目应根据拟定的招标文件和常规施工方案按 3.1.1 中第④、⑤条的规定计价。

⑤ 其他项目应按下列规定计价：

a. 暂列金额应按招标工程量清单中列出的金额填写；

b. 暂估价中的材料、工程设备单价应按招标工程量清单中列出的单价计入综合单价；

c. 暂估价中的专业工程金额应按招标工程量清单中列出的金额填写；

d. 计日工应按招标工程量清单中列出的项目根据工程特点和有关计价依据确定综合单价计算；

e. 总承包服务费应根据招标工程量清单列出的内容和要求估算。

⑥ 规费和税金应按 3.1.1 中第⑥条的规定计算。

3.3.1.3 投诉与处理

① 投标人经复核认为招标人公布的招标控制价未按照《建设工程工程量清单计价规范》（GB 50500—2013）的规定进行编制的，应在招标控制价公布后 5 天内向招投标监督机构和工程造价管理机构投诉。

② 投诉人投诉时，应当提交由单位盖章和法定代表人或其委托人签名或盖章的书面投诉书。投诉书应包括下列内容：

a. 投诉人与被投诉人的名称、地址及有效联系方式；

b. 投诉的招标工程名称、具体事项及理由；

c. 投诉依据及有关证明材料；

d. 相关的请求及主张。

③ 投诉人不得进行虚假、恶意投诉，阻碍招投标活动的正常进行。

④ 工程造价管理机构在接到投诉书后应在 2 个工作日内进行审查，对有下列情况之一的，不予受理：

a. 投诉人不是所投诉招标工程招标文件的收受人；

b. 投诉书提交的时间不符合第①条规定的；

c. 投诉书不符合第②条规定的；

d. 投诉事项已进入行政复议或行政诉讼程序的。

⑤ 工程造价管理机构应在不迟于结束审查的次日将是否受理投诉的决定书面通知投诉人、被投诉人以及负责该工程招投标监督的招投标管理机构。

⑥ 工程造价管理机构受理投诉后，应立即对招标控制价进行复查，组织投诉人、被投诉人或其委托的招标控制价编制人等单位人员对投诉问题逐一核对。有关当事人应当予以配合，并应保证所提供资料的真实性。

⑦ 工程造价管理机构应当在受理投诉的 10 天内完成复查，特殊情况下可适当延长，并做出书面结论通知投诉人、被投诉人及负责该工程招投标监督的招投标管理机构。

⑧ 当招标控制价复查结论与原公布的招标控制价误差大于 ±3% 时，应当责成招标人改正。

⑨ 招标人根据招标控制价复查结论需要重新公布招标控制价的，其最终公布的时间至招标文件要求提交投标文件截止时间不足 15 天的，应相应延长投标文件的截止时间。

3.3.2　投标报价的编制

3.3.2.1　一般规定

① 投标价应由投标人或受其委托具有相应资质的工程造价咨询人编制。

② 投标人应依据 3.3.2.2 编制与复核第①条的规定自主确定投标报价。

③ 投标报价不得低于工程成本。

④ 投标人必须按招标工程量清单填报价格。项目编码、项目名称、项目特征、计量单位、工程量必须与招标工程量清单一致。

⑤ 投标人的投标报价高于招标控制价的应予废标。

3.3.2.2 编制与复核

① 投标报价应根据下列依据编制和复核：

a.《建设工程工程量清单计价规范》（GB 50500—2013）；

b. 国家或省级、行业建设主管部门颁发的计价办法；

c. 企业定额，国家或省级、行业建设主管部门颁发的计价定额和计价办法；

d. 招标文件、招标工程量清单及其补充通知、答疑纪要；

e. 建设工程设计文件及相关资料；

f. 施工现场情况、工程特点及投标时拟定的施工组织设计或施工方案；

g. 与建设项目相关的标准、规范等技术资料；

h. 市场价格信息或工程造价管理机构发布的工程造价信息；

i. 其他的相关资料。

② 综合单价中应包括招标文件中划分的应由投标人承担的风险范围及其费用，招标文件中没有明确的，应提请招标人明确。

③ 分部分项工程和措施项目中的单价项目，应根据招标文件和招标工程量清单项目中的特征描述确定综合单价计算。

④ 措施项目中的总价项目金额应根据招标文件及投标时拟定的施工组织设计或施工方案，按 3.1.1 中第④条的规定自主确定。其中安全文明施工费应按照 3.1.1 中第⑤条的规定确定。

⑤ 其他项目应按下列规定报价：

a. 暂列金额应按招标工程量清单中列出的金额填写；

b. 材料、工程设备暂估价应按招标工程量清单中列出的单价计入综合单价；

c. 专业工程暂估价应按招标工程量清单中列出的金额填写；

d. 计日工应按招标工程量清单中列出的项目和数量，自主确定综合单价并计算计日工金额；

e. 总承包服务费应根据招标工程量清单中列出的内容和提出的要求自主确定。

⑥ 规费和税金应按 3.1.1 中第⑥条的规定确定。

⑦ 招标工程量清单与计价表中列明的所有需要填写单价和合价的项目，投标人均应填写且只允许有一个报价。未填写单价和合价的项目，可视为此项费用已包含在已标价工程量清单中其他项目的单价和合价之中。当竣工结算时，此项目不得重新组价予以调整。

⑧ 投标总价应当与分部分项工程费、措施项目费、其他项目费和规费、税金的合计金额一致。

3.4 合同价款的约定与调整

3.4.1 合同价款的约定

3.4.1.1 一般规定

① 实行招标的工程合同价款应在中标通知书发出之日起 30 天内，由发承包双方依据招标文件和中标人的投标文件在书面合同中约定。

合同约定不得违背招标、投标文件中关于工期、造价、质量等方面的实质性内容。招标文件与中标人投标文件不一致的地方，应以投标文件为准。

② 不实行招标的工程合同价款，应在发承包双方认可的工程价款基础上，由发承包双方在合同中约定。

③ 实行工程量清单计价的工程，应采用单价合同；建设规模较小，技术难度较低，工期较短，且施工图设计已审查批准的建设工程可采用总价合同；紧急抢险、救灾以及施工技术特别复杂的建设工程可采用成本加酬金合同。

3.4.1.2 约定内容

① 发承包双方应在合同条款中对下列事项进行约定：

a. 预付工程款的数额、支付时间及抵扣方式；

b. 安全文明施工措施的支付计划、使用要求等；

c. 工程计量与支付工程进度款的方式、数额及时间；

d. 工程价款的调整因素、方法、程序、支付及时间；

e. 施工索赔与现场签证的程序、金额确认与支付时间；

f. 承担计价风险的内容、范围以及超出约定内容、范围的调整办法；

g. 工程竣工价款结算编制与核对、支付及时间；

h. 工程质量保证金的数额、预留方式及时间；

i. 违约责任以及发生合同价款争议的解决方法及时间；

j. 与履行合同、支付价款有关的其他事项等。

② 合同中没有按照第①条的要求约定或约定不明的，若发承包双方在合同履行中发生争议由双方协商确定；当协商不能达成一致时，应按《建设工程工程量清单计价规范》（GB 50500—2013）的规定执行。

3.4.2 合同价款的调整

3.4.2.1 一般规定

① 下列事项（但不限于）发生，发承包双方应当按照合同约定调整合同价款：a. 法律法规变化；b. 工程变更；c. 项目特征不符；d. 工程量清单缺项；e. 工程量偏差；f. 计日工；g. 物价变化；h. 暂估价；i. 不可抗力；j. 提前竣工（赶工补偿）；k. 误期赔偿；l. 索赔；m. 现场签证；n. 暂列金额；o. 发承包双方约定的其他调整事项。

② 出现合同价款调增事项（不含工程量偏差、计日工、现场签证、索赔）后的 14 天内，承包人应向发包人提交合同价款调增报告并附上相关资料；承包人在 14 天内未提交合同价款调增报告的，应视为承包人对该事项不存在调整价款请求。

③ 出现合同价款调减事项（不含工程量偏差、索赔）后的 14 天内，发包人应向承包人提交合同价款调减报告并附相关资料；发

包人在 14 天内未提交合同价款调减报告的，应视为发包人对该事项不存在调整价款请求。

④ 发（承）包人应在收到承（发）包人合同价款调增（减）报告及相关资料之日起 14 天内对其核实，予以确认的应书面通知承（发）包人。当有疑问时，应向承（发）包人提出协商意见。发（承）包人在收到合同价款调增（减）报告之日起 14 天内未确认也未提出协商意见的，应视为承（发）包人提交的合同价款调增（减）报告已被发（承）包人认可。发（承）包人提出协商意见的，承（发）包人应在收到协商意见后的 14 天内对其核实，予以确认的应书面通知发（承）包人。承（发）包人在收到发（承）包人的协商意见后 14 天内既不确认也未提出不同意见的，应视为发（承）包人提出的意见已被承（发）包人认可。

⑤ 发包人与承包人对合同价款调整的不同意见不能达成一致的，只要对发承包双方履约不产生实质影响，双方应继续履行合同义务，直到其按照合同约定的争议解决方式得到处理。

⑥ 经发承包双方确认调整的合同价款，作为追加（减）合同价款，应与工程进度款或结算款同期支付。

3.4.2.2 法律法规变化

① 招标工程以投标截止日前 28 天、非招标工程以合同签订前 28 天为基准日，其后因国家的法律、法规、规章和政策发生变化引起工程造价增减变化的，发承包双方应按照省级或行业建设主管部门或其授权的工程造价管理机构据此发布的规定调整合同价款。

② 因承包人原因导致工期延误的，按第①条规定的调整时间，在合同工程原定竣工时间之后，合同价款调增的不予调整，合同价款调减的予以调整。

3.4.2.3 工程变更

① 因工程变更引起已标价工程量清单项目或其工程数量发生变化时，应按照下列规定调整：

a. 已标价工程量清单中有适用于变更工程项目的，应采用该项目的单价；但当工程变更导致该清单项目的工程数量发生变化，且工程量偏差超过 15％时，该项目单价应按照 3.4.2.6 工程量偏差第②条的规定调整。

b. 已标价工程量清单中没有适用但有类似于变更工程项目的，可在合理范围内参照类似项目的单价。

c. 已标价工程量清单中没有适用也没有类似于变更工程项目的，应由承包人根据变更工程资料、计量规则和计价办法、工程造价管理机构发布的信息价格和承包人报价浮动率提出变更工程项目的单价，并应报发包人确认后调整。承包人报价浮动率可按下列公式计算。

招标工程：

承包人报价浮动率 $L=$（1－中标价/招标控制价）$\times 100\%$

$$\text{(3-1)}$$

非招标工程：

承包人报价浮动率 $L=$（1－报价/施工图预算）$\times 100\%$

$$\text{(3-2)}$$

d. 已标价工程量清单中没有适用也没有类似于变更工程项目，且工程造价管理机构发布的信息价格缺价的，应由承包人根据变更工程资料、计量规则、计价办法和通过市场调查等取得有合法依据的市场价格提出变更工程项目的单价，并应报发包人确认后调整。

② 工程变更引起施工方案改变并使措施项目发生变化时，承包人提出调整措施项目费的，应事先将拟实施的方案提交发包人确认，并应详细说明与原方案措施项目相比的变化情况。拟实施的方案经发承包双方确认后执行，并应按照下列规定调整措施项目费。

a. 安全文明施工费应按照实际发生变化的措施项目依据 3.1.1 第⑤条的规定计算。

b. 采用单价计算的措施项目费，应按照实际发生变化的措施项目，按①的规定确定单价。

c. 按总价（或系数）计算的措施项目费，按照实际发生变化的措施项目调整，但应考虑承包人报价浮动因素，即调整金额按照实际调整金额乘以①规定的承包人报价浮动率计算。

如果承包人未事先将拟实施的方案提交给发包人确认，则应视为工程变更不引起措施项目费的调整或承包人放弃调整措施项目费的权利。

③ 当发包人提出的工程变更因非承包人原因删减了合同中的某项原定工作或工程，致使承包人发生的费用或（和）得到的收益不能被包括在其他已支付或应支付的项目中，也未被包含在任何替代的工作或工程中时，承包人有权提出并应得到合理的费用及利润补偿。

3.4.2.4 项目特征不符

① 发包人在招标工程量清单中对项目特征的描述，应被认为是准确的和全面的，并且与实际施工要求相符合。承包人应按照发包人提供的招标工程量清单，根据项目特征描述的内容及有关要求实施合同工程，直到项目被改变为止。

② 承包人应按照发包人提供的设计图纸实施合同工程，若在合同履行期间出现设计图纸（含设计变更）与招标工程量清单任一项目的特征描述不符，且该变化引起该项目工程造价增减变化的，应按照实际施工的项目特征，按 3.4.2.3 工程变更相关条款的规定重新确定相应工程量清单项目的综合单价，并调整合同价款。

3.4.2.5 工程量清单缺项

① 合同履行期间，由于招标工程量清单中缺项，新增分部分项工程清单项目的，应按照 3.4.2.3 工程变更第①条的规定确定单价，并调整合同价款。

② 新增分部分项工程清单项目后，引起措施项目发生变化的，应 3.4.2.3 工程变更第②条的规定，在承包人提交的实施方案被发包人批准后调整合同价款。

③ 由于招标工程量清单中措施项目缺项，承包人应将新增措施项目实施方案提交发包人批准后，按照 3.4.2.3 工程变更第①条、第②条的规定调整合同价款。

3.4.2.6 工程量偏差

① 合同履行期间，当应予计算的实际工程量与招标工程量清单出现偏差，且符合下列②、③条规定时，发承包双方应调整合同价款。

② 对于任一招标工程量清单项目，当因本节规定的工程量偏差和 3.4.2.3 工程变更规定的工程变更等原因导致工程量偏差超过 15％时，可进行调整。当工程量增加 15％以上时，增加部分的工程量的综合单价应予调低；当工程量减少 15％以上时，减少后剩余部分的工程量的综合单价应予调高。

③ 当工程量出现上述②条的变化，且该变化引起相关措施项目相应发生变化时，按系数或单一总价方式计价的，工程量增加的措施项目费调增，工程量减少的措施项目费调减。

3.4.2.7 计日工

① 发包人通知承包人以计日工方式实施的零星工作，承包人应予执行。

② 采用计日工计价的任何一项变更工作，在该项变更的实施过程中，承包人应按合同约定提交下列报表和有关凭证送发包人复核：

a. 工作名称、内容和数量；

b. 投入该工作所有人员的姓名、工种、级别和耗用工时；

c. 投入该工作的材料名称、类别和数量；

d. 投入该工作的施工设备型号、台数和耗用台时；

e. 发包人要求提交的其他资料和凭证。

③ 任一计日工项目持续进行时，承包人应在该项工作实施结束后的 24 小时内向发包人提交有计日工记录汇总的现场签证报告一式三份。发包人在收到承包人提交现场签证报告后的 2 天内予以确认并将其中一份返还给承包人，作为计日工计价和支付的依据。发包人逾期未确认也未提出修改意见的，应视为承包人提交的现场签证报告已被发包人认可。

④ 任一计日工项目实施结束后，承包人应按照确认的计日工现场签证报告核实该类项目的工程数量，并应根据核实的工程数量和承包人已标价工程量清单中的计日工单价计算，提出应付价款；已标价工程量清单中没有该类计日工单价的，由发承包双方按 3.4.2.3 工程变更的规定商定计日工单价计算。

⑤ 每个支付期末，承包人应按照 3.4.3.3 进度款的规定向发

包人提交本期间所有计日工记录的签证汇总表，并应说明本期间自己认为有权得到的计日工金额，调整合同价款，列入进度款支付。

3.4.2.8 物价变化

① 合同履行期间，因人工、材料、工程设备、机械台班价格波动影响合同价款时，应根据合同约定，按《建设工程工程量清单计价规范》（GB 50500—2013）附录 A 的方法之一调整合同价款。

② 承包人采购材料和工程设备的，应在合同中约定主要材料、工程设备价格变化的范围或幅度；当没有约定，且材料、工程设备单价变化超过 5％时，超过部分的价格应按照《建设工程工程量清单计价规范》（GB 50500—2013）附录 A 的方法计算调整材料、工程设备费。

③ 发生合同工程工期延误的，应按照下列规定确定合同履行期的价格调整。

a. 因非承包人原因导致工期延误的，计划进度日期后续工程的价格，应采用计划进度日期与实际进度日期两者的较高者。

b. 因承包人原因导致工期延误的，计划进度日期后续工程的价格，应采用计划进度日期与实际进度日期两者的较低者。

④ 发包人供应材料和工程设备的，不适用上述①、②条规定，应由发包人按照实际变化调整，列入合同工程的工程造价内。

3.4.2.9 暂估价

① 发包人在招标工程量清单中给定暂估价的材料、工程设备属于依法必须招标的，应由发承包双方以招标的方式选择供应商，确定价格，并应以此为依据取代暂估价，调整合同价款。

② 发包人在招标工程量清单中给定暂估价的材料、工程设备不属于依法必须招标的，应由承包人按照合同约定采购，经发包人确认单价后取代暂估价，调整合同价款。

③ 发包人在工程量清单中给定暂估价的专业工程不属于依法必须招标的，应按照 3.4.2.3 工程变更相应条款的规定确定专业工程价款，并应以此为依据取代专业工程暂估价，调整合同价款。

④ 发包人在招标工程量清单中给定暂估价的专业工程，依法必

招标的，应当由发承包双方依法组织招标选择专业分包人，并接受有管辖权的建设工程招标投标管理机构的监督，还应符合下列要求。

a. 除合同另有约定外，承包人不参加投标的专业工程发包招标，应由承包人作为招标人，但拟定的招标文件、评标工作、评标结果应报送发包人批准。与组织招标工作有关的费用应当被认为已经包括在承包人的签约合同价（投标总报价）中。

b. 承包人参加投标的专业工程发包招标，应由发包人作为招标人，与组织招标工作有关的费用由发包人承担。同等条件下，应优先选择承包人中标。

c. 应以专业工程发包中标价为依据取代专业工程暂估价，调整合同价款。

3.4.2.10 不可抗力

① 因不可抗力事件导致的人员伤亡、财产损失及其费用增加，发承包双方应按下列原则分别承担并调整合同价款和工期。

a. 合同工程本身的损害、因工程损害导致第三方人员伤亡和财产损失以及运至施工场地用于施工的材料和待安装的设备的损害，应由发包人承担。

b. 发包人、承包人人员伤亡应由其所在单位负责，并应承担相应费用。

c. 承包人的施工机械设备损坏及停工损失，应由承包人承担。

d. 停工期间，承包人应发包人要求留在施工场地的必要的管理人员及保卫人员的费用应由发包人承担。

e. 工程所需清理、修复费用，应由发包人承担。

② 不可抗力解除后复工的，若不能按期竣工，应合理延长工期。发包人要求赶工的，赶工费用应由发包人承担。

③ 因不可抗力解除合同的，应按 3.4.4 中第②条的规定办理。

3.4.2.11 提前竣工（赶工补偿）

① 招标人应依据相关工程的工期定额合理计算工期，压缩的工期天数不得超过定额工期的 20%，超过者，应在招标文件中明示增加赶工费用。

② 发包人要求合同工程提前竣工的，应征得承包人同意后与承包人商定采取加快工程进度的措施，并应修订合同工程进度计划。发包人应承担承包人由此增加的提前竣工（赶工补偿）费用。

③ 发承包双方应在合同中约定提前竣工每日历天应补偿额度，此项费用应作为增加合同价款列入竣工结算文件中，应与结算款一并支付。

3.4.2.12 误期赔偿

① 承包人未按照合同约定施工，导致实际进度迟于计划进度的，承包人应加快进度，实现合同工期。

合同工程发生误期，承包人应赔偿发包人由此造成的损失，并应按照合同约定向发包人支付误期赔偿费。即使承包人支付误期赔偿费，也不能免除承包人按照合同约定应承担的任何责任和应履行的任何义务。

② 发承包双方应在合同中约定误期赔偿费，并应明确每日历天应赔额度。误期赔偿费应列入竣工结算文件中，并应在结算款中扣除。

③ 在工程竣工之前，合同工程内的某单项（位）工程已通过了竣工验收，且该单项（位）工程接收证书中表明的竣工日期并未延误，而是合同工程的其他部分产生了工期延误时，误期赔偿费应按照已颁发工程接收证书的单项（位）工程造价占合同价款的比例幅度予以扣减。

3.4.2.13 索赔

① 当合同一方向另一方提出索赔时，应有正当的索赔理由和有效证据，并应符合合同的相关约定。

② 根据合同约定，承包人认为非承包人原因发生的事件造成了承包人的损失，应按下列程序向发包人提出索赔。

a. 承包人应在知道或应当知道索赔事件发生后 28 天内，向发包人提交索赔意向通知书，说明发生索赔事件的事由。承包人逾期未发出索赔意向通知书的，丧失索赔的权利。

b. 承包人应在发出索赔意向通知书后 28 天内，向发包人正式提交索赔通知书。索赔通知书应详细说明索赔理由和要求，并应附必要的记录和证明材料。

c. 索赔事件具有连续影响的，承包人应继续提交延续索赔通知，说明连续影响的实际情况和记录。

d. 在索赔事件影响结束后的 28 天内，承包人应向发包人提交最终索赔通知书，说明最终索赔要求，并应附必要的记录和证明材料。

③ 承包人索赔应按下列程序处理。

a. 发包人收到承包人的索赔通知书后，应及时查验承包人的记录和证明材料。

b. 发包人应在收到索赔通知书或有关索赔的进一步证明材料后的 28 天内，将索赔处理结果答复承包人，如果发包人逾期未做出答复，视为承包人索赔要求已被发包人认可。

c. 承包人接受索赔处理结果的，索赔款项应作为增加合同价款，在当期进度款中进行支付；承包人不接受索赔处理结果的，应按合同约定的争议解决方式办理。

④ 承包人要求赔偿时，可以选择下列一项或几项方式获得赔偿：

a. 延长工期；

b. 要求发包人支付实际发生的额外费用；

c. 要求发包人支付合理的预期利润；

d. 要求发包人按合同的约定支付违约金。

⑤ 当承包人的费用索赔与工期索赔要求相关联时，发包人在做出费用索赔的批准决定时，应结合工程延期，综合做出费用赔偿和工程延期的决定。

⑥ 发承包双方在按合同约定办理了竣工结算后，应被认为承包人已无权再提出竣工结算前所发生的任何索赔。承包人在提交的最终结清申请中，只限于提出竣工结算后的索赔，提出索赔的期限应自发承包双方最终结清时终止。

⑦ 根据合同约定，发包人认为由于承包人的原因造成发包人的损失，宜按承包人索赔的程序进行索赔。

⑧ 发包人要求赔偿时，可以选择下列一项或几项方式获得赔偿：

a. 延长质量缺陷修复期限；

b. 要求承包人支付实际发生的额外费用；

c. 要求承包人按合同的约定支付违约金。

⑨ 承包人应付给发包人的索赔金额可从拟支付给承包人的合同价款中扣除，或由承包人以其他方式支付给发包人。

3.4.2.14 现场签证

① 承包人应发包人要求完成合同以外的零星项目、非承包人责任事件等工作的，发包人应及时以书面形式向承包人发出指令，并应提供所需的相关资料；承包人在收到指令后，应及时向发包人提出现场签证要求。

② 承包人应在收到发包人指令后的 7 天内向发包人提交现场签证报告，发包人应在收到现场签证报告后的 48 小时内对报告内容进行核实，予以确认或提出修改意见。发包人在收到承包人现场签证，报告后的 48 小时内未确认也未提出修改意见的，应视为承包人提交的现场签证报告已被发包人认可。

③ 现场签证的工作如已有相应的计日工单价，现场签证中应列明完成该类项目所需的人工、材料、工程设备和施工机械台班的数量。

如现场签证的工作没有相应的计日工单价，应在现场签证报告中列明完成该签证工作所需的人工、材料设备和施工机械台班的数量及单价。

④ 合同工程发生现场签证事项，未经发包人签证确认，承包人便擅自施工的，除非征得发包人书面同意，否则发生的费用应由承包人承担。

⑤ 现场签证工作完成后的 7 天内，承包人应按照现场签证内容计算价款，报送发包人确认后，作为增加合同价款，与进度款同期支付。

⑥ 在施工过程中，当发现合同工程内容因场地条件、地质水文、发包人要求等不一致时，承包人应提供所需的相关资料，并提交发包人签证认可，作为合同价款调整的依据。

3.4.2.15 暂列金额

① 已签约合同价中的暂列金额应由发包人掌握使用。

② 发包人按照前述 3.4.2.1~3.4.2.14 项的规定支付后，暂列金额余额应归发包人所有。

3.4.3 合同价款期中支付

3.4.3.1 预付款

① 承包人应将预付款专用于合同工程。

② 包工包料工程的预付款的支付比例不得低于签约合同价（扣除暂列金额）的 10%，不宜高于签约合同价（扣除暂列金额）的 30%。

③ 承包人应在签订合同或向发包人提供与预付款等额的预付款保函后向发包人提交预付款支付申请。

④ 发包人应在收到支付申请的 7 天内进行核实，向承包人发出预付款支付证书，并在签发支付证书后的 7 天内向承包人支付预付款。

⑤ 发包人没有按合同约定按时支付预付款的，承包人可催告发包人支付；发包人在预付款期满后的 7 天内仍未支付的，承包人可在付款期满后的第 8 天起暂停施工。发包人应承担由此增加的费用和延误的工期，并应向承包人支付合理利润。

⑥ 预付款应从每一个支付期应支付给承包人的工程进度款中扣回，直到扣回的金额达到合同约定的预付款金额为止。

⑦ 承包人的预付款保函的担保金额根据预付款扣回的数额相应递减，但在预付款全部扣回之前一直保持有效。发包人应在预付款扣完后的 14 天内将预付款保函退还给承包人。

3.4.3.2 安全文明施工费

① 安全文明施工费包括的内容和使用范围，应符合国家有关文件和计量规范的规定。

② 发包人应在工程开工后的 28 天内预付不低于当年施工进度计划的安全文明施工费总额的 60%，其余部分应按照提前安排的原则进行分解，并应与进度款同期支付。

③ 发包人没有按时支付安全文明施工费的，承包人可催告发包人支付；发包人在付款期满后的 7 天内仍未支付的，若发生安全事故，发包人应承担相应责任。

④ 承包人对安全文明施工费应专款专用，在财务账目中应单独列项备查，不得挪作他用，否则发包人有权要求其限期改正；逾期未改正的，造成的损失和延误的工期应由承包人承担。

3.4.3.3 进度款

① 发承包双方应按照合同约定的时间、程序和方法，根据工程计量结果，办理期中价款结算，支付进度款。

② 进度款支付周期应与合同约定的工程计量周期一致。

③ 已标价工程量清单中的单价项目，承包人应按工程计量确认的工程量与综合单价计算；综合单价发生调整的，以发承包双方确认调整的综合单价计算进度款。

④ 已标价工程量清单中的总价项目和按照 3.5.3 中第②条规定形成的总价合同，承包人应按合同中约定的进度款支付分解，分别列入进度款支付申请中的安全文明施工费和本周期应支付的总价项目的金额中。

⑤ 发包人提供的甲供材料金额，应按照发包人签约提供的单价和数量从进度款支付中扣除，列入本周期应扣减的金额中。

⑥ 承包人现场签证和得到发包人确认的索赔金额应列入本周期应增加的金额中。

⑦ 进度款的支付比例按照合同约定，按期中结算价款总额计，不低于 60%，不高于 90%。

⑧ 承包人应在每个计量周期到期后的 7 天内向发包人提交已完工程进度款支付申请一式四份，详细说明此周期认为有权得到的款额，包括分包人已完工程的价款。支付申请应包括下列内容：

a. 累计已完成的合同价款；

b. 累计已实际支付的合同价款；

c. 本周期合计完成的合同价款：

ⅰ. 本周期已完成单价项目的金额；

ⅱ. 本周期应支付的总价项目的金额；

ⅲ. 本周期已完成的计日工价款；

ⅳ. 本周期应支付的安全文明施工费；

ⅴ. 本周期应增加的金额；

d. 本周期合计应扣减的金额：

ⅰ. 本周期应扣回的预付款；

ⅱ. 本周期应扣减的金额；

e. 本周期实际应支付的合同价款。

⑨ 发包人应在收到承包人进度款支付申请后的 14 天内，根据计量结果和合同约定对申请内容予以核实，确认后向承包人出具进度款支付证书。若发承包双方对部分清单项目的计量结果出现争议，发包人应对无争议部分的工程计量结果向承包人出具进度款支付证书。

⑩ 发包人应在签发进度款支付证书后的 14 天内，按照支付证书列明的金额向承包人支付进度款。

⑪ 若发包人逾期未签发进度款支付证书，则视为承包人提交的进度款支付申请已被发包人认可，承包人可向发包人发出催告付款的通知。发包人应在收到通知后的 14 天内，按照承包人支付申请的金额向承包人支付进度款。

⑫ 发包人未按照⑨～⑪条的规定支付进度款的，承包人可催告发包人支付，并有权获得延迟支付的利息；发包人在付款期满后的 7 天内仍未支付的，承包人可在付款期满后的第 8 天起暂停施工。发包人应承担由此增加的费用和延误的工期，向承包人支付合理利润，并应承担违约责任。

⑬ 发现已签发的任何支付证书有错、漏或重复的数额，发包人有权予以修正，承包人也有权提出修正申请。经发承包双方复核同意修正的，应在本次到期的进度款中支付或扣除。

3.4.4 合同解除的价款结算与支付

① 发承包双方协商一致解除合同的，应按照达成的协议办理结算和支付合同价款。

② 由于不可抗力致使合同无法履行解除合同的，发包人应向承包人支付合同解除之日前已完成工程但尚未支付的合同价款，此外，还应支付下列金额：

a. 3.4.2.11 提前竣工（赶工补偿）第①条规定的由发包人承担的费用；

b. 已实施或部分实施的措施项目应付价款；

c. 承包人为合同工程合理订购且已交付的材料和工程设备货款；

d. 承包人撤离现场所需的合理费用，包括员工遣送费和临时工程拆除、施工设备运离现场的费用；

e. 承包人为完成合同工程而预期开支的任何合理费用，且该项费用未包括在本款其他各项支付之内。

发承包双方办理结算合同价款时，应扣除合同解除之日前发包人应向承包人收回的价款。当发包人应扣除的金额超过了应支付的金额，承包人应在合同解除后的 56 天内将其差额退还给发包人。

③ 因承包人违约解除合同的，发包人应暂停向承包人支付任何价款。发包人应在合同解除后 28 天内核实合同解除时承包人已完成的全部合同价款以及按施工进度计划已运至现场的材料和工程设备货款，按合同约定核算承包人应支付的违约金以及造成损失的索赔金额，并将结果通知承包人。发承包双方应在 28 天内予以确认或提出意见，并应办理结算合同价款。如果发包人应扣除的金额超过了应支付的金额，承包人应在合同解除后的 56 天内将其差额退还给发包人。发承包双方不能就解除合同后的结算达成一致的，按照合同约定的争议解决方式处理。

④ 因发包人违约解除合同的，发包人除应按照②的规定向承包人支付各项价款外，应按合同约定核算发包人应支付的违约金以及给承包人造成损失或损害的索赔金额费用。该笔费用应由承包人提出，发包人核实后应与承包人协商确定后的 7 天内向承包人签发支付证书。协商不能达成一致的，应按照合同约定的争议解决方式处理。

3. 4. 5 合同价款争议的解决

3. 4. 5. 1 监理或造价工程师暂定

① 若发包人和承包人之间就工程质量、进度、价款支付与扣

除、工期延期、索赔、价款调整等发生任何法律上、经济上或技术上的争议，首先应根据已签约合同的规定，提交合同约定职责范围内的总监理工程师或造价工程师解决，并应抄送另一方。总监理工程师或造价工程师在收到此提交件后 14 天内应将暂定结果通知发包人和承包人。发承包双方对暂定结果认可的，应以书面形式予以确认，暂定结果成为最终决定。

② 发承包双方在收到总监理工程师或造价工程师的暂定结果通知之后的 14 天内未对暂定结果予以确认也未提出不同意见的，应视为发承包双方已认可该暂定结果。

③ 发承包双方或一方不同意暂定结果的，应以书面形式向总监理工程师或造价工程师提出，说明自己认为正确的结果，同时抄送另一方，此时该暂定结果成为争议。在暂定结果对发承包双方当事人履约不产生实质影响的前提下，发承包双方应实施该结果，直到按照发承包双方认可的争议解决办法被改变为止。

3.4.5.2 管理机构的解释或认定

① 合同价款争议发生后，发承包双方可就工程计价依据的争议以书面形式提请工程造价管理机构对争议以书面文件进行解释或认定。

② 工程造价管理机构应在收到申请的 10 个工作日内就发承包双方提请的争议问题进行解释或认定。

③ 发承包双方或一方在收到工程造价管理机构书面解释或认定后仍可按照合同约定的争议解决方式提请仲裁或诉讼。除工程造价管理机构的上级管理部门做出了不同的解释或认定，或在仲裁裁决或法院判决中不予采信的外，工程造价管理机构做出的书面解释或认定应为最终结果，并应对发承包双方均有约束力。

3.4.5.3 协商和解

① 合同价款争议发生后，发承包双方任何时候都可以进行协商。协商达成一致的，双方应签订书面和解协议，和解协议对发承包双方均有约束力。

② 如果协商不能达成一致协议，发包人或承包人都可以按合同约定的其他方式解决争议。

3.4.5.4　调解

① 发承包双方应在合同中约定或在合同签订后共同约定争议调解人，负责双方在合同履行过程中发生争议的调解。

② 合同履行期间，发承包双方可协议调换或终止任何调解人，但发包人或承包人都不能单独采取行动。除非双方另有协议，在最终结清支付证书生效后，调解人的任期应即终止。

③ 如果发承包双方发生了争议，任何一方可将该争议以书面形式提交调解人，并将副本抄送另一方，委托调解人调解。

④ 发承包双方应按照调解人提出的要求，给调解人提供所需要的资料、现场进入权及相应设施。调解人应被视为不是在进行仲裁人的工作。

⑤ 调解人应在收到调解委托后 28 天内或由调解人建议并经发承包双方认可的其他期限内提出调解书，发承包双方接受调解书的，经双方签字后作为合同的补充文件，对发承包双方均具有约束力，双方都应立即遵照执行。

⑥ 当发承包双方中任一方对调解人的调解书有异议时，应在收到调解书后 28 天内向另一方发出异议通知，并应说明争议的事项和理由。但除非并直到调解书在协商和解或仲裁裁决、诉讼判决中做出修改，或合同已经解除，承包人应继续按照合同实施工程。

⑦ 当调解人已就争议事项向发承包双方提交了调解书，而任一方在收到调解书后 28 天内均未发出表示异议的通知时，调解书对发承包双方应均具有约束力。

3.4.5.5　仲裁、诉讼

① 发承包双方的协商和解或调解均未达成一致意见，其中的一方已就此争议事项根据合同约定的仲裁协议申请仲裁，应同时通知另一方。

② 仲裁可在竣工之前或之后进行，但发包人、承包人、调解人各自的义务不得因在工程实施期间进行仲裁而有所改变。当仲裁是在仲裁机构要求停止施工的情况下进行时，承包人应对合同工程采取保护措施，由此增加的费用应由败诉方承担。

③ 在上述 3.4.5.1～3.4.5.4 项规定的期限之内，暂定或和解协议或调解书已经有约束力的情况下，当发承包中一方未能遵守暂定或和解协议或调解书时，另一方可在不损害他可能具有的任何其他权利的情况下，将未能遵守暂定或不执行和解协议或调解书达成的事项提交仲裁。

④ 发包人、承包人在履行合同时发生争议，双方不愿和解、调解或者和解、调解不成，又没有达成仲裁协议的，可依法向人民法院提起诉讼。

3.5　工程计量

3.5.1　一般规定

① 工程量必须按照相关工程现行国家计量规范规定的工程量计算规则计算。

② 工程计量可选择按月或按工程形象进度分段计量，具体计量周期应在合同中约定。

③ 因承包人原因造成的超出合同工程范围施工或返工的工程量，发包人不予计量。

④ 成本加酬金合同应按 3.5.2 的规定计量。

3.5.2　单价合同的计量

① 工程量必须以承包人完成合同工程应予计量的工程量确定。

② 施工中进行工程计量，当发现招标工程量清单中出现缺项、工程量偏差，或因工程变更引起工程量增减时，应按承包人在履行合同义务中完成的工程量计算。

③ 承包人应当按照合同约定的计量周期和时间向发包人提交当期已完工程量报告。发包人应在收到报告后 7 天内核实，并将核实计量结果通知承包人。发包人未在约定时间内进行核实的，承包人提交的计量报告中所列的工程量应视为承包人实际完成的工程量。

④ 发包人认为需要进行现场计量核实时，应在计量前 24 小时通知承包人，承包人应为计量提供便利条件并派人参加。当双方均同意核实结果时，双方应在上述记录上签字确认。承包人收到通知后不派人参加计量，视为认可发包人的计量核实结果。发包人不按照约定时间通知承包人，致使承包人未能派人参加计量，计量核实结果无效。

⑤ 当承包人认为发包人核实后的计量结果有误时，应在收到计量结果通知后的 7 天内向发包人提出书面意见，并应附上其认为正确的计量结果和详细的计算资料。发包人收到书面意见后，应在 7 天内对承包人的计量结果进行复核后通知承包人。承包人对复核计量结果仍有异议的，按照合同约定的争议解决办法处理。

⑥ 承包人完成已标价工程量清单中每个项目的工程量并经发包人核实无误后，发承包双方应对每个项目的历次计量报表进行汇总，以核实最终结算工程量，并应在汇总表上签字确认。

3.5.3 总价合同的计量

① 采用工程量清单方式招标形成的总价合同，其工程量应按照 3.5.2 的规定计算。

② 采用经审定批准的施工图纸及其预算方式发包形成的总价合同，除按照工程变更规定的工程量增减外，总价合同各项目的工程量应为承包人用于结算的最终工程量。

③ 总价合同约定的项目计量应以合同工程经审定批准的施工图纸为依据，发承包双方应在合同中约定工程计量的形象目标或时间节点进行计量。

④ 承包人应在合同约定的每个计量周期内对已完成的工程进行计量，并向发包人提交达到工程形象目标完成的工程量和有关计量资料的报告。

⑤ 发包人应在收到报告后 7 天内对承包人提交的上述资料进行复核，以确定实际完成的工程量和工程形象目标。对其有异议的，应通知承包人进行共同复核。

3.6 竣工结算与支付

3.6.1 一般规定

① 工程完工后，发承包双方必须在合同约定时间内办理工程竣工结算。

② 工程竣工结算应由承包人或受其委托具有相应资质的工程造价咨询人编制，并应由发包人或受其委托具有相应资质的工程造价咨询人核对。

③ 当发承包双方或一方对工程造价咨询人出具的竣工结算文件有异议时，可向工程造价管理机构投诉，申请对其进行执业质量鉴定。

④ 工程造价管理机构对投诉的竣工结算文件进行质量鉴定，宜按 3.7 的相关规定进行。

⑤ 竣工结算办理完毕，发包人应将竣工结算文件报送工程所在地或有该工程管辖权的行业管理部门的工程造价管理机构备案，竣工结算文件应作为工程竣工验收备案、交付使用的必备文件。

3.6.2 编制与复核

① 工程竣工结算应根据下列依据编制和复核：

a.《建设工程工程量清单计价规范》（GB 50500—2013）；

b. 工程合同；

c. 发承包双方实施过程中已确认的工程量及其结算的合同价款；

d. 发承包双方实施过程中已确认调整后追加（减）的合同价款；

e. 建设工程设计文件及相关资料；

f. 投标文件；

g. 其他依据。

② 分部分项工程和措施项目中的单价项目应依据发承包双方确认的工程量与已标价工程量清单的综合单价计算；发生调整的，应以发承包双方确认调整的综合单价计算。

③ 措施项目中的总价项目应依据已标价工程量清单的项目和金额计算；发生调整的，应以发承包双方确认调整的金额计算，其中安全文明施工费应按 3.1.1 中第⑤条的规定计算。

④ 其他项目应按下列规定计价：

a. 计日工应按发包人实际签证确认的事项计算；

b. 暂估价应按 3.4.2.9 暂估价的规定计算；

c. 总承包服务费应依据已标价工程量清单金额计算；发生调整的，应以发承包双方确认调整的金额计算；

d. 索赔费用应依据发承包双方确认的索赔事项和金额计算；

e. 现场签证费用应依据发承包双方签证资料确认的金额计算；

f. 暂列金额应减去合同价款调整（包括索赔、现场签证）金额计算，如有余额归发包人。

⑤ 规费和税金应按 3.1.1 中第⑥条的规定计算。规费中的工程排污费应按工程所在地环境保护部门规定的标准缴纳后按实列入。

⑥ 发承包双方在合同工程实施过程中已经确认的工程计量结果和合同价款，在竣工结算办理中应直接进入结算。

3.6.3 竣工结算

① 合同工程完工后，承包人应在经发承包双方确认的合同工程期中价款结算的基础上汇总编制完成竣工结算文件，应在提交竣工验收申请的同时向发包人提交竣工结算文件。

承包人未在合同约定的时间内提交竣工结算文件，经发包人催告后 14 天内仍未提交或没有明确答复的，发包人有权根据已有资料编制竣工结算文件，作为办理竣工结算和支付结算款的依据，承包人应予以认可。

② 发包人应在收到承包人提交的竣工结算文件后的 28 天内核对。发包人经核实：认为承包人还应进一步补充资料和修改结算文件，应在上述时限内向承包人提出核实意见，承包人在收到核实意见后的 28 天内应按照发包人提出的合理要求补充资料，修改竣工结算文件，并应再次提交给发包人复核后批准。

③ 发包人应在收到承包人再次提交的竣工结算文件后的 28 天内予以复核，将复核结果通知承包人，并应遵守下列规定：

a. 发包人、承包人对复核结果无异议的，应在 7 天内在竣工结算文件上签字确认，竣工结算办理完毕；

b. 发包人或承包人对复核结果认为有误的，无异议部分按照①规定办理不完全竣工结算；有异议部分由发承包双方协商解决；协商不成的，应按照合同约定的争议解决方式处理。

④ 发包人在收到承包人竣工结算文件后的 28 天内，不核对竣工结算或未提出核对意见的，应视为承包人提交的竣工结算文件已被发包人认可，竣工结算办理完毕。

⑤ 承包人在收到发包人提出的核实意见后的 28 天内，不确认也未提出异议的，应视为发包人提出的核实意见已被承包人认可，竣工结算办理完毕。

⑥ 发包人委托工程造价咨询人核对竣工结算的，工程造价咨询人应在 28 天内核对完毕，核对结论与承包人竣工结算文件不一致的，应提交给承包人复核；承包人应在 14 天内将同意核对结论或不同意见的说明提交工程造价咨询人。工程造价咨询人收到承包人提出的异议后，应再次复核，复核无异议的，应按③中 a 的规定办理，复核后仍有异议的，按③中 b 的规定办理。

承包人逾期未提出书面异议的，应视为工程造价咨询人核对的竣工结算文件已经承包人认可。

⑦ 对发包人或发包人委托的工程造价咨询人指派的专业人员与承包人指派的专业人员经核对后无异议并签名确认的竣工结算文件，除非发承包人能提出具体、详细的不同意见，发承包人都应在竣工结算文件上签名确认，如其中一方拒不签认的，按下列规定办理。

a. 若发包人拒不签认的，承包人可不提供竣工验收备案资料，并有权拒绝与发包人或其上级部门委托的工程造价咨询人重新核对竣工结算文件。

b. 若承包人拒不签认的，发包人要求办理竣工验收备案的，承包人不得拒绝提供竣工验收资料，否则，由此造成的损失，承包人承担相应责任。

⑧ 合同工程竣工结算核对完成，发承包双方签字确认后，发包人不得要求承包人与另一个或多个工程造价咨询人重复核对竣工结算。

⑨ 发包人对工程质量有异议，拒绝办理工程竣工结算的，已竣工验收或已竣工未验收但实际投入使用的工程，其质量争议应按该工程保修合同执行，竣工结算应按合同约定办理；已竣工未验收且未实际投入使用的工程以及停工、停建工程的质量争议，双方应就有争议的部分委托有资质的检测鉴定机构进行检测，并应根据检测结果确定解决方案，或按工程质量监督机构的处理决定执行后办理竣工结算，无争议部分的竣工结算应按合同约定办理。

3.6.4　结算款支付

① 承包人应根据办理的竣工结算文件向发包人提交竣工结算款支付申请。申请应包括下列内容：

a. 竣工结算合同价款总额；

b. 累计已实际支付的合同价款；

c. 应预留的质量保证金；

d. 实际应支付的竣工结算款金额。

② 发包人应在收到承包人提交竣工结算款支付申请后 7 天内予以核实，向承包人签发竣工结算支付证书。

③ 发包人签发竣工结算支付证书后的 14 天内，应按照竣工结算支付证书列明的金额向承包人支付结算款。

④ 发包人在收到承包人提交的竣工结算款支付申请后 7 天内不予核实，不向承包人签发竣工结算支付证书的，视为承包人的竣工结算款支付申请已被发包人认可；发包人应在收到承包人提交的竣工结算款支付申请 7 天后的 14 天内，按照承包人提交的竣工结算款支付申请列明的金额向承包人支付结算款。

⑤ 发包人未按照③、④规定支付竣工结算款的，承包人可催告发包人支付，并有权获得延迟支付的利息。发包人在竣工结算支付证书签发后或者在收到承包人提交的竣工结算款支付申请 7 天后

的 56 天内仍未支付的，除法律另有规定外，承包人可与发包人协商将该工程折价，也可直接向人民法院申请将该工程依法拍卖。承包人应就该工程折价或拍卖的价款优先受偿。

3.6.5　质量保证金

① 发包人应按照合同约定的质量保证金比例从结算款中预留质量保证金。

② 承包人未按照合同约定履行属于自身责任的工程缺陷修复义务的，发包人有权从质量保证金中扣除用于缺陷修复的各项支出。经查验，工程缺陷属于发包人原因造成的，应由发包人承担查验和缺陷修复的费用。

③ 在合同约定的缺陷责任期终止后，发包人应按照 3.6.6 的规定，将剩余的质量保证金返还给承包人。

3.6.6　最终结清

① 缺陷责任期终止后，承包人应按照合同约定向发包人提交最终结清支付申请。发包人对最终结清支付申请有异议的，有权要求承包人进行修正和提供补充资料。承包人修正后，应再次向发包人提交修正后的最终结清支付申请。

② 发包人应在收到最终结清支付申请后的 14 天内予以核实，并应向承包人签发最终结清支付证书。

③ 发包人应在签发最终结清支付证书后的 14 天内，按照最终结清支付证书列明的金额向承包人支付最终结清款。

④ 发包人未在约定的时间内核实，又未提出具体意见的，应视为承包人提交的最终结清支付申请已被发包人认可。

⑤ 发包人未按期最终结清支付的，承包人可催告发包人支付，并有权获得延迟支付的利息。

⑥ 最终结清时，承包人被预留的质量保证金不足以抵减发包人工程缺陷修复费用的，承包人应承担不足部分的补偿责任。

⑦ 承包人对发包人支付的最终结清款有异议的，应按照合同

约定的争议解决方式处理。

3.7 工程造价鉴定

3.7.1 一般规定

① 在工程合同价款纠纷案件处理中，需做工程造价司法鉴定的，应委托具有相应资质的工程造价咨询人进行。

② 工程造价咨询人接受委托时提供工程造价司法鉴定服务，应按仲裁、诉讼程序和要求进行，并应符合国家关于司法鉴定的规定。

③ 工程造价咨询人进行工程造价司法鉴定时，应指派专业对口、经验丰富的注册造价工程师承担鉴定工作。

④ 工程造价咨询人应在收到工程造价司法鉴定资料后 10 天内，根据自身专业能力和证据资料判断能否胜任该项委托，如不能，应辞去该项委托。工程造价咨询人不得在鉴定期满后以上述理由不做出鉴定结论，影响案件处理。

⑤ 接受工程造价司法鉴定委托的工程造价咨询人或造价工程师如是鉴定项目一方当事人的近亲属或代理人、咨询人以及其他关系可能影响鉴定公正的，应当自行回避；未自行回避，鉴定项目委托人以该理由要求其回避的，必须回避。

⑥ 工程造价咨询人应当依法出庭接受鉴定项目当事人对工程造价司法鉴定意见书的质询。如确因特殊原因无法出庭的，经审理该鉴定项目的仲裁机关或人民法院准许，可以书面形式答复当事人的质询。

3.7.2 取证

① 工程造价咨询人进行工程造价鉴定工作时，应自行收集以下（但不限）鉴定资料：

a. 适用于鉴定项目的法律、法规、规章、规范性文件以及规范、标准、定额；

b. 鉴定项目同时期同类型工程的技术经济指标及其各类要素

价格等。

② 工程造价咨询人收集鉴定项目的鉴定依据时，应向鉴定项目委托人提出具体书面要求，其内容包括：

　　a. 与鉴定项目相关的合同、协议及其附件；

　　b. 相应的施工图纸等技术经济文件；

　　c. 施工过程中的施工组织、质量、工期和造价等工程资料；

　　d. 存在争议的事实及各方当事人的理由；

　　e. 其他有关资料。

③ 工程造价咨询人在鉴定过程中要求鉴定项目当事人对缺陷资料进行补充的，应征得鉴定项目委托人同意，或者协调鉴定项目各方当事人共同签认。

④ 根据鉴定工作需要现场勘验的，工程造价咨询人应提请鉴定项目委托人组织各方当事人对被鉴定项目所涉及的实物标的进行现场勘验。

⑤ 勘验现场应制作勘验记录、笔录或勘验图表，记录勘验的时间、地点、勘验人、在场人、勘验经过、结果，由勘验人、在场人签名或者盖章确认。绘制的现场图应注明绘制的时间、测绘人姓名、身份等内容。必要时应采取拍照或摄像取证，留下影像资料。

⑥ 鉴定项目当事人未对现场勘验图表或勘验笔录等签字确认的，工程造价咨询人应提请鉴定项目委托人决定处理意见，并在鉴定意见书中做出表述。

3.7.3　鉴定

① 工程造价咨询人在鉴定项目合同有效的情况下应根据合同约定进行鉴定，不得任意改变双方合法的合意。

② 工程造价咨询人在鉴定项目合同无效或合同条款约定不明确的情况下应根据法律法规、相关国家标准和《建设工程工程量清单计价规范》（GB 50500—2013）的规定，选择相应专业工程的计价依据和方法进行鉴定。

③ 工程造价咨询人出具正式鉴定意见书之前，可报请鉴定项

目委托人向鉴定项目各方当事人发出鉴定意见书征求意见稿，并指明应书面答复的期限及其不答复的相应法律责任。

④ 工程造价咨询人收到鉴定项目各方当事人对鉴定意见书征求意见稿的书面复函后，应对不同意见认真复核，修改完善后再出具正式鉴定意见书。

⑤ 工程造价咨询人出具的工程造价鉴定书应包括下列内容：a. 鉴定项目委托人名称、委托鉴定的内容；b. 委托鉴定的证据材料；c. 鉴定的依据及使用的专业技术手段；d. 对鉴定过程的说明；e. 明确的鉴定结论；f. 其他需说明的事宜；g. 工程造价咨询人盖章及注册造价工程师签名盖执业专用章。

⑥ 工程造价咨询人应在委托鉴定项目的鉴定期限内完成鉴定工作，如确因特殊原因不能在原定期限内完成鉴定工作时，应按照相应法规提前向鉴定项目委托人申请延长鉴定期限，并应在此期限内完成鉴定工作。

经鉴定项目委托人同意等待鉴定项目当事人提交、补充证据的，质证所用的时间不应计入鉴定期限。

⑦ 对于已经出具的正式鉴定意见书中有部分缺陷的鉴定结论，工程造价咨询人应通过补充鉴定做出补充结论。

3.8 工程计价资料与档案

3.8.1 计价资料

① 发承包双方应当在合同中约定各自在合同工程中现场管理人员的职责范围，双方现场管理人员在职责范围内签字确认的书面文件是工程计价的有效凭证，但如有其他有效证据或经实证证明其是虚假的除外。

② 发承包双方不论在何种场合对与工程计价有关的事项所给予的批准、证明、同意、指令、商定、确定、确认、通知和请求，或表示同意、否定、提出要求和意见等，均应采用书面形式，口头

指令不得作为计价凭证。

③ 任何书面文件送达时，应由对方签收，通过邮寄应采用挂号、特快专递传送，或以发承包双方商定的电子传输方式发送，交付、传送或传输至指定的接收人的地址。如接收人通知了另外地址时，随后通信信息应按新地址发送。

④ 发承包双方分别向对方发出的任何书面文件，均应将其抄送现场管理人员，如系复印件应加盖合同工程管理机构印章，证明与原件相同。双方现场管理人员向对方所发任何书面文件，也应将其复印件发送给发承包双方，复印件应加盖合同工程管理机构印章，证明与原件相同。

⑤ 发承包双方均应当及时签收另一方送达其指定接收地点的来往信函，拒不签收的，送达信函的一方可以采用特快专递或者公证方式送达，所造成的费用增加（包括被迫采用特殊送达方式所发生的费用）和延误的工期由拒绝签收一方承担。

⑥ 书面文件和通知不得扣压，一方能够提供证据证明另一方拒绝签收或已送达的，应视为对方已签收并应承担相应责任。

3.8.2　计价档案

① 发承包双方以及工程造价咨询人对具有保存价值的各种载体的计价文件，均应收集齐全，整理立卷后归档。

② 发承包双方和工程造价咨询人应建立完善的工程计价档案管理制度，并应符合国家和有关部门发布的档案管理相关规定。

③ 工程造价咨询人归档的计价文件，保存期不宜少于五年。

④ 归档的工程计价成果文件应包括纸质原件和电子文件，其他归档文件及依据可为纸质原件、复印件或电子文件。

⑤ 归档文件应经过分类整理，并应组成符合要求的案卷。

⑥ 归档可以分阶段进行，也可以在项目竣工结算完成后进行。

⑦ 向接受单位移交档案时，应编制移交清单，双方应签字、盖章后方可交接。

【帮】

4 建筑工程预算常见问题

4.1 土石方与桩基础工程预算常见问题

问 4-1：定额中的土方类别与土分类表中的类别如何对照？

定额中的土石方工程是按人工土石方、机械土石方、爆破岩石来划分的。其中人工土石方包括场地平整、人工挖土方、基坑土方、回填土等；机械土石方包括机挖土方、机挖松碎石方、机挖槽、坑土石方等；爆破岩石包括石方、沟槽、基坑石方等。

而土分类表一般按Ⅰ、Ⅱ、Ⅲ、Ⅳ等分类。在套用定额时应根据勘测资料来确定土质，找出与之相近的定额子目并计算。

问 4-2：如何区分挖土方、挖沟槽和挖基坑？

挖沟槽是指槽底宽度在 3m 以内，并且槽长为槽宽的 3 倍以上，这样的挖土石方工程均按挖沟槽套用定额。

挖基坑是指坑底面积在 27m² 以内，并且长宽的倍数小于 3 倍，这样的挖土石方工程属于挖基坑。

图示沟槽底宽在 3m 以外，坑底面积在 27m² 以外，执行挖土方定额子目。

问 4-3：挖土方、挖沟槽和挖基坑各适用哪些范围？

挖沟槽适用于建筑物的条形基槽、埋设地下水管的沟槽、通信线缆及排水沟等的挖土工程。

挖土方和挖基坑是底面积大小的区别，它们适用于建造地下室、满堂基础、独立基础、设备基础等挖土工程。

问 4-4：挖土方的工程量如何计算？

一般分为以下两种情形。

（1）不放坡时。挖土方按挖土底面积乘以挖土深度以立方米计算。

挖土底面积按图示垫层外皮尺寸加工作面宽度的水平投影面积计算。

挖土深度当室外设计地坪标高与自然地坪标高在±0.3m以内时，从基础下表面标高算至室外设计地坪标高；当室外设计地坪标高与自然地坪标高在±0.3m以外时，从基础垫层下表面标高算至自然地坪标高。

（2）放坡时。当挖土深度超过放坡起点（1.5m），另计算放坡土方增量。此时的挖土方工程量＝不放坡时的挖土方量＋放坡量。

放坡土方增量按放坡部分的外边线长度（含工作面宽度）乘以挖土深度再乘以相应的放坡土方增量折算厚度以立方米计算。

当挖土方深度超过13m时，放坡土方量增量折算厚度，按13m以外每增1m的折算厚度乘以超过的深度（不足1m按1m计算），并入13m以内的折算厚度中计算。

基础施工所需工作面宽度计算、放坡土方增量折算厚度、管沟底部宽度、管道体积换算详见表4-1～表4-4。

表 4-1 基础施工所需工作面宽度计算

基础材料	每边各增加工作面宽度/mm
砖基础	200
浆砌毛石、条石基础	150
混凝土基础垫层支模板	300
混凝土基础支模板	300
基础垂直面做防水层	1000（防水面层）

注：本表按《全国统一建筑工程预算工程量计算规则》（GJDGZ-101-95）整理。

表 4-2 放坡土方增量折算厚度

基础类型	挖土深度/m	放坡土方增量折算厚度/m
沟槽	2 以内	0.59
	2 以外	0.83
基坑	2 以内	0.48
	2 以外	0.82

基础类型	挖土深度/m	放坡土方增量折算厚度/m
土方	5 以内	0.70
	8 以内	1.37
	13 以内	2.38
	13 以外每增 1m	0.24
喷锚护壁	5 以内	0.25
	8 以内	0.40
	8 以外	0.65

表 4-3　管沟底部宽度　　　　单位：m

管径/mm	铸铁管、钢管	混凝土管	缸瓦管
50～70	0.60	0.80	0.70
100～200	0.70	0.90	0.80
250～350	0.80	1.00	0.90
400～450	1.00	1.30	1.10
500～600	1.30	1.50	1.40
700～800	1.60	1.80	—

表 4-4　管道体积换算　　　　单位：m^3

管道名称	管道直径/mm	
	501～600	601～800
钢管	0.21	0.44
铸铁管	0.24	0.49
混凝土管及缸瓦管	0.33	0.60

问 4-5：挖沟槽的工程量如何计算？

一般分为以下两种情形。

（1）不放坡时。挖沟槽按挖土底面积乘以挖土深度以立方米计算。挖土底面积按基础垫层宽度加工作面宽度乘以沟槽长度计算。挖土深度工程量计算同挖土方的挖土深度工程量计算。

（2）放坡时。挖沟槽工程量＝不放坡时工程量＋放坡量。

沟槽放坡土方增量按沟槽长度乘以挖土深度再乘以相应放坡土方增量折算厚度以立方米计算。

问 4-6：挖基坑的工程量如何计算？

一般分为以下两种情形。

（1）不放坡时。挖基坑按挖土底面积乘以挖土深度以立方米计算。

挖土底面积按图示垫层外皮尺寸加工作面宽度的水平投影面积计算。

挖土深度工程量计算同挖土方的挖土深度工程量计算。

（2）放坡时。挖基坑工程量＝不放坡时工程量＋放坡量。

放坡土方增量按放坡部分的外边线长度（含工作面宽度）乘以挖土深度再乘以相应的放坡土方增量折算厚度以立方米计算。

问 4-7：人工挖土如何套用定额？

在同一槽内或坑内有干湿土时，应分别计算工程量，但使用定额时仍需按槽（坑）全深计算，可按下述方法进行。

第一步：将同一槽（坑）内干湿土的体积分别计算出来。

第二步：将湿土乘以系数后加上干土的体积按该槽坑的全深计算。

问 4-8：人工挖桩间土方应如何套用定额？

施工场地经打桩后，由于土壤被挤压密实，给人工挖土增加了难度，同时也与人工挖土方定额规定的施工条件不相符合。如人工挖桩间普通土，在套用人工挖普通土定额时，必须进行定额换算：将人工挖普通土综合工日乘以系数 1.5，即为人工挖桩间普通土所需的综合工日。

基础定额的换算分综合工日、材料用量、机械台班三部分进行换算。允许换算的分部分项工程有时可能这三部分都换算，有的分部分项工程则换算其中一部分或两部分。

基础定额的换算工作一定要在该项工程的工程量计算完毕，查取基础定额时进行换算，换算完成后再确定该工程的基础定额，并在定额编号后再加一个"换"字。

问 4-9：机械挖土方如何套用定额？

在机械挖土方的工程量的计算问题中，按机械挖土方 90％，人工挖土方 10％计算。人工挖土方系指机械所挖不到的地方，按实计算人工挖土工程量，套用相应定额乘以系数 2，理解这条说明的含义就是先将整个挖方的体积计算出来，其中 90％套用机械挖土方定额中的相应子目；10％套用人工土方中的相应子目，这样做简化了计算、方便了使用。

问 4-10：推土机工作如何套用定额？

推土机是土方机械施工中的主要机械之一。在建筑工程中，推土机主要用来进行推土、堆积、平整、压实等工作。推土机多用于场地平整、开挖不深的基坑，砌筑不太高的堤坝。推土机预算定额一般以推土机功率、土壤类别和推土机运距划分子目。推土机工作内容包括：推土、弃土、平整、工作面内的排水、现场内机械行驶道路的养护以及修理边坡。推土机运距按挖方区重心至填方区重心的直线距离计算。推土机要依其动力大小和推运距离确定计算项目。如果推土坡度大于5％时，其运距按坡度区段斜长乘以相应的系数计算。

推土层平均厚度小于 300mm 时，推土机台班用量乘以系数1.25；若推未经压实的积土时，人工和机械乘以系数 0.73。

问 4-11：按挖土方套用定额的情况有哪些？

具有下列情况之一者，均按挖土方套用定额。

（1）凡挖填土厚度在 30cm 以上的场地表面平整工程按挖土方计算。

（2）凡槽长不超过槽宽的 3 倍，并且底面积大于 20m² 的挖土方工程（若底面积不大于 20m² 就可能成为地坑）。

（3）槽长大于槽宽 3 倍，而槽宽在 3m 以上的挖土方工程（槽宽大于 3m，底面积肯定大于 20m²）。

问 4-12：土方工程的机械幅度差包括哪些内容？

（1）施工中作业区之间的转移及配备机械相互影响所损失的时间。

（2）临时停电、停水所发生的工作间歇。

（3）施工初期限于条件所造成的工效差和结尾时工程量不足所损失的时间。

（4）挖土机只能向一侧装车且无循环路线，挖土机必须等待汽车调车的间歇时间。

（5）汽车装土或卸土倒车距离过长所影响的时间。

（6）工程质量检查的影响。

问 4-13：如何计算取（余）土的工程量？

余土或取土工程量，可按下式计算：

$$余土外运体积＝挖土总体积－回填土总体积$$

式中，计算结果为正值时，为余土外运体积；负值时，为需取土体积。

问 4-14：如何计算土方运距？

土方运距按下列规定计算。

（1）推土机推土运距：按挖方区重心至回填区重心之间的直线距离计算。

（2）铲运机运土运距：按挖方区重心至卸土区重心加转向距离45m 计算。

（3）自卸汽车运土运距：按挖方区重心至填土区（或堆放地点）重心的最短距离计算。

问 4-15：在计算土方工程量前应确定哪些数据？

在计算土方工程量之前，应首先进行收集确定以下数据。

（1）土壤的类别。是普通土还是坚土。

（2）地下水位标高。所挖土方是干土还是湿土，二者所使用的定额标准不同，地下水位以上按干土计算，地下水位以下按湿土计算。

（3）挖运土的方法。是采用人工挖运土，还是人工挖土手推车运土，或是机械挖运土，以便套用相应定额。

（4）余土和缺土的运距。多余土外运和回填时缺少土方而由外取土来补充的运土距离是多少。

（5）挖土宽度：是否放坡或支挡板，是否需要留工作面，其值多大等。

问 4-16：石方爆破，若设计规定爆破有粒径要求时，如何处理？

石方爆破已综合了不同的开挖阶段高度、坡面开挖、改炮、找平因素，若设计规定爆破有粒径要求时，需增加的人工、材料和机械费用应按实际发生计算。

问 4-17：什么是沟槽凿石？如何套定额？

沟槽凿石指在设计 0—0 线以下，底宽小于 7m 的部位。其工程量系按设计尺寸另增允许超挖量后以立方米计算。允许超挖厚度一般规定：五、六类岩石为 20cm，七、八类岩石为 1.5cm。沟槽凿石根据岩石类别划分定额子目，依据设计文件中的有关地质钻探报告采用相应定额。

人工清理岩石系指在人工平基或挖槽坑的展开面上清理岩石，每 100m² 按 50m³ 计算。

问 4-18：什么是基坑凿石？如何计算？

基坑凿石是指在设计 0—0 线以下，其上口面积小于 20m²，其工程量的计算与沟槽工程量计算方法相同，亦另增允许超挖厚度。当基坑上口面积大于 20m²，按沟槽底宽 7m 以内沟槽开挖定额执行。底宽大于 7m 时，按一般开挖定额执行。定额未包括石方开凿及爆破后的运输工作，其工程量应按施工组织设计另列项计算。

问 4-19：什么是炮眼法爆破？有哪些优缺点？

炮眼法松动岩石在石方工程中是较普遍的一种方法，其优缺点叙述如下。

（1）优点：不需复杂钻孔设备；施工操作简单，容易掌握；炸药消耗量少；飞石距离较近，岩石破碎均匀，便于控制开挖面的形状和尺寸，可在各种复杂条件下施工，在爆破作业中被广泛采用。

（2）缺点：爆破量较小，效率不高，钻孔工作量大。

问 4-20：爆破中所用电雷管与火雷管如何进行换算？

石方爆破定额是按电雷管导电起爆编制的，如采用火雷管爆破时，雷管应换算，数量不变。扣除定额中胶质导线，换为导火索，导火索长度按每个雷管 2.12m 计算。

问 4-21：编制土石方工程概预算的作用是什么？

土石方工程多为露天作业，种类繁多，成分复杂，受地区气候条件影响。工程地质水文变化多，对施工有较大影响。对一个大型建设项目的场地平整、房屋及设备基础、厂区道路及管线的土石方施工，面积往往可达数十平方公里，土方量多达数百立方米。因此，土石方工程在单位工程概预算中占有较重要的份额。而熟悉、掌握土石方工程预算定额的编制说明、计算规则对于正确使用定额，准确编制工程概预算，确定工程造价具有重要意义。

问 4-22：土石方工程基础定额包括哪些项目？

土石方工程基础定额的编制按人工挖土方、淤泥流沙，人工挖地槽、地坑，人工挖孔桩，冻土开挖，人工回填土，打夯，平整场地，人工土方运输，人工支挡土梗，人工凿石，人工打眼爆破石方，人工石方运输，机械打眼爆破石方的内容共设置定额项目 118 个。

问 4-23：人工挖孔桩在桩内垂直运输如何套用定额？

人工挖孔桩定额最大深度为 12m，孔深度超过 12m 时则必须进行定额换算。换算原则：孔深度为 12～16m，按 12m 的综合工日定额乘以系数 1.3；孔深度为 16～20m，按 12m 综合工日定额乘以系数 1.5；同一孔内土壤类别不同时，按定额加权平均计算。

问 4-24：桩基及基坑支护工程定额在使用时应注意哪些问题？

（1）施工中已按照设计要求的贯入度打完预制桩，设计要求复打桩，按实际台班计算。

（2）钢筋混凝土预制桩及钢板桩运输执行构件运输工程相应项目。

（3）现浇钢筋混凝土钻孔桩已综合充盈系数及混凝土超薄量，不包括钢筋用量，另行计算执行钢筋工程有关规定及相应项目。

（4）人工挖孔桩定额适用于具备安全防护措施条件下施工。

（5）钢筋混凝土预应力离心管桩内未包括填充材料，发生时另行计算。

（6）地下连续墙导墙的挖土、回填土、运土、导墙执行建筑工程有关章节相应项目。

（7）地下连续墙定额中包括泥浆外运，发生时另行计算。

（8）地下连续墙钢筋制作及安装执行相应项目。

问 4-25：钢筋混凝土预制方桩的工程量如何计算？

按设计桩长（含桩尖部分）乘以桩截面面积以立方米计算。

问 4-26：接桩、送桩的工程量如何计算？

接桩按设计接头以个计算。

送桩按实际发生计取，其工程量按桩截面面积乘以送桩深度（桩顶至自然地坪另加 50cm）以立方米计算。

问 4-27：现浇钢筋混凝土灌注桩的工程量如何计算？

现浇钢筋混凝土灌注桩的工程量按设计桩长（包括桩尖）乘以桩径截面面积以立方米计算。

问 4-28：预制钢筋混凝土桩的体积如何计算？

预制钢筋混凝土桩体积的计算详见表 4-5。

表 4-5　预制钢筋混凝土桩体积的计算

桩截面/mm	桩尖长/mm	桩长/m	混凝土体积/m³	
			A	B
250×250	400	3.00	0.171	0.188
		3.50	0.202	0.229
		4.00	0.233	0.250
		5.00	0.296	0.312
		每增减 0.5	0.031	0.031
300×300	400	3.00	0.246	0.270
		3.50	0.291	0.315
		4.00	0.336	0.360
		5.00	0.426	0.450
		每增减 0.5	0.045	0.045
320×320	400	3.00	0.280	0.307
		3.50	0.331	0.358
		4.00	0.382	0.410
		5.00	0.485	0.512
		每增减 0.5	0.051	0.051
350×350	400	3.00	0.335	0.368
		3.50	0.396	0.429
		4.00	0.457	0.490
		5.00	0.580	0.613
		6.00	0.702	0.735
		8.00	0.947	0.980
		每增减 0.5	0.0613	0.0613

桩截面/mm	桩尖长/mm	桩长/m	混凝土体积/m³	
			A	B
400×400	400	5.00	0.757	0.800
		6.00	0.917	0.960
		7.00	1.077	1.120
		8.00	1.237	1.280
		10.00	1.557	1.600
400×400	400	12.00	1.877	1.920
		15.00	2.357	2.400
		每增减 0.5	0.08	0.08

注：1. 混凝土体积栏中，A 栏为理论计算体积，B 栏为按工程量计算的体积。

2. 桩长包括桩尖长度。混凝土体积理论计算公式为：$V = LA + \frac{1}{3}AH$

式中，V 为体积；L 为桩长（不包括桩尖长）；A 为桩截面面积；H 为桩尖长。

问 4-29：爆扩桩的体积如何计算？

爆扩桩体积的计算详见表 4-6。

表 4-6　爆扩桩体积的计算

桩身直径/mm	桩头直径/mm	桩长/m	混凝土量/m³	桩身直径/mm	桩头直径/mm	桩长/m	混凝土量/m³
250	800	3.0	0.376	300	900	3.0	0.530
		3.5	0.401			3.5	0.566
		4.0	0.425			4.0	0.601
		4.5	0.451			4.5	0.637
		5.0	0.474			5.0	0.672
250	1000	3.0	0.622	每增减		0.50	0.026
		3.5	0.647	300	1000	3.0	0.665
		4.0	0.671			3.5	0.701
		4.5	0.696			4.0	0.736
		5.0	0.720			4.5	0.771
每增减		0.50	0.025			5.0	0.807
300	800	3.0	0.424	300	1200	3.0	1.032
		3.5	0.459			3.5	1.068
		4.0	0.494			4.0	1.103
		4.5	0.530			4.5	1.138
		5.0	0.565			5.0	1.174
每增减		0.50	0.026	每增减		0.50	0.036

桩身直径 /mm	桩头直径 /mm	桩长 /m	混凝土量 /m³	桩身直径 /mm	桩头直径 /mm	桩长 /m	混凝土量 /m³
400	1000	3.0 3.5 4.0 4.5 5.0	0.755 0.838 0.901 0.964 1.027	400	1200	3.0 3.5 4.0 4.5 5.0	1.156 1.219 1.282 1.345 1.408
每增减		0.50	0.064	每增减		0.50	0.064

注：1. 桩长是指桩全长，包括桩头。

2. 计算公式：$V = A(L-D) + (1/6 \pi D^3)$

式中，A 为断面面积；L 为桩长（全长包括桩头）；D 为球体直径。

问 4-30：混凝土灌注桩的体积如何计算？

混凝土灌注桩体积的计算详见表 4-7。

表 4-7　混凝土灌注桩体积的计算

桩直径/mm	套管外径/mm	桩全长/m	混凝土体积/m³
300	325	3.00 3.50 4.00 4.50 5.00 5.50 6.00 每增减 0.10	0.2489 0.2904 0.3318 0.3733 0.4148 0.4563 0.4978 0.0083
300	351	3.00 3.50 4.00 4.50 5.00 5.50 6.00 每增减 0.10	0.2903 0.3387 0.3870 0.4354 0.4838 0.5322 0.5806 0.0097
400	459	3.00 3.50 4.00 4.50	0.4965 0.5793 0.6620 0.7448

桩直径/mm	套管外径/mm	桩全长/m	混凝土体积/m³
400	459	5.00	0.8275
		5.50	0.9103
		6.00	0.9930
		每增减 0.10	0.0165

注：混凝土体积＝$\pi r^2 L$

式中，r 为套管外径的半径；L 为桩全长。

问 4-31：打预制钢筋混凝土方桩，是否包括起模的工作内容？

预制钢筋混凝土方桩的制作包括铲除黏附在构件上的地胎模残留物所需人工。打桩包括桩的翻身脱模所需的机械台班及人工在内。

问 4-32：打预制钢筋混凝土桩，如何确定吊装定位的距离？

打预制钢筋混凝土桩，起吊、运送、就位是按操作周边 15m 以内的距离确定的，超过 15m 以外 400m 以内按相应子目计算，超过 400m 则按砌筑工程相应子目计算。

问 4-33：如何计算人工挖孔扩底灌注混凝土桩工程量？

人工挖孔扩底灌注混凝土桩工程量是按图示护壁内径圆台体积以及扩大桩头实体积以立方米计算。

人工挖孔扩底灌注混凝土桩基本上分三部分，即圆台、圆柱和球缺。

问 4-34：潜水钻机钻孔灌注混凝土桩，怎样计算泥浆运输排出量？

定额泥浆运输项目是针对潜水钻机钻孔灌注混凝土桩，泥浆排出量虚体积折成实体积后制定的。实际钻孔的土方体积（包括充盈系数值）即为泥浆运输数量。

问 4-35：桩基础由什么组成？

桩基础由承台和桩柱两部分组成。承台是在桩柱顶现浇的钢筋混凝土梁或板，上部支承墙的为承台梁，下部支承部分为承台板。承台的厚度一般不小于 300mm，由结构计算确定，柱顶嵌入承台的深度不宜小于 50~100mm。桩柱位于承台的下部、土层的上部，桩柱承受承台传递下来的建筑物上部结构的全部荷载，而后传递于地基。

问 4-36：打桩顺序如何确定？它对桩工程质量有何影响？

制订合理的打桩顺序，布置桩的排放，是打桩工程至关重要的一个环节，它影响到打桩进度，施工质量和经济效益。合理的打桩顺序有逐排打设、自中部向边沿打设和分段打设等。

实际施工中，由于移动打桩机架的工作繁重，因此，确定打桩顺序时除了考虑上述因素外，有时还要考虑打桩机移动的方便与否。顺序确定后，还要考虑打桩是往后"退打"还是往前"顶打"，因为这关系到桩的布置和运输问题。

当打桩地面标高接近桩顶设计标高时，打桩后，实际上每根桩的顶部还会高出地面，这是由于桩尖持力层的标高不可能完全一致，而预制桩又不可能设计成各不相同的长度，因此桩顶高出地面是在所难免的，在这种情况下，打桩机只能采用往后退打的方法。由于往后退打，桩不能事先布置在地面上，只能随打随运。

打桩后，桩顶的实际标高在地面以下时（摩擦桩一般是这样，端承桩则需采用送桩打入），打桩机则可以采取往前顶打的方法，这时只要现场许可，所有的桩都可以事先布置好，这样可以避免场内二次运输。往前顶打时，由于桩顶都已打入地面，所以地面会留有桩孔，移动打桩和行车时应注意铺平。

问 4-37：如何计算接桩工程量？

焊接法的工程量按每个接头计算，浆锚法的工程量按接头的面积计算。

问 4-38：定额中对于接桩有什么规定？

本定额除静力压桩外，均未包括接桩，如需接桩，除按相应打桩定额项目计算外，按设计要求另计算接桩项目。

问 4-39：桩的运输如何套用定额？

预制方桩和桩尖场外运输按构件运输定额执行；场内运输

按场内运输定额执行；若预制方桩为预制厂制作设计，应计算预制方桩场外运输，套用第六部分与钢筋混凝土构件运输定额子目，9m以上预制方桩按Ⅰ类构件，9m以内预制方桩按Ⅱ类构件，并按预制厂至打（压）桩施工现场实际运输距离套用定额子目。在计算预制方桩运输工程量时，应乘1.019损耗系数。钢筋混凝土方桩，如采用就位预制，并能就位打（压）桩时，则按场内运方桩200m运距内定额乘0.4系数作为桩的起吊就位费；凡不能就位打桩时，按200m运距定额计算运费；超过200m运距按400m运距定额计算；运距400m处则按钢筋混凝土构件运输相应定额执行。预制钢筋混凝土桩尖运输按第六部分钢筋混凝土构件汽车运输中Ⅱ类构件，按预制厂至打桩施工现场的实际运输距离，套用相应定额子目。

问4-40：什么是灰土挤密桩？灰土挤密桩如何套用定额？

灰土挤密桩是将钢管打入土中，将管拔出后，在形成的桩孔内回填3∶7灰土加以夯实而成。灰土挤密桩较之其他地基处理方法有以下特点：灰土挤密桩为横向挤密，但同样可达到所要求加密处理后的最大干密度指标，可以消除地基上的湿陷性，提高承载力，降低压缩性；与换土垫层不同，不需要大量开挖回填，可节省土方开挖和回填土方工程量，同时工期也相对较短，所用材料价廉，施工机械简单，工效高；但只适用于加固地下水位以上部分的地基，所适用的土质有限。灰土挤密桩强度高，桩身强度大于周围地基土的强度，使得桩间土承担荷载较少。灰土桩适用于处理湿陷性黄土、素填土以及杂填土地基，处理后地基承载力可以提高一倍以上，同时具有节省大量土方、降低造价2/3～4/5、施工简便等优点。项目用2.5t履带式柴油打桩机夯打6～12m以内的灰土挤密桩。

灰土挤密桩的项目中有：人工，即综合工时；材料，即垫木、3∶7灰土、水、桩管摊销；机械，即履带式柴油打桩机2.5t。

垫木：指由木材制成的垫块。

3∶7灰土：指消石灰和黏土（或亚黏土或轻亚黏土）的体积比为3∶7。

水：一般指自来水。

履带式柴油打桩机 2.5t：指柴油锤重为 2.5t，而整个桩架靠履带的行走而移动的打桩机。

问 4-41：定额有关桩型的钢筋笼制作、安装应如何正确套用子目？

（1）打孔灌注混凝土桩的钢筋笼制作、安装套用静力压桩机压预制方桩桩长在 18m 以内子目，其钢筋笼安放定额考虑由打桩机械完成，故未另列其他安装机械。

（2）钻（冲）孔灌注混凝土桩、人工挖孔桩的钢筋笼制作套用静力压桩机压预制方桩桩长在 18m 以内子目，如发生钢筋笼接头吊焊则另套用桩架移动方式子目（包括安装就位），如未发生接头吊焊而另用其他方法安装就位者，则根据编制说明的有关规定编制补充定额并报工程造价管理部门批准执行。

问 4-42：套用定额计算红砖护壁的人工挖孔桩工程量时应注意哪些问题？

红砖护壁的人工挖孔桩按设计红砖护壁的外径尺寸计算土方及红砖护壁的工程量，按桩芯的尺寸套用定额子目；桩芯按设计的实际体积（是圆柱体按圆柱体，是分段圆台体按分段圆台体）计算工程量套用红砖护壁内浇混凝土定额子目；红砖护壁不同于混凝土护壁，它不包括桩基，其内容包括挖土、取土、运土于 50m 以内；排水沟修造、修正桩底；搅拌砂浆、砖砌护壁、抽水、吹风、坑内照明、安全设施搭拆等。

问 4-43：桩基础定额是否适用于水工建筑及公路桥梁工程？

《全国统一建筑工程基础定额》中的"桩基础工程"适用于一般工业与民用建筑工程的桩基础，不适用于水工建筑及公路桥梁工程。

问 4-44：什么是送桩？如何计算送桩工程量？

送桩也称冲桩，是指在打桩工程中，要求将桩的顶面打入自然地面以下，或桩顶面低于桩架操作平台面，桩锤不能直接触击到桩头，需要冲桩，将桩顶面与桩锤联系起来。传递桩锤的力量，使桩锤将桩打到要求的位置，最后再去掉"冲桩"，这一过程即称为送桩。送桩工程量要根据施工图样设计要求的标高（深度）来确定。

送桩工程量＝桩横截面面积×送桩长度

计算打送桩基础定额中，要先查清送桩的类别、性质，以控制其质量要求。例如打钢管桩送桩时，对于桩比较短或施工阻力较小的，可送桩至桩顶标高，送桩深度一般控制在 5～7m。当土质比较弱，挖土打桩有困难或桩比较长的情况下，采用送桩时，锤击能量大，有可能打不到预定深度。

问 4-45：打斜桩如何套用定额？

打斜桩套用定额以打直桩为准，如打斜桩斜度在 1：6 以内者，按相应定额项目乘以系数 1.25；如斜度大于 1：6 者，按相应定额项目人工、机械乘以系数 1.43。

4.2 砌筑与脚手架工程预算常见问题

问 4-46：砌筑工程定额在使用时应注意哪些问题？

（1）砖墙中综合了清水、混水和一般艺术形式的墙及砖垛、附墙烟囱、门窗套、窗台、虎头砖、砖旋、砖过梁、腰线、挑檐、压顶、封山泛水槽所增加的工料因素。

（2）砖砌池槽、蹲台、水池腿、花台、台阶、垃圾箱、楼梯栏板、阳台栏板、挡板墙、楼梯下砌砖、通风道、屋面伸缩缝砌砖等，执行小型砖砌体相应定额子目。

（3）定额中砂浆按常用强度等级编制，设计与定额不同时，可以换算。

问 4-47：条形砖基础工程量如何计算？

条形基础：
$$V_{外墙基} = S_{断} L_{中} + V_{垛基} \tag{4-1}$$

$$V_{内墙基} = S_{断} L_{净} \tag{4-2}$$

其中条形砖基断面面积

$$S_{断} = （基础高度＋大放脚折加高度）×基础墙厚 \tag{4-3}$$

或　　$S_{断}=$基础高度×基础墙厚＋大放脚增加面积　　　　（4-4）

砖基础的大放脚形式有等高式和间隔式，如图 4-1（a）、（b）所示。大放脚的折加高度或大放脚增加面积可根据砖基础的大放脚形式、大放脚错台层数从表 4-8、表 4-9 中查得。

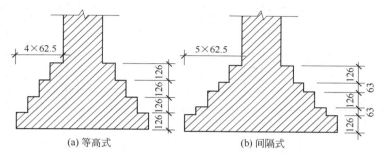

(a) 等高式　　　　　　　　　　(b) 间隔式

图 4-1　砖基础放脚形式

表 4-8　标准砖等高式砖墙基大放脚折加高度

放脚层数	折加高度/m						增加断面积/m²
	1/2 砖 (0.115)	1 砖 (0.24)	1 $\frac{1}{2}$ 砖 (0.365)	2 砖 (0.49)	2 $\frac{1}{2}$ 砖 (0.615)	3 砖 (0.74)	
一	0.137	0.066	0.043	0.032	0.026	0.021	0.01575
二	0.411	0.197	0.129	0.096	0.077	0.064	0.04725
三	0.822	0.394	0.259	0.193	0.154	0.128	0.0945
四	1.369	0.656	0.432	0.321	0.259	0.213	0.1575
五	2.054	0.984	0.647	0.482	0.384	0.319	0.2363
六	2.876	1.378	0.906	0.675	0.538	0.447	0.3308
七		1.838	1.208	0.900	0.717	0.596	0.4410
八		2.363	1.553	1.157	0.922	0.766	0.5670
九		2.953	1.942	1.447	1.153	0.958	0.7088
十		3.609	2.373	1.768	1.409	1.171	0.8663

注：1. 本表按标准砖双面放脚，每层等高 12.6cm（二皮砖，二灰缝）砌出 6.25cm 计算。

2. 本表折加墙基高度的计算，以 240×115×53（mm）标准砖，1cm 灰缝及双面大放脚为准。

3. 折加高度（m）$=\dfrac{\text{放脚断面积（m}^2\text{）}}{\text{墙厚（m）}}$。

4. 采用折加高度数字时，取两位小数，第三位以后四舍五入。采用增加断面数字时，取三位小数，第四位以后四舍五入。

表 4-9　标准砖间隔式砖墙基大放脚折加高度

放脚层数	折加高度/m						增加断面积/m²
	1/2 砖 (0.115)	1 砖 (0.24)	$1\frac{1}{2}$砖 (0.365)	2 砖 (0.49)	$2\frac{1}{2}$砖 (0.615)	3 砖 (0.74)	
一	0.137	0.066	0.043	0.032	0.026	0.021	0.0158
二	0.343	0.164	0.108	0.080	0.064	0.053	0.0394
三	0.685	0.320	0.216	0.161	0.128	0.106	0.0788
四	1.096	0.525	0.345	0.257	0.205	0.170	0.1260
五	1.643	0.788	0.518	0.386	0.307	0.255	0.1890
六	2.260	1.083	0.712	0.530	0.423	0.331	0.2597
七		1.444	0.949	0.707	0.563	0.468	0.3465
八			1.208	0.900	0.717	0.596	0.4410
九				1.125	0.896	0.745	0.5513
十					1.088	0.905	0.6694

注：1. 本表适用于间隔式砖墙基大放脚（即底层为二皮开始高 12.6cm，上层为一皮砖高 6.3cm，每边每层砌出 6.25cm）。

2. 本表折加墙基高度的计算，以 240mm×115mm×53mm 标准砖，1cm 灰缝及双面大放脚为准。

3. 本表砖墙基础体积计算方法同表 4-8（等高式砖墙基）。

垛基是大放脚突出部分的基础，如图 4-2 所示。为了方便使用，垛基工程量可参照表 4-10 计算。

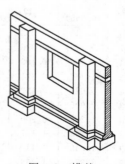

图 4-2　垛基

$$V_{垛基} = 垛基正身体积 + 放脚部分体积 \tag{4-5}$$

问 4-48：条形毛石基础工程量如何计算？

条形毛石基础工程量的计算可参照表 4-11 进行。

问 4-49：独立砖基础工程量如何计算？

独立基础：按图示尺寸计算。

表 4-10 砖垛基础体积

单位：m³/每个砖垛基础

项目		1/2砖 (12.5cm)		1砖 (25cm)			1½砖 (37.8cm)			2砖 (50cm)		
砖垛尺寸/mm		125×	125×	250×	250×	250×	375×	375×	375×	500×	500×	500×
突出墙面宽		240	365	240	365	490	365	490	615	490	615	740
垛基正身体积	80cm	0.024	0.037	0.048	0.073	0.098	0.110	0.147	0.184	0.196	0.246	0.296
	90cm	0.027	0.041	0.054	0.082	0.110	0.123	0.165	0.208	0.221	0.277	0.333
	100cm	0.030	0.046	0.060	0.091	0.123	0.137	0.184	0.231	0.245	0.308	0.370
	110cm	0.033	0.050	0.066	0.100	0.135	0.151	0.202	0.254	0.270	0.338	0.407
	120cm	0.036	0.055	0.072	0.110	0.147	0.164	0.221	0.277	0.294	0.369	0.444
	130cm	0.039	0.059	0.078	0.119	0.159	0.178	0.239	0.300	0.319	0.400	0.481
	140cm	0.042	0.064	0.084	0.128	0.172	0.192	0.257	0.323	0.343	0.431	0.518
	150cm	0.045	0.068	0.090	0.137	0.184	0.205	0.276	0.346	0.368	0.461	0.555
	160cm	0.048	0.073	0.096	0.146	0.196	0.219	0.294	0.369	0.392	0.492	0.592
	170cm	0.051	0.078	0.102	0.155	0.208	0.233	0.312	0.392	0.417	0.523	0.629
	180cm	0.054	0.082	0.108	0.164	0.221	0.246	0.331	0.415	0.441	0.554	0.666
	每增减5cm	0.0015	0.0023	0.0030	0.0045	0.0062	0.0063	0.0092	0.0115	0.0126	0.0154	0.0185
放脚部分体积 层数		等高式/间隔式		等高式/间隔式			等高式/间隔式			等高式/间隔式		
	一	0.002/0.002		0.004/0.004			0.006/0.006			0.008/0.008		
	二	0.006/0.005		0.012/0.010			0.018/0.015			0.023/0.020		
	三	0.012/0.010		0.023/0.020			0.035/0.029			0.047/0.039		
	四	0.020/0.016		0.039/0.032			0.059/0.047			0.078/0.063		
	五	0.029/0.024		0.059/0.047			0.088/0.070			0.117/0.094		
	六	0.041/0.032		0.082/0.065			0.123/0.097			0.164/0.129		
	七	0.055/0.043		0.109/0.086			0.164/0.129			0.221/0.172		
	八	0.070/0.055		0.141/0.109			0.211/0.164			0.284/0.225		

表 4-11 条形毛石基础工程量（定值）

基础阶数	图示	截面尺寸 顶宽 /mm	截面尺寸 底宽 /mm	截面尺寸 高 /mm	截面面积 /m²	毛石砌体 /(m³/10m)	材料消耗 毛石 /m³	材料消耗 砂浆 /m³
一阶式	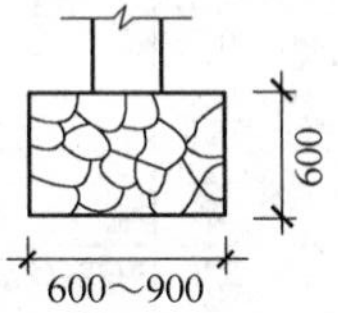	600	600	600	0.36	3.60	4.14	1.44
		700	700	600	0.42	4.20	4.83	1.68
		800	800	600	0.48	4.80	5.52	1.92
		900	900	600	0.54	5.40	6.21	2.16
	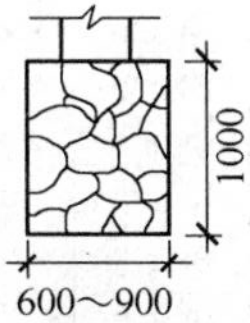	600	600	1000	0.60	6.00	6.90	2.40
		700	700	1000	0.70	7.00	8.05	2.80
		800	800	1000	0.80	8.00	9.20	3.20
		900	900	1000	0.90	9.00	10.12	3.60
二阶式	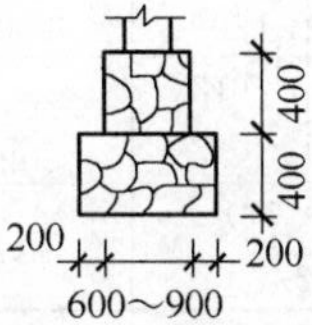	600	1000	800	0.64	6.40	7.36	2.56
		700	1100	800	0.72	7.20	8.28	2.88
		800	1200	800	0.80	8.00	9.20	3.20
		900	1300	800	0.88	8.80	10.12	3.52

续表

基础阶数	图示	截面尺寸			截面面积 /m²	毛石砌体 /(m³/10m)	材料消耗	
		顶宽	底宽	高			毛石	砂浆
		/mm					/m³	
二阶式	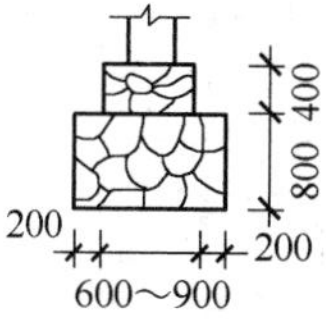	600	1000	1200	1.04	9.40	11.96	4.16
		700	1100	1200	1.16	11.60	13.34	4.64
		800	1200	1200	1.28	12.80	14.72	5.12
		900	1300	1200	1.40	14.00	16.10	5.60
三阶式	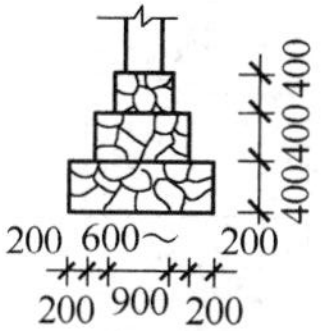	600	1400	1200	1.20	12.00	13.80	4.80
		700	1500	1200	1.32	13.20	15.18	5.28
		800	1600	1200	1.44	14.40	16.56	5.76
		900	1700	1200	1.56	15.60	17.94	6.24
	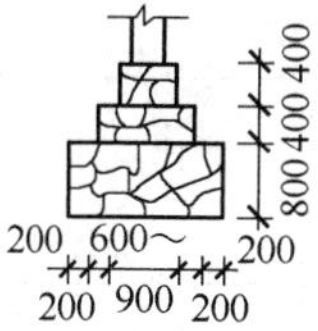	600	1400	1600	1.76	17.60	20.24	7.04
		700	1500	1600	1.92	19.20	22.08	7.68
		800	1600	1500	2.08	20.80	23.92	8.92
		900	1700	1600	2.24	22.40	25.76	8.96

表 4-12　砖柱基础体积

柱断面尺寸	240×240		240×365		365×365		365×490	
每米深柱基身体积	0.0576m³		0.0876m³		0.1332m³		0.17885m³ ·	
层数	等高	不等高	等高	不等高	等高	不等高	等高	不等高
一	0.0095	0.0095	0.0115	0.0115	0.0135	0.0135	0.0154	0.0154
二	0.0325	0.0278	0.0384	0.0327	0.0443	0.0376	0.0502	0.0425
三	0.0729	0.0614	0.0847	0.0713	0.0965	0.0811	0.1084	0.091
四	0.1347	0.1097	0.1544	0.1254	0.174	0.1412	0.1937	0.1569
五	0.2217	0.1793	0.2512	0.2029	0.2807	0.2265	0.3103	0.2502
六	0.3379	0.2694	0.3793	0.3019	0.4206	0.3344	0.4619	0.3669
七	0.4873	0.3868	0.5424	0.4301	0.5976	0.4734	0.6527	0.5167
八	0.6738	0.5306	0.7447	0.5857	0.8155	0.6408	0.8864	0.6959
九	0.9013	0.7075	0.9899	0.7764	1.0785	0.8453	1.1671	0.9142
十	1.1738	0.9167	1.2821	1.0004	1.3903	1.0841	1.4986	1.1678

砖柱增加四边放脚体积

柱断面尺寸	490×490		490×615		615×615		615×740	
每米深柱基身体积	0.2401m³		0.30135m³		0.37823m³		0.4551m³	
层数	等高	不等高	等高	不等高	等高	不等高	等高	不等高
一	0.0174	0.0174	0.0194	0.0194	0.0213	0.0213	0.0233	0.0233
二	0.0561	0.0474	0.0621	0.0524	0.068	0.0573	0.0739	0.0622
三	0.1202	0.1008	0.132	0.1106	0.1438	0.1205	0.1556	0.1303
四	0.2134	0.1727	0.2331	0.1884	0.2528	0.2042	0.2725	0.2199
五	0.3398	0.2738	0.3693	0.2974	0.3989	0.321	0.4284	0.3447
六	0.5033	0.3994	0.5446	0.4318	0.586	0.4643	0.6273	0.4968
七	0.7078	0.56	0.7629	0.6033	0.8181	0.6467	0.8732	0.69
八	0.9573	0.7511	1.0288	0.8062	1.099	0.8613	1.1699	0.9164
九	1.2557	0.9831	1.3443	1.052	1.4329	1.1209	1.5214	1.1898
十	1.6069	1.2514	1.7152	1.3351	1.8235	1.4188	1.9317	1.5024

砖柱增加四边放脚体积

对于砖柱基础，如图 4-3 所示，可参照表 4-12 计算，$V_{柱基} = V_{柱基身} + V_{柱放脚}$。

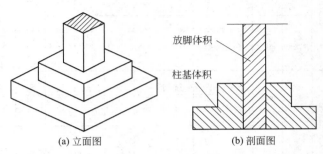

(a) 立面图　　　　　　　　(b) 剖面图

图 4-3　柱基

问 4-50：砖墙体工程量如何计算？

砖墙体有外墙、内墙、女儿墙、围墙之分，计算时要注意墙体砖品种、规格、强度等级、墙体类型、墙体厚度、墙体高度、砂浆强度等级、配合比不同时要分开计算。

（1）外墙

$$V_{外} = (H_{外} L_{中} - F_{洞})b + V_{增减} \qquad (4\text{-}6)$$

式中　$H_{外}$——外墙高度；

$L_{中}$——外墙中心线长度；

$F_{洞}$——门窗洞口、过人洞、空圈面积；

b——墙体厚度；

$V_{增减}$——相应的增减体积，其中 $V_{增}$ 是指有墙垛时增加的墙垛体积。

注：对于砖垛工程量的计算可参照表 4-13。

（2）内墙

$$V_{内} = (H_{内} L_{净} - F_{洞})b + V_{增减} \qquad (4\text{-}7)$$

式中　$H_{内}$——内墙高度；

$L_{净}$——内墙净长度；

$F_{洞}$——门窗洞口、过人洞、空圈面积；

$V_{增减}$——计算墙体时相应的增减体积；

b——墙体厚度。

（3）女儿墙

$$V_女=H_女 L_中 b+V_增减 \qquad (4\text{-}8)$$

式中　$H_女$——女儿墙高度；

　　　$L_中$——女儿墙中心线长度；

　　　b——女儿墙厚度；

　　　$V_增减$——相应的增减体积。

（4）砖围墙。高度算至压顶上表面（如有混凝土压顶时算至压顶下表面），围墙柱并入围墙体积内计算。

表 4-13　标准砖附墙砖垛或附墙烟囱、通风道折算墙身面积系数

墙身厚度 D/cm 突出断面 $a \times b$/cm	1/2 砖	3/4 砖	1 砖	$1\frac{1}{2}$砖	2 砖	$2\frac{1}{2}$砖
	11.5	18	24	36.5	49	61.5
12.25×24	0.2609	0.1685	0.1250	0.0822	0.0612	0.0488
12.5×36.5	0.3970	0.2562	0.1900	0.1249	0.0930	0.0741
12.5×49	0.5330	0.3444	0.2554	0.1680	0.1251	0.0997
12.5×61.5	0.6687	0.4320	0.3204	0.2107	0.1569	0.1250
25×24	0.5218	0.3371	0.2500	0.1644	0.1224	0.0976
25×36.5	0.7938	0.5129	0.3804	0.2500	0.1862	0.1485
25×49	1.0625	0.6882	0.5104	0.2356	0.2499	0.1992
25×61.5	1.3374	0.8641	0.6410	0.4214	0.3138	0.2501
37.5×24	0.7826	0.5056	0.3751	0.2466	0.1836	0.1463
37.5×36.5	1.1904	0.7691	0.5700	0.3751	0.2793	0.2226
37.5×49	1.5983	1.0326	0.7650	0.5036	0.3749	0.2989
37.5×61.5	2.0047	1.2955	0.9608	0.6318	0.4704	0.3750
50×24	1.0435	0.6742	0.5000	0.3288	0.2446	0.1951
50×36.5	1.5870	1.0253	0.7604	0.5000	0.3724	0.2967
50×49	2.1304	1.3764	1.0208	0.6712	0.5000	0.3980
50×61.5	2.6739	1.7273	1.2813	0.8425	0.6261	0.4997
62.5×36.5	1.9813	1.2821	0.9510	0.6249	0.4653	0.3709
62.5×49	2.6635	1.7208	1.3763	0.8390	0.6249	0.4980
62.5×61.5	3.3426	2.1600	1.6016	1.0532	0.7842	0.6250
74×36.5	2.3487	1.5174	1.1254	0.7400	0.5510	0.4392

注：a 为突出墙面尺寸（cm），b 为砖垛（或附墙烟囱、通风道）的宽度（cm）。

问 4-51：烟囱环形砖基础工程量如何计算？

烟囱环形砖基础如图 4-4 所示。砖基大放脚分等高式和非等高式两种类型。基础体积的计算方法与条形基础的方法相

同，分别计算出砖基身及放脚增加断面面积即可得烟囱基础体积公式。

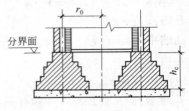

图 4-4　烟囱环形砖基础

（1）砖基身断面面积

$$砖基身断面积 = bh_c \qquad (4-9)$$

式中　b——砖基身顶面宽度，m；

　　　h_c——砖基身高度，m。

（2）砖基础体积

$$V_{hj} = (bh_c + V_f)l_c$$
$$l_c = 2\pi r_0 \qquad (4-10)$$

式中　V_{hj}——烟囱环形砖基础体积，m^3；

　　　V_f——烟囱基础放脚增加断面面积，m^2；

　　　l_c——烟囱砖基础计算长度，m；

　　　r_0——烟囱中心至环形砖基扩大面中心的半径，m。

问 4-52：圆形整体式烟囱砖基础工程量如何计算？

图 4-5 所示为圆形整体式砖基础，其基础体积的计算同样可分为两部分：一部分是基身，另一部分是大放脚，其基身与放脚应以

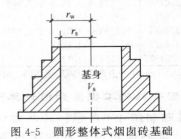

图 4-5　圆形整体式烟囱砖基础

基础扩大顶面向内收一个台阶宽（62.5mm）处为界，界内为基身，界外为放脚。若烟囱筒身外径恰好与基身重合，则其基身与放脚的划分即以筒身外径为分界。

圆形整体式烟囱基础的体积 V_{yj} 可按下式计算：

$$V_{yj} = V_s + V_f \tag{4-11}$$

$$V_s = \pi r_s^2 h_c$$

$$r_s = r_w - 0.0625$$

式中　　V_s——砖基身体积，m^2；

　　　　r_s——圆形基身半径，m；

　　　　r_w——圆形基础扩大面半径，m；

　　　　h_c——基身高度，m。

砖基大放脚增加体积 V_f 的计算如下。由图 4-5 可见，圆形基础大放脚可视为相对于基础中心的单面放脚。若计算出单面放脚增加断面相对于基础中心线的平均半径 r_0，即可计算大放脚增加的体积。平均半径 r_0 可按重心法求得。以等高式放脚为例，其计算公式如下：

$$r_0 = r_s + \frac{\sum\limits_{i=1}^{n} S_i d_i}{\sum S_i} = r_s + \frac{\sum\limits_{i=1}^{n} i^2}{n \text{ 层放脚单面断面面积}} \times 2.04 \times 10^{-4} \tag{4-12}$$

式中　i——从上向下计数的大放脚层数。

则圆形砖基放脚增加体积 V_f 为

$$V_f = 2\pi r_0 \times n \text{ 层放脚单面断面面积} \tag{4-13}$$

问 4-53：附墙砖垛、附墙烟囱、垃圾道、通风道等，定额中的未列项目怎么办？

附墙砖垛、附墙烟囱、垃圾道、通风道等，其工程量应按实计算，工程量计算出来后，附墙砖垛、附墙烟囱并入墙体工程量中套用定额墙体相应子目，而垃圾道、通风道则执行小型砖砌体相应定额子目。

问 4-54：小型砖砌体包括哪些内容？

小型砖砌体包括：砖砌池槽、蹲台、水池腿、花台、台阶、垃圾箱、楼梯栏板、阳台栏板、挡板墙、楼梯下砌砖、通风道、屋面伸缩缝砌砖等。

工程量均按实际体积计算。

问 4-55：脚手架工程定额在使用时应注意哪些问题？

（1）建筑工程脚手架综合了工程结构施工期及外墙装修脚手架的搭拆及租赁费用，不包括设备安装的脚手架。

（2）单层建筑脚手架，檐高在 6m 以下，执行檐高 6m 以下脚手架；檐高超过 6m 时，超过部分执行檐高 6m 以上每增加 1m 子目，不足 1m 按 1m 算。单层建筑内带有部分楼层时，其面积并入主体建筑面积内，多层或高层建筑的局部层高超过 6m 时，按其局部结构水平投影面积执行每增 1m 子目。

（3）构筑物的脚手架，执行相应单项脚手架定额子目。

问 4-56：综合脚手架定额各类脚手架的含量各为多少？

综合脚手架定额各类脚手架的含量详见表 4-14。

表 4-14　综合脚手架定额各类脚手架含量

项　目	单位建筑面积含量/m^2
外脚手架面积	0.79
里脚手架面积	0.90
3.6m 以上装饰脚手架面积	0.09
悬空脚手架面积	0.11

问 4-57：如何计算脚手架的工程量？

单层建筑、混合结构、全现浇结构、框架结构工程，均按建筑面积以平方米计算，不计算建筑面积的架空层，设备管道层、人防通道，其脚手架费用按围护结构水平投影面积，并入主体结构工程量中。

双排脚手架按构筑物的垂直投影面积计算。

满堂脚手架按构筑物的水平投影面积计算。

烟囱、水塔、筒仓脚手架及外井架分高度以座计算。

围墙脚手架按设计图示长度以米计算。

其中单层脚手架，檐高在 6m 以下，执行檐高 6m 以下脚手架；檐高超过 6m 时，超过的部分执行檐高 6m 以上每增 1m 子目，不足 1m 按 1m 计算。单层建筑内带有部分楼层时，其面积并入主体建筑面积内。多层或高层建筑的局部层高超过 6m 时，按其局部结构水平投影面积执行每增 1m 子目。

问 4-58：单项脚手架包括哪些内容？适用于哪些范围？

单项脚手架是供不能按建筑面积计算脚手架的项目所使用的。它包括围墙脚手架、双排脚手架、构筑物满堂脚手架、烟囱（水塔）脚手架、滑模烟囱外井架等项目的脚手架。

它适用于不能利用建筑面积计算脚手架工程量的装饰工程和混凝土、钢木构件施工工程，以及围墙、独立柱、顶棚、管道、构筑物等。

问 4-59：室外管道脚手架如何计算？

安装室外管道的脚手架，以管道底至地面的垂直面积计算。其长度按管道的中心线长，高度从自然地面算至管道下皮，若地面不平者以平均高计算。

这是指对室外有支柱的架空管道而言。若是安装地面或地下的管道，则不应计算脚手架费用。

问 4-60：如何计算外脚手架工程量？包括哪些内容？

外脚手架定额中工程量是以面积为单位计算，即外脚手架的实际铺设面积。

适用于外脚手架工程量计算一般包括以下内容。

（1）建筑物外墙设计室外地坪至檐口（或女儿墙上表面）的砌筑高度超过 3.6m 者。

（2）建筑物内墙、设计室内地坪至顶板下表面高度在 3.6m 以上者。

（3）现浇钢筋混凝土柱、梁。

（4）石砌墙体，凡砌筑高度超过 1.0m 以上者。

（5）围墙脚手架，凡室外自然地坪至围墙顶面的砌筑高度在 3.6m 以上者。

（6）砌筑贮仓、贮水池、大型设备基础距地面高度超过1.2m以上者。

（7）以下多层建筑物及檐高在3.6m以上的单层建筑物，均按外脚手架算。

① 框架结构的砖墙。

② 外墙门窗洞口面积超过整个建筑物面积的40%以上者。

③ 毛石外墙。

④ 空心砖外墙、空斗外墙、填充外墙。

⑤ 外墙裙以上的外墙面抹灰面积占整个建筑物外墙面积（含门窗、洞口面积）25%以上者。

（8）高颈杯形钢筋混凝土基础，其基础底面至自然地面的高度超过3m时。

（9）室外单独砌砖、石独立柱、墩及突出屋面的砖烟囱。

（10）高度超过1.2m的砖石砌水池。

（11）施工高度在6～10m捣制梁，10m以上按施工组织设计计算费用。

问 4-61：哪些范围适用于里脚手架费用计算？

（1）建筑物内墙脚手架，设计室内地坪至顶板下表面距离（或山墙高度的1/2处）在3.6m以下者。

（2）围墙脚手架，凡室外地坪至围墙顶面的砌筑高度在3.6m以下者。

（3）内墙面净高度超过3.6m以上的需做装饰者，如已计算满堂脚手架，则不必计算里脚手架。

（4）室外单独砌筑砖石挡土墙、沟道墙，高度超过1.2m以上时。

（5）砌砖石基础，室外自然地面以下的深度超过1.5m时。

（6）间壁墙定额已包括搭拆3.6m的简易架凳，高度超过3.6m的间壁墙应用里脚手架费用计算。

（7）突出屋面的房上烟囱，平均高度超过1.2m者。

（8）地下室外墙及深基础，按地下室室内地坪至地下室或基础的顶面高度计算，高度在3.6m以内的，里脚手架工程量按照墙面垂直投影面积计算。在定额中，单位面积为 $100m^2$。

问 4-62：什么是外架全封闭？工程量如何计算？

外架全封闭指将整个建筑物的外墙外围全部用脚手架封闭的一种安全防护措施。工程量按实际搭设范围以垂直面积计算。如果不用竹席而用其他硬质材料如竹笆板、纺织布，则要将定额内容进行调整。

问 4-63：如何计算外墙脚手架工程量？

建筑物外墙脚手架，凡设计室外地坪至檐口（或女儿墙上表面）的砌筑高度在 15m 以下的按单排脚手架计算；砌筑高度在 15m 以上的或砌筑高度虽不足 15m，但外墙门窗及装饰面积超过外墙表面面积 60％以上时，均按双排脚手架计算。

采用竹制脚手架时，按双排计算。

问 4-64：如何计算建筑物内墙脚手架的工程量？

凡设计室内地坪至顶板下表面（或山墙高度的 1/2 处）的砌筑高度在 3.6m 以下的，按里脚手架计算；砌筑高度超过 3.6m 以上时，按单排脚手架计算。

问 4-65：计算内、外墙脚手架的工程量是否扣除门窗洞口等所占的面积？

内外墙脚手架一般都是分里脚手架、外脚手架来考虑。有些情况，如果内墙面 3.6m 以上作为装饰用，应按墙面垂直面积（不扣除门窗洞口面积，因门窗洞口处仍需搭设脚手架）计算内墙抹灰用里脚手架费用。一旦内墙用脚手架可用满堂脚手架计算，就不必计算内墙面的抹灰用里脚手架，因为满堂脚手架可代替内墙抹灰用里脚手架。但是如果天棚不需抹灰或涂装者，则不应考虑满堂脚手架，这时可直接计算内墙抹灰用脚手架。外墙面砌筑和装饰都按照外脚手架来计算（但必须注意：砌二砖或二砖以上的砖墙，除按建筑面积计算综合脚手架外，另外按单面垂直砖墙面积计算单排外脚手架）。

外墙脚手架按外墙外边线长度乘以墙高度以平方米计算。外墙高度指室外设计地坪至檐口（或女儿墙顶面）高度，坡屋面至屋面板下（或椽子顶面）墙中心高度。

内墙脚手架以内墙净长乘以内墙净高计算，有山尖时算至山尖1/2处的高度；有地下室时，自地下室室内地坪至墙顶面高度。

问 4-66：砌筑围墙是套用里脚手架定额，还是套用外脚手架定额？

这个问题各地规定不同，好多地区根据围墙高度来决定：墙高在 4.5m（也有规定 3.6m 的）以下，按里脚手架定额执行；墙高在 4.5m（或 3.6m）以上，按外脚手架定额执行。

但湖北省统一规定砌筑围墙按里脚手架定额计算，以围墙高3.6m 为分界线套用相应的里脚手架定额。

脚手架工程量按墙面（垂直投影）面积计算，长度按围墙中心线长计算，高度以自然地坪至围墙顶算，如墙顶装金属网者，其高度算至金属网顶，不扣除围墙门所占的面积，独立门柱砌筑脚手架也不增加。

问 4-67：满堂脚手架定额适用范围有哪些？

满堂脚手架定额适用范围如下。

（1）凡天棚超过 3.6m 需要抹灰或涂装的。

（2）混凝土带形基础底宽超过 1.2m，满堂基础独立基础（杯形基础、桩基础、设备基础）底面积超过 4m² （加宽工作面后计算）且深度超过 1.5m 的。

（3）凡室内高度超过 3.6m 的抹灰天棚或钉板天棚，均应计算满堂脚手架。高度超过 3.6m 的屋面板底勾缝、喷浆及屋架刷油等，均按活动脚手架计算。满堂脚手架、活动脚手架均以水平投影面积计算，不扣除垛、柱所占的面积。满堂脚手架的高度以室内地坪至天棚为准。坡面以室内山墙平均高度计算。

（4）室内高度超过 3.6m 的内墙抹灰，需钉天棚及天棚抹灰者，只能计算一次满堂脚手架。室内高度超过 3.6m 的内墙面抹灰或墙面的勾缝而天棚不抹灰者，可将 3.6m 以内的简易脚手架乘以系数 1.3 计算。

问 4-68：套用满堂脚手架的，可否另计装饰脚手架工程量？

套用满堂脚手架的，装饰脚手架工程量不得另计。

4.3 混凝土及钢筋混凝土工程
预算常见问题

问 4-69：钢筋混凝土柱的计算高度如何确定？

（1）有梁板的柱高，自柱基上表面（或楼板上表面）至上一层楼板上表面之间的高度计算，如图 4-6(a) 所示。

（2）无梁板的柱高，自柱基上表面（或楼板上表面）至柱帽下表面之间的高度计算，如图 4-6(b) 所示。

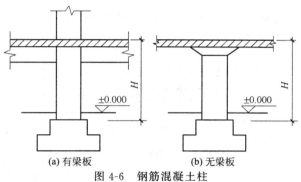

(a) 有梁板　　　　　(b) 无梁板

图 4-6　钢筋混凝土柱

H—柱高

（3）框架柱的柱高，自柱基上表面至柱顶高度计算，如图 4-7 所示。

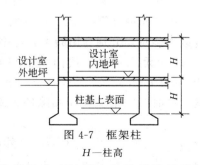

图 4-7　框架柱

H—柱高

（4）构造柱按设计高度计算，与墙嵌接部分的体积并入柱身体积内计算，如图 4-8(a) 所示。

（5）依附柱上的牛腿，并入柱体积内计算，如图 4-8(b) 所示。

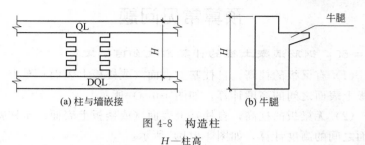

(a) 柱与墙嵌接　　　　　　(b) 牛腿

图 4-8　构造柱

H—柱高

问 4-70：**钢筋混凝土梁的分界线如何确定？**

（1）梁与柱连接时，梁长算至柱侧面，如图 4-9 所示。

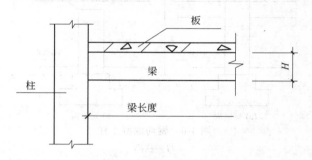

图 4-9　钢筋混凝土梁

（2）主梁与次梁连接时，次梁长算至主梁侧面。伸入墙体内的梁头、梁垫体积并入梁体积内计算，如图 4-10 所示。

（3）圈梁与过梁连接时，分别套用圈梁、过梁项目。过梁长度按设计规定计算，设计无规定时，按门窗洞口宽度，两端各加 250mm 计算，如图 4-11 所示。

（4）圈梁与梁连接时，圈梁体积应扣除伸入圈梁内的梁体积，如图 4-12 所示。

（5）在圈梁部位挑出外墙的混凝土梁，以外墙外边线为分界线，挑出部分按图示尺寸以立方米计算，如图 4-12 所示。

116

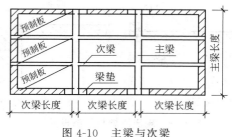

图 4-10 主梁与次梁

图 4-11 过梁

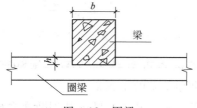

图 4-12 圈梁

（6）梁（单梁、框架梁、圈梁、过梁）与板整体现浇时，梁高算至板底，如图 4-12 所示。

问 4-71：现浇挑檐与现浇板及圈梁的分界线如何确定？

现浇挑檐与板（包括屋面板）连接时，以外墙外边线为分界线，如图 4-13（a）所示。与圈梁（包括其他梁）连接时，以梁外边线为分界线。外边线以外为挑檐，如图 4-13（b）所示。

问 4-72：阳台板与栏板及现浇楼板的分界线如何确定？

阳台板与栏板的分界以阳台板顶面为界；阳台板与现浇楼板的

117

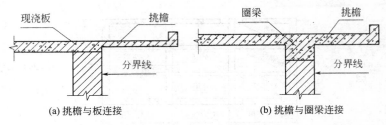

(a) 挑檐与板连接   (b) 挑檐与圈梁连接

图 4-13　现浇挑檐与现浇板及圈梁

分界以墙外皮为界，其嵌入墙内的梁应按梁有关规定单独计算，如图 4-14 所示。伸入墙内的栏板，合并计算。

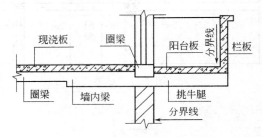

图 4-14　阳台板与楼板

问 4-73：钢筋混凝土带形基础的工程量如何计算？

钢筋混凝土带形基础的工程量为：

$$工程量＝基础长度×基础断面面积 \qquad (4-14)$$

基础长度：外墙按基础中心线长，内墙按基础净长线长计算。

断面基础高度以基础扩大顶面为界向下计算至基础底面。

问 4-74：满堂基础怎样计算工程量？

满堂基础一般分为有板式（也称无梁式）满堂基础、梁板式（也称片筏式）满堂基础和箱形基础三种形式。

前两种基础的工程量是将板、梁等分开求其体积，然后相加求和而得。

基础与柱墙的划分，均按基础扩大顶面为界。因此只有板式满堂基础的板，梁板式满堂基础的梁和板等，才能套用满堂基础定

118

额，而其上的墙柱则套用相应的墙柱定额。

而箱形基础的工程量，应分开按三个部分计算，底板套用满堂基础，隔墙套用墙体定额，顶板套用板的定额。

满堂基础垫层按垫层图示尺寸以立方米计算，基础局部加深，其加深部分按图示尺寸计算体积，并入垫层工程量中。

满堂基础按图示尺寸以立方米计算，局部加深部分的体积并入基础工程量中计算。

问 4-75：桩承台的工程量如何计算？

桩承台的工程量按承台实际体积计算：

$$承台工程量＝承台长×承台宽×承台厚 \qquad (4-15)$$

插入承台板内的桩头所占的体积不予扣除。

在计算桩承台工程量时，还应分清承台是带形桩承台，还是独立桩承台。在套用定额时前者执行带形基础的定额子目，后者执行独立基础的相应定额子目。

问 4-76：有梁板的工程量如何计算？

有梁板是指由梁和板连成一体的钢筋混凝土板。它包括梁板式肋形板和井字肋形板。

计算工程量时，梁与板的工程量应单独计算，并套用相应的定额。

梁的工程量计算参照问 4-82 中（1）梁所述。

板按梁与梁之间的净尺寸计算图示面积乘以板厚以立方米为单位，不扣除轻质隔墙、垛、柱及 $0.3m^2$ 以内的孔洞所占的体积。

问 4-77：无梁板的工程量如何计算？

无梁板的图示面积按板外边线的水平投影面积计算并乘以板厚，也不扣除轻质隔墙、垛、柱及 $0.3m^2$ 以内的孔洞所占的体积。

斜板按图示尺寸以立方米计算。

问 4-78：整体楼梯的工程量如何计算？

整体楼梯的工程量是以整个楼梯（包括休息平台、平台梁、斜梁及楼梯的连梁），按水平投影面积以平方米计算，不扣除宽度小于 500mm 的楼梯井，伸入墙内的部分不另增加。

问 4-79：雨篷和遮阳板有什么区别？如何计算工程量？

雨篷一般是指外墙门顶上部伸出墙外的水平板，主要用来遮挡雨雪而设立的，故称雨篷，又称雨罩。当雨篷与板（包括屋面板或楼板）或圈梁连接时，以外墙或圈梁的外边线为分界线，按图示尺寸以立方米计算；当雨篷的立板高度大于 500mm 时，其立板执行栏板相应定额子目；小于 500mm 时，其立板的体积并入雨篷工程量内计算。

遮阳板有垂直遮阳板和水平遮阳板之分，水平遮阳板一般为窗口顶部伸出墙外的狭窄水平板，主要用来减少阳光直射面积，所以称遮阳板。水平遮阳板一般与圈梁或窗过梁连接在一起。其工程量按图示长度乘以高度及厚度以立方米计算，执行栏板相应定额子目。

问 4-80：阳台与挑廊如何套用定额？

阳台按图示尺寸以立方米计算工程量，套用相应的阳台项目定额。阳台定额所指的是阳台平板部分的内容，现浇混凝土阳台与板或圈梁连接时，以外墙或圈梁的外边线为分界线，分别执行相应的定额子目。阳台的立板高度大于 500mm 时，其立板执行栏板相应定额子目；小于 500mm 时，其立板的体积并入阳台工程量内计算。嵌入墙内的梁按相应定额另行计算。

挑廊一般跟室内楼板工艺相同，因此可列入楼板内统一处理，但属于公用阳台性质的挑廊，可按阳台规定执行。

问 4-81：现浇钢筋混凝土模板的工程量如何计算？

现浇混凝土的模板工程量，除另有规定外，均应按混凝土与模板的接触面积以平方米计算，不扣除柱与梁、梁与梁连接重叠部分的面积。

问 4-82：梁、墙、板模板的工程量如何计算？

（1）梁。梁模板工程量按展开面积计算，梁侧的出沿按展开面积并入梁模板工程量中，梁长的计算按如下规定。

① 梁与柱连接时，梁长算至柱侧面。

② 主梁与次梁连接时，次梁长算至主梁侧面。

③ 梁与墙连接时，梁长算至墙侧面。如墙为砌块（砖）墙时，伸入墙内的梁头和梁垫的体积并入梁的工程量中。

④ 圈梁的长度，外墙按中心线，内墙按净长线。

⑤ 过梁按图示尺寸计算。

（2）墙

① 墙体模板分内外墙计算模板面积，凸出墙面的柱，沿线的侧面积并入墙体模板工程量中。

② 墙模板的工程量按图示长度乘以墙高以平方米计算，外墙高度由楼层表面算至上一层楼板上表面，内墙由楼板上表面算至上一层楼板（或梁）下表面。

③ 现浇钢筋混凝土墙上单孔面积在 0.3m² 以内的孔洞不扣除，洞侧壁面积亦不增加；单孔面积在 0.3m² 以外的孔洞应扣除，洞口侧壁面积并入模板工程量中。采用大模板时，洞口面积不扣除，洞口侧模的面积已综合在定额中。

（3）楼板。楼板的模板工程量按图示尺寸以平方米计算，不扣除单孔面积在 0.3m² 以内的孔洞所占的面积，洞侧壁模板面积亦不增加；应扣除梁柱帽以及单孔面积在 0.3m² 以外孔洞所占的面积，洞口侧壁模板面积并入楼板的模板工程量中。

问 4-83：钢筋工程定额在使用时应注意哪些问题？

（1）现场钢筋包括 2.5% 的操作损耗，铁件包括 1% 的操作损耗。

（2）定额中钢筋的连接按手工绑扎编制，设计采用焊接的按钢筋搭接计算，不再计算钢筋焊接费用；采用锥螺纹或挤压套筒连接方式的单独计算接头费用，不再计算搭接用量。

（3）滑模混凝土墙中所用爬杆，执行钢筋的相应定额子目。

（4）劲型钢柱的地脚埋铁，执行预埋铁件的相应定额子目。

（5）现场预制构件的钢筋执行相应定额子目。

（6）钢筋搭接的计算规定

① 钢筋搭接计算，按图纸注明或规范要求计算搭接。

② 现浇钢筋混凝土满堂基础底板、柱、梁、墙、板、桩，未

注明搭接的按以下规定计算搭接数量。

    a. 钢筋 $\phi12$ 以内，按 12m 长计算 1 个搭接。

    b. 钢筋 $\phi12$ 以外，按 8m 长计算 1 个搭接。

    c. 现浇钢筋混凝土墙，按楼层高度计算搭接。

问 4-84：钢筋的工程量如何计算？

钢筋分不同规格、形式，按设计长度乘以单位理论重量以吨（t）计算。

问 4-85：对构筑物来说，其钢筋混凝土工程量应如何计算？

《全国统一建筑工程预算工程量计算规则》（GJD$_{GZ}$-101—1995）：

构筑物钢筋混凝土工程量，按以下规定计算。

（1）构筑物混凝土除另规定者外，均按图示尺寸扣除门窗洞口及 0.3m^2 以外孔洞所占体积以实体体积计算。

（2）水塔

① 筒身与槽底以槽底连接的圈梁底为界，以上为槽底，以下为筒身。

② 筒式塔身及低附于筒身的过梁、雨篷挑檐等并入筒身体积内计算；柱式塔身、柱、梁合并计算。

③ 塔顶及槽底，塔顶包括顶板和圈梁，槽底包括底板挑出的斜壁板和圈梁等，合并计算。

（3）贮水池不分平底、锥底、坡底，均按池底计算，壁基梁、池壁不分圆形壁和矩形壁，均按池壁计算；其他项目均按现浇混凝土部分相应项目计算。

问 4-86：弧形楼梯是否包括螺旋楼梯，混凝土含量可否换算？

现浇楼梯包括直形与弧形的楼梯，弧形楼梯包括螺旋楼梯，预制楼梯包括楼梯段、楼梯斜梁、楼梯踏步定额，整体楼梯包括休息平台、平台梁、斜梁及楼梯的连接梁，按水平投影面积计算，不扣除宽度小于 500mm 的楼梯井，伸入墙内部分不另增加。如每平方米混凝土用量（包括混凝土损耗率）大于或小于定额混凝土含量，在正负 10% 以内不予调整，超过 10% 则每增减 1m^3 混凝土，其人工、机械、材料应按规定另行计算。

问 4-87：现浇混凝土梁计算工程量时，应注意哪些问题？

《全国统一建筑工程预算工程量计算规则》（GJD$_{GZ}$-101—1995）有如下规定。

（1）梁。按图示断面尺寸乘以梁长以立方米计算，梁长按下列规定确定。

① 梁与柱连接时，梁长算至柱侧面；

② 主梁与次梁连接时，次梁长算至主梁侧面。

（2）伸入墙内梁头、梁垫体积并入梁体积内计算。

（3）圈梁代过梁者，分别计算其工程量。过梁长度按门窗洞口宽度两端共增加 50cm 计算。

（4）叠合梁是指预制梁上部预留一定高度，待安装后再浇筑的混凝土梁。其工程量按图示二次浇筑部分的体积以立方米计算。

问 4-88：现浇混凝土墙的工程量应如何计算？

《全国统一建筑工程预算工程量计算规则》（GJD$_{GZ}$-101—1995）有如下规定。

现浇混凝土墙：按图示中心线长度乘以墙高及厚度以立方米计算，应扣除门窗洞口及 0.3m² 以外孔洞的体积，墙垛及突出部分并入墙体积内计算。

问 4-89：现浇混凝土与预制混凝土工程量计算有何区别？

《全国统一建筑工程预算工程量计算规则》（GJD$_{GZ}$-101—1995）有如下规定。

（1）现浇混凝土工程量，按以下规定计算。混凝土工程量除另有规定者外，均按图示尺寸实体体积以立方米计算。不扣除构件内钢筋、预埋铁件及墙、板中 0.3m² 内的孔洞所占体积。

（2）预制混凝土工程量，按以下规定计算。

① 混凝土工程量均按图示尺寸实体体积以立方米计算，不扣除构件内钢筋、铁件及面积 300mm×300mm 以内的孔洞所占体积。

② 预制桩按桩全长（包括桩尖）乘以桩断面（空心桩应扣除

孔洞体积）以立方米计算。

③ 混凝土与钢杆件组合的构件，混凝土部分按构件实体积以立方米计算，钢构件部分按吨计算，分别套相应的定额项目。

4.4 构件运输及安装工程预算常见问题

问 4-90：构件运输定额包括哪些工作内容？

预拌混凝土构件运输包括：设置一般支架（垫木）、装车、绑扎、运到指定地点、卸车堆放整齐、支垫稳固、拆除清理等。

金属构件运输包括：设置一般支架（垫楞木）、装车、绑扎、运到指定地点、卸车堆放整齐、支垫稳固。

问 4-91：预制混凝土构件运输的工程量如何计算？

预制混凝土构件运输按构件设计图示尺寸以立方米计算。

问 4-92：构件制作安装工程定额在使用时应注意哪些问题？

（1）定额构件以工厂制品为准编制，未包括加工厂至安装地点的运输，发生时应执行构件运输相应子目。

（2）金属构件安装包括起重机械；混凝土构件安装的起重机械综合在大型垂直运输机械使用费中。

（3）钢结构屋架需在现场拼装时，另执行钢屋架拼装相应定额子目。

（4）金属构件安装，未包括螺栓本身价格，其材料费另行计算。

（5）单榀重量在 0.5t 以下的钢屋架，执行轻钢屋架相应定额子目。

（6）金属构件项目中，未包括焊缝无损探伤、探伤固定架制作和被检工件的退磁，所发生的费用应另行计算。

（7）金属构件安装未包括搭设的临时脚手架，发生时单独计算。

（8）预制混凝土构件体积小于 0.1m³ 时，执行小型构件相应定额子目。

（9）预制混凝土构件的接头灌缝执行钢筋混凝土工程的相应定额子目。

问 4-93：预制混凝土构件安装如何计算工程量？

预制混凝土构件按设计图示尺寸以立方米计算。

问 4-94：钢筋混凝土小型构件安装是指哪些内容？

钢筋混凝土的小型构件安装是指：遮阳板、通风道、烟道、楼梯踏步、围墙柱、厕所隔断以及单件体积小于 0.1m³ 的构件。工程量按实际体积计算。

漏花空格板也执行小型构件安装定额。但工程量按外形面积乘以平均厚度计算，不扣除空花部分体积。

问 4-95：金属结构构件运输安装工程量如何计算？

首先将组成各种构件所用的各种钢管、角钢、工字钢、槽钢、扁钢等按设计尺寸及规格分别计算出各构件的长度。

然后将各种长度乘以相应的材料单位质量（即每米重）就得出各组成材料的质量（钢板按面积计算）。

将每个金属构件所组成的材料质量加起来，就是该构件的工程量。

根据各构件的工程量分别套用相应定额。

如果是螺栓铆接构件，螺栓价格应另行计算；在金属构件中，未包括焊缝无损探伤、探伤固定架制作和被检工件的退磁，所发生的费用应另行计算。

问 4-96：套用预制钢筋混凝土构件安装定额项目时，应注意哪些问题？

（1）通过焊接形成的预制钢筋混凝土框架结构，其柱安装按框架柱计算，梁安装按框架梁计算；节点浇注形式的框架，即预制柱、梁一次制作成型的框架，按连体框架梁、柱定额计算；预制柱、梁通过钢筋焊接、现浇柱梁节点混凝土，按"混凝土及钢筋混凝土"工程定额中的柱接柱及框架柱接头计算。

（2）预制钢筋混凝土工字形柱、矩形柱、空腹柱、双肢柱、空心柱、管道支架等安装，均按柱安装计算。

（3）预制钢筋混凝土多层柱安装，首层柱按柱安装计算，二层及二层以上按柱接柱计算。

（4）钢筋混凝土柱安装时，如有钢牛腿或悬臂梁与其焊接时，除柱执行柱接柱定额外，钢牛腿或悬臂梁执行钢墙架安装定额。但依附于钢柱上的钢牛腿或悬臂梁，并入柱身主材重量计算。

（5）单（双）悬臂梁式柱按门式钢架定额计算。

（6）小型构件安装系指单体体积小于 $0.1m^3$ 的构件安装，包括沟盖板、通气沟、垃圾道、楼梯踏步板、隔断板等单体体积小于 $0.1m^3$ 的构件。

（7）管道支架安装按预制柱安装定额执行。

问 4-97：钢网架拼装安装定额包括哪些工作内容？执行定额时应注意什么？

钢网架拼装安装的工作内容包括：拼装台座架制作，搭设拆除、将单价运至拼装台上、拼成单片或成品电焊固定及安装准备，球网架就位安装、校正电焊固定（包括支座安装）清理等全过程。

执行定额时应注意如下事项。

（1）钢网架拼装定额不包括拼装后所用材料，使用定额时可按实际施工方案进行补充。

（2）钢网架安装与拼装的工程量是以吨计算的。

（3）钢网架拼装安装定额考虑的是球节点形式，若为其他形式时，定额应进行调整。

（4）钢网架定额是按焊接考虑的，安装是按分体吊装考虑的，若施工方法与定额不同时，可做另行补充。

问 4-98：金属构件安装定额中，怎样区别屋架与轻钢屋架？

按屋架重量来区分，凡单榀屋架重在 $0.5t$ 以上者，按屋架定额计算；凡单榀屋架重在 0.51 以下者，按轻钢屋架定额计算。

4.5 门窗及木结构工程预算常见问题

问 4-99：门窗上带有半圆形玻璃窗的工程量如何计算？

此种结构仍以外围尺寸，分半圆形和矩形面积计算，问题是怎样确定半圆形和矩形的分界线，一般是以中槛上面的窗框裁口线（即半圆窗扇的下帽头边线）为分界线。

$$半圆窗面积＝0.393×窗宽^2 \qquad (4-16)$$
$$矩形窗面积＝窗宽×矩形高 \qquad (4-17)$$

即带有半圆形玻璃窗的工程量＝半圆窗面积＋矩形窗面积

$$(4-18)$$

如图 4-15 所示。

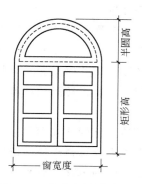

图 4-15　带有半圆形玻璃窗

问 4-100：门窗扇包镀锌薄钢板工程量如何计算？

它是指将门扇或窗扇的木材表面，用镀锌薄钢板包护起来，免受火种直接烧烤，这种门一般用作防火门。

在包薄钢板时，可以根据需要，在包铁皮前先铺衬毛毡或石棉板，以增强防火能力。也可以不铺其他东西只包薄钢板，这种门可用于高温车间或腐蚀车间。

其工程量是按门窗扇的单面面积计算。

门窗框钉薄钢板按门窗框的展开面积以平方米计算。

问 4-101：门窗贴脸和盖口条的工程量如何计算？

当门窗框与内墙齐平时，框与墙总有一条明显缝口，在门窗使用筒子板时，也与墙面存在缝口，为了遮盖此种缝口而装钉的木板盖缝条叫作贴脸，它的作用是整洁，阻止通风，一般用于装修工程。

另外，当两扇门窗扇关闭时，也存在缝口，为遮盖此缝口而装钉的盖缝条叫盖口条，它装钉在先行开启的一扇上，主要作用是遮风挡雨。

其工程量按实际长度计算，若图纸中未注明尺寸，门窗贴脸按门窗框外围的长度计算，门窗盖口条按盖缝的缝口长度计算。

问 4-102：各种门窗如何计算其工程量？

（1）门窗均按门窗框的外围尺寸以平方米计算，不带框的门按门扇外围尺寸以平方米计算。

（2）卷帘门按洞口高度增加 600mm 乘以门的图示宽度以平方米计算，电动装置按套计算。

（3）推拉栅栏门按图示尺寸以平方米计算。

（4）人防混凝土门和挡窗板按门和挡窗板的外围图示宽度以平方米计算。

（5）不锈钢包门框按门框的展开面积以平方米计算；固定亮玻璃按玻璃图示尺寸以平方米计算；无框玻璃门、有框玻璃门、电子感应横移自动门按玻璃门的图示尺寸以平方米计算；圆弧感应自动门和旋转门按套计算；电子感应自动装置按套计算。

（6）围墙平开大门按图示尺寸以平方米计算；不锈钢电动伸缩门按门洞宽度以米计算；电动装置按套计算。

（7）窗帘盒、窗帘轨按图示尺寸以米计算，窗帘杆按套计算，通常以米计算。

（8）木制窗台板和门窗筒子板按展开面积以平方米计算。

（9）磨石窗台板、大理石窗台板按图示水平投影面积以平方米计算。

（10）木门包金属面或软包面按实包部分的展开面积以平方米计算。

（11）木门窗安装玻璃：全玻璃门、多玻璃门和木窗安玻璃均按门的框外围面积以平方米计算；半截玻璃门（包括门亮子）安玻璃，按玻璃框上皮至中槛下皮高度乘以外围宽度以平方米计算；零星玻璃按图示尺寸以平方米计算。

（12）防火玻璃按图示尺寸以平方米计算。

（13）窗防护栏杆罩按窗洞口面积以平方米计算。

（14）门窗后塞口按门窗框外围面积以平方米计算。

（15）附框按门窗框外围面积以平方米计算。

（16）拼管按图示尺寸以米计算。

（17）纱窗按套计算。

问 4-103：栏杆扶手的工程量如何计算？

（1）栏杆（板）按扶手中心线水平投影长度乘以高度以平方米计算。栏杆高度从扶手底面算至楼梯结构上表面。

（2）扶手（包括弯头）按扶手中心线水平投影长度以米计算。

问 4-104：各种装饰线条的工程量如何计算？

（1）板条、平线、角线、槽线均按图示尺寸以米计算。

（2）角花、圆圈线条、拼花图案、灯盘、灯圈等分规格按个计算；镜框线、柜橱线按图示尺寸以米计算。

（3）欧式装饰线中的外挂檐口板、腰线板分规格按图示尺寸以米计算；山花浮雕、门斗、拱形雕刻分规格按件计算。

（4）其他装饰线按图示尺寸以米计算。

问 4-105：各种变形缝的工程量如何计算？

（1）地面、底（顶）板、屋面的变形缝按图示尺寸以米计算。

（2）内墙（立面）变形缝按结构层高以米计算。

（3）外墙面变形缝按图示高度以米计算。

（4）门洞口的变形缝按图示尺寸以米计算。

问 4-106：屋架制作安装的工程量如何计算？

屋架制作安装按设计断面尺寸以立方米计算。屋架的气楼部分、马尾、折角，正交部分的半屋架并入相连屋架的体积内计算。

问 4-107：檩木制作安装的工程量如何计算？

檩木按图示尺寸以立方米计算。简支檩条长度按设计规定计算，如设计无规定者，按屋架或山墙中距离增加 200mm 计算，如两端出山，檩条长度算至博风板；连续檩条长度按设计长度计算，其接头长度按全部檩木总体积的 5% 计算。

问 4-108：屋面木基层的工程量如何计算？

屋面木基层按屋面的斜面积以平方米计算，不扣除附墙烟囱、通风口、屋顶小气窗、斜沟等面积，但小气窗挑檐出檐部分也不增加。

问 4-109：钢木屋架和普通人字屋架的工程量如何计算？

钢木屋架和普通人字屋架的工程量均按设计断面尺寸以立方米计算。屋架的气楼部分、马尾、折角，正交部分的半屋架并入相连屋架的体积内计算。木屋架、钢木屋架的夹板按木料考虑，用铁夹板时允许换算。屋架上所用钢拉杆、螺栓、螺母、扒钉、垫铁等均已并入铁件中，不另计算。与实际用量不符时，均按设计规定计算，另加 2.5% 损耗。

计算木屋架工程量时，各杆件长度，可按屋面坡度参照表 4-15～表 4-17 进行计算。

$$屋架杆件长度 = 屋架跨度 × 长度系数 \qquad (4-19)$$

屋架杆件长度系数见表 4-15～表 4-17。

表 4-15　四节间屋架杆件长度系数

坡度 杆件	1/6 18°26′	1/5 21°48′	1/4.5 24°	1/4 26°34′	1/3.464 30°
1	0.264	0.269	0.274	0.280	0.289
2	0.167	0.200	0.222	0.250	0.289
3	0.264	0.269	0.274	0.280	0.289
4	0.083	0.100	0.111	0.125	0.144
5	0.250	0.250	0.250	0.250	0.250

坡度 = $\dfrac{高度}{跨度}$

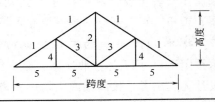

表 4-16　六节间屋架杆件长度系数

杆件 \ 坡度	1/6 18°26′	1/5 21°48′	1/4.5 24°	1/4 26°34′	1/3.464 30°
1	0.176	0.180	0.183	0.186	0.193
2	0.167	0.200	0.222	0.250	0.289
3	0.200	0.213	0.223	0.236	0.254
4	0.111	0.133	0.148	0.167	0.193
5	0.167	0.167	0.167	0.167	0.167
6	0.176	0.180	0.183	0.186	0.193
7	0.056	0.067	0.074	0.083	0.096

坡度 $= \dfrac{高度}{跨度}$

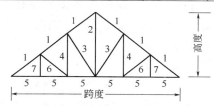

表 4-17　八节间屋架杆件长度系数

杆件 \ 坡度	1/6 18°26′	1/5 21°48′	1/4.5 24°	1/4 26°34′	1/3.464 30°
1	0.132	0.135	0.137	0.140	0.144
2	0.167	0.200	0.222	0.250	0.289
3	0.177	0.195	0.208	0.225	0.250
4	0.125	0.150	0.167	0.187	0.217
5	0.125	0.125	0.125	0.125	0.125
6	0.150	0.160	0.167	0.177	0.191
7	0.083	0.100	0.111	0.125	0.145
8	0.132	0.135	0.137	0.140	0.144
9	0.042	0.050	0.056	0.063	0.072

坡度 $= \dfrac{高度}{跨度}$

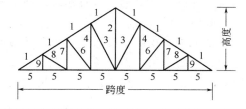

问 4-110：定额是按机械和手工操作综合编制的，具体应如何理解？

（1）木门窗。采用工厂集中机械制作，手工安装。主要工作内容包括：制作安装门窗框、门窗扇、亮子，刷防腐油，刷清油；装配玻璃及小五金，安装纱门扇、纱亮子，钉铁纱；补塞门窗框缝。

（2）厂库房木门、特种门。木门框扇、门铁骨架采用工厂制作，现场安装。主要工作内容包括：制作安装门扇、刷清油、装配玻璃及五金零件，固定铁脚，制作安装便门扇；铺油毡、安密封条；制作安装门樘框架和筒子板、刷防腐油。

（3）铝合金门窗

① 制作项目：采用集中下料、组装、现场安装。主要工作内容包括：型材矫正、放样下料、切割断料、钻孔组装、搬运。

② 安装项目：成品运至现场安装。主要工作内容包括：现场搬运、安装框扇、校正、安装玻璃及五金配件、周边塞口。

（4）彩板组角钢门窗安装。成品运至现场安装。主要工作内容包括：校正框扇、安装玻璃、装配五金焊接接件、周边塞缝。

（5）钢门窗安装。成品运至现场安装。主要工作内容包括：解捆，拉线定位，调直凿洞，吊正埋铁件，塞缝，安纱门窗、纱窗扇，拼装组合，钉胶条，小五金安装。

（6）木结构。现场制作安装。主要工作内容包括：运料、制作、拼装安装，装配铁件、锚定、刷防腐油。

问 4-111：什么是披水条和盖口条？如何套定额？

披水条是为了防止雨水沿外墙门窗框或内开门窗下冒头流入室内，在门窗框外侧水平设置，或者在门窗扇下冒头外侧装钉带有向外坡度外端底面有流水槽的木条。

盖口条是为了防止雨水侵入，而在对开门窗扇外面，沿门窗扇的一个立边另钉的木条，盖口条宽度为 3.5cm，厚度为 1.7cm。

披水条和盖口条的工程量均按图示尺寸以延长米计算，执行木装修项目。

问 4-112: 如何区分定额中的"木板门""平开钢大门"及"钢木推拉大门"?

这三种门都是厂房或仓库常使用的大门。它们都没有门框,采用预埋在洞旁墙体内的钢铰轴与门扇连接。按开启方式分为平开门和推拉门。

木板大门是用木材做门扇的骨架,再镶拼木板做成平开式大门,也有做成推拉式大门的。

平开钢大门和钢木推拉大门是用型钢做骨架,木板做面板,采用螺栓连接而成的平开式和推拉式大门,也可统称为钢木大门。

平开式和推拉式钢木大门都可做成保温式大门、防风沙大门和普通型大门。

保温式是用两层板中间夹保温材料做成,防风式只用两层板做面板,但两者都要用橡胶等盖缝。而普通型只一层板,也无盖缝橡皮。

问 4-113: 计算钢木屋架工程量时应注意哪些问题?

(1) 屋架的定额是以不刨光为标准的,如需刨光,除增加刨光工日以外,还要再计算屋架成型杆件的木材体积的刨光损耗,方木刨光按一面增加 3mm,两面增加 5mm,圆木刨光按成型材积每立方米增加 0.05m³ 计算。

① 钢木屋架中的其他杆件需刨光,则合计工日乘以 1.1 系数。

② 普通人字屋架刨光者,则合计工日乘以 1.15 系数。

③ 圆木屋架中的部分杆件采用方木,则将方木的体积乘以出材率换算成圆木并入圆木屋架的体积中去。单独的挑檐木按方檩木计算。

(2) 屋架定额中规定的型钢、钢板、金属杆件的数量与设计规定不同时,均按设计规定计算。在计算过程中,钢材和金属杆件的损耗为 6%,铁件的损耗为 1%,其他工料不变。

(3) 支承屋架的不是木料而是混凝土垫块,按混凝土的有关规定和项目计算。

(4) 带气楼屋架的气楼部分及马尾、折角和正交部分的半屋架并入与之相连接的正屋架的竣工材积计算。

(5) 屋架定额除按使用的材料不同划分类别外,还以跨度来划分项目。屋架的跨度是指屋架两端上、下弦中心线交点之间的水平长度。习惯的叫法为××米跨屋架。

问 4-114：木屋架连接的挑檐木、支撑等如为方木时，应如何套用屋架定额？

圆木屋架连接的挑檐木、支撑等如为方木时，其方木部分应乘以系数 1.70 折合成圆木并入屋架竣工木料体积内计算，套用相应圆木屋架定额项目。单独的方木挑檐按方木檩条计算。

4.6　楼地面工程预算常见问题

问 4-115：楼地面工程定额在使用过程中应注意哪些问题？

（1）整体面层的水泥砂浆、混凝土、细石混凝土楼地面，定额中均包括一次抹光的工料费用。

（2）楼梯装饰定额中，包括踏步、休息平台和楼梯踢脚线，但不包括楼梯底面抹灰。水泥面楼梯包括金刚砂防滑条。

（3）耐酸瓷板地面定额中，包括找平层和结合层。

（4）台阶、坡道、散水定额中，仅包括面层的工料费，不包括垫层，其垫层按图示做法执行楼地面相应子目。

（5）台阶的平台宽度（外墙面至最高一级台阶外边线）在 2.5m 以内时，平台执行台阶子目；超过 2.5m 时，平台执行楼地面相应子目。

问 4-116：楼地面垫层的工程量如何计算？

按室内房间净面积乘以厚度以立方米计算。应扣除沟道、设备基础等所占的体积；不扣除柱垛、间壁墙和附墙烟囱、风道及面积在 0.3m² 以内孔洞所占体积，但门洞口、暖气罩和壁龛的开口部分所占的垫层体积也不增加。

问 4-117：踢脚的工程量如何计算？

水泥、现制磨石踢脚线，按房间周长以米计算。不扣除门洞口所占长度，但门侧边、墙垛及附墙烟囱侧边的工程量也不增加。

块料踢脚、木踢脚按图示长度以米计算。

问 4-118：水泥砂浆地面和水磨石地面的工程量如何计算？

水泥砂浆地面按房间净面积以平方米计算，不扣除墙垛、柱、间壁墙及面积在 $0.3m^2$ 以内孔洞所占面积，但门洞口、暖气槽的面积也不增加。而对凸出地面的构筑物、设备基础、室内铁道和地沟等所占面积，都应按实扣除。

水磨石和块料面层的工程量按图示尺寸以平方米计算，扣除柱子所占面积，门洞口、暖气槽和壁龛的开口部分工程量并入相应面层内。

问 4-119：楼梯与台阶抹面的工程量如何计算？

楼梯（包括踏步和平台板）按楼梯间净水平投影面积以平方米计算。楼梯井宽在 500mm 以内者不予扣除，超过 500mm 者应扣除其面积。

台阶按图示水平投影面积以平方米计算。

楼梯抹灰定额中，已包括踢脚线、踏步、休息平台，但不包括楼梯底面抹灰，水泥面楼梯包括金刚砂防滑条。台阶抹灰定额也包括了立面的抹面，但不包括花台、花池的抹面，如有应另行计算。台阶定额中仅包括面层的工料费用，不包括垫层。

楼梯间的底层，在楼梯踏步平台以外的地面，应按楼地面相应定额另行计算。

问 4-120：地板在设计规定与定额数目发生冲突时怎样换算？

如果设计规定与定额中数目发生冲突时，可采用计算的手段进行换算。

换算方法如下。

（1）计算设计图纸量（包含操作损耗及制作损耗）。

（2）计算调整定额用量。

（3）计算换算基价。

问 4-121：设计不做踢脚线时，如何处理？

（1）当整体面层为水泥砂浆或水泥石子浆时，若不做踢脚线，其踢脚线所用工料也不予扣减。

（2）菱苦土整体面层未包括踢脚线，若需做踢脚线时，应另列项目按相应踢脚线定额执行。

问 4-122：当踢脚线与水泥砂浆地面混凝土地面和水磨石地面相连时，如何计算踢脚线工程量？

若所用材料与地面材料相同，则其工程量不必另行计算，在相应定额中已包括，反之，则应按踢脚线定额另行计算。踢脚线工程量计算规则是按图示长度乘以高度以面积计算。

问 4-123：怎样计算楼梯抹灰工程？怎样套用定额？

楼梯抹灰工程是以水平投影面积计算，包括梯段、踏步及休息平台。梯井宽 20cm 内不扣除，超过 20cm 应扣除梯井面积。定额内已包括踢脚线的工料。

底面抹灰以投影面积计算，乘以系数 1.3，套用刷涂相应定额。

防滑条按长度计算，套用相应定额。

侧面抹灰以长度乘以系数 2.1，套用零星抹灰定额。

问 4-124：栏杆为欧式铁艺栏杆，扶手用榉木，铁栏杆为成品，怎样套定额？

欧式铁艺栏杆仍执行铁栏杆定额，人工乘以系数 1.50。木扶手采用榉木时可调材差，采用成品铁栏杆时，定额基价不变。实际铁栏杆（成品）材料价与定额中铁栏杆材料价的差异部分在调材差中调整。

问 4-125：零星装饰适用哪些项目？其工程量如何计算？

零星装饰适用于楼梯、台阶侧面装饰、小面积（0.5m² 以内）少量分散的楼地面装饰，其工程部位或名称中应在清单项目中进行项目特征描述。

《全国统一建筑装饰装修工程消耗量定额》（GYD-901—2002）规定零星项目按实铺面积计算。

4.7 屋面及防水工程预算常见问题

问 4-126：屋面工程在使用定额时应注意哪些问题？

（1）保温按不同材质均单独列项，使用时按设计要求分别列项计算。

（2）种植屋面只包括 40mm 厚 C20 细石混凝土及细石混凝土以上部分，以下部分执行屋面及防水工程相应的定额子目。种植屋面矮墙和走道板分别按砌体和混凝土相应的定额子目执行。

（3）平屋面抹水泥砂浆找平层执行防水工程相应子目。

问 4-127：瓦屋面的工程量如何计算？

瓦屋面的工程量按图示尺寸以平方米计算，不扣除 0.3m² 以内孔洞及烟囱、风帽底座、风道、小气窗所占面积，小气窗出檐部分也不增加。

问 4-128：什么是刚性屋面和卷材屋面？如何计算工程量？

刚性屋面和卷材屋面都是针对平屋顶中防水层而言的。刚性屋面是指在平顶屋面的结构层上，采用防水砂浆或细石混凝土加防裂钢丝网浇捣而成的屋面。

卷材屋面是指在平顶屋面的结构层上，先做找平层，在找平层上用油毡或玻璃布等卷材和沥青、油膏等黏结材料铺贴而成的屋面。

屋面防水按图示尺寸以平方米计算，扣除 0.3m² 以上孔洞所占面积；女儿墙、伸缩墙、天窗等处的卷起部分，按图示面积并入屋面工程量内，图纸未标注时，卷起高度按 250mm 计算。

防水布按设计图示尺寸以平方米计算。

定额中卷材防水是按单层编制的，设计双层卷材时分别执行相应定额子目。涂料防水不分涂刷遍数，均以厚度为准。防水子目中的找平层与保护层分别执行相应定额子目。聚酯布、玻璃布、化纤布定额是按单层编制，设计为双层时，工程量乘以 2。

问 4-129：保温层工程量如何计算？

屋面保温按设计图示面积乘以厚度以立方米计算。顶棚吸声保温层按吸声保温顶棚的图示尺寸以平方米计算。墙体保温定额项目适用于隔墙、外墙内保温、外墙外保温及各种有保温要求的项目，其工程量按墙体图示的净长乘以净高以平方米计算，扣除门窗框外围面积及 0.3m² 以上的孔洞面积。

问 4-130：楼地面、地下室、墙体防水的工程量如何计算？

楼地面及地下室平面防水防潮按图示尺寸的水平投影面积以平方米计算，扣除 0.3m² 以上孔洞及凸出地面的构筑物、设备基础等所占面积，不扣除柱、垛、间壁墙所占面积；地面与墙面连接部分，墙面有防水时，卷起部分不再计算，墙面无防水时，卷起部分按图示面积并入平面工程量内，图纸未标注时，卷起高度按 250mm 计算；地下室底板下凸出部分，按展开面积并入平面工程量内。

墙体防水按其图示长度乘以高度以平方米计算，柱及墙垛的侧面积并入墙体工程量内，扣除 0.3m² 以上孔洞所占面积。

问 4-131：什么是屋面的正脊和山脊？其工程量是否还应另行计算？

屋面正脊指两头山墙尖同一直线上的前后两坡屋面相交处的屋脊，也称之为瓦面大脊；

屋面的山脊是指在瓦脊或用砖砌筑的山脊，其主要部位是在山墙上。

屋面正脊和山脊的工程量不另计算，因其工料已考虑在定额的工料消耗内，所以工程量不另计算。

问 4-132：高分子卷材屋面、涂膜屋面，使用不同于定额取定材料施工时，如何处理？

定额中高分子卷材屋面系为一层卷材冷贴施工，如果使用的高分子卷材不同，或层数要求不同，可按定额编制说明规定编制补充定额，并报工程造价管理部门批准执行。

涂膜屋面定额：编制了玻璃纤维布用塑料油膏黏结子目以及聚氨酯、氯丁橡胶涂膜屋面和一般的防水砂浆，如使用材料不同，可按定额编制说明规定编制补充定额，并报工程造价管理部门批准执行。

问 4-133：屋面工程定额项目内容有哪些？

定额按屋面防水方法分为：卷材防水屋面、涂膜防水屋面、刚性防水屋面、保温隔热屋面、金属防水屋面、复合防水屋面及块料防水屋面。

问 4-134：变形缝预算定额应用的要点是什么？

（1）变形缝填缝。建筑油膏聚氯乙烯胶泥断面取定 30mm×20mm，油浸麻丝取定 2.5mm×150mm，纯铜板止水带系 20mm 厚，展开宽 450mm，氯丁橡胶片止水带宽 300mm，涂刷式氯丁橡胶贴玻璃止水片宽 350mm，其余均为 150mm×30mm，如设计断面不同，用料可以换算（按断面面积比例），但人工不变。

（2）盖缝。木板盖缝断面为 200mm×25mm，如设计断面不同可以换算（按断面面积比例），但人工不变。

问 4-135：怎样理解定额编号 9-41 SBC120 复合卷材的工作内容？

工作内容：找平层嵌缝、刷聚氨酯涂膜附加层、用掺胶水泥浆贴卷材、聚氨酯胶接搭缝。

施工：先将找平层及分格缝内的浮土、浮灰清理干净，用嵌缝油膏嵌缝。油膏嵌缝时，用嵌缝枪嘴伸入缝内。当油膏在常温下为较软固体时，可将油膏切成比缝稍宽的细长条，用刮刀用力将其嵌入缝内，油膏必须充满分格缝。做好后，刷聚氨酯涂膜附加层，将掺胶水泥浆均匀地撒布于涂膜附加层上，并铺贴卷材，在卷材搭接（接缝）处嵌入嵌缝油膏，在檐口、山墙边沿做收头。

SBC120 复合卷材冷贴满铺：基层与卷材黏结剂采用 1.5mm 厚的掺 5% 的 108 胶的水泥浆。

冷贴满铺：指将卷材与基层的整个接触面不用加热而在常温下就能黏结的黏结剂黏在一起的卷材铺贴方法。

问 4-136：砌筑明沟如不抹面或勾缝时如何执行定额？

砖砌明沟不抹面或勾缝时均应执行砖砌明沟定额。

问 4-137：防水层的定额如何套用？

此防水层是指屋面的防雨层，按屋面部分的有关项目计算，特别要注意找泛水、排水沟、出檐宽等所增加的面积及其计算规定，详看工程量计算规则及分部说明。

问 4-138：防水工程工程量如何计算？

根据《全国统一建筑工程预算工程量计算规则》 （GJD_{GZ}-

101—1995），防水工程工程量按以下规定计算。

（1）建筑物地面防水、防潮层，按主墙间净空面积计算，扣除凸出地面的构筑物、设备基础等所占的面积，不扣除柱、垛、间壁墙、烟囱及 0.3m² 以内孔洞所占面积。与墙面连接处高度在 500mm 以内者按展开面积计算，并入平面工程量内，超过 500mm 时，按立面防水层计算。

（2）建筑物墙基防水、防潮层、外墙长度按中心线，内墙按净长乘以宽度以平方米计算。

（3）构筑物及建筑物地下室防水层，按实铺面积计算，但不扣除 0.3m² 以内的孔洞面积。平面与立面交接处的防水层，其上卷高度超过 500mm 时，按立面防水层计算。

（4）防水卷材的附加层、接缝、收头、冷底子油等人工材料均已计入定额内，不另计算。

（5）变形缝按延长米计算。

4.8 装饰工程预算常见问题

问 4-139：顶棚工程定额在执行过程中应注意哪些问题？

（1）顶棚高低错台立面需要封板龙骨的，执行立面封板龙骨相应子目。

（2）顶棚面层装饰

① 顶棚面板定额是按单层编制的，若设计要求双层面板时，其工程量乘以 2。

② 预制板的抹灰、满刮腻子，粘贴面层均包括预制板勾缝，不得另行计算。

问 4-140：顶棚面层的工程量如何计算？

（1）顶棚面层按房间净面积以平方米计算，不扣除检查口、附墙烟囱、附墙垛和管道所占面积，但应扣除独立柱、与顶棚相连的窗帘盒、0.3m² 以上洞口及嵌顶灯槽所占面积。

（2）顶棚中的折线、错台、拱形、穹顶、高低灯槽等其他艺术形式的顶棚面积均按图示展开面积以平方米计算。

问 4-141：顶棚抹灰的工程量如何计算？

顶棚抹灰面积按房间净面积以平方米计算，不扣除柱、垛、附墙烟囱、检查口和管道所占面积；带梁的顶棚，梁两侧抹灰面积并入顶棚抹灰工程量内。密肋梁和井字梁顶棚抹灰按图示展开面积以平方米计算。顶棚中的折线、灯槽线、圆弧形线、拱形线等艺术形式的抹灰按图示展开面积以平方米计算。预制板的抹灰、满刮腻子均包括预制板勾缝，不得另行计算。檐口顶棚的抹灰，并入相应的顶棚抹灰工程量内计算。

问 4-142：内墙抹灰工程量如何计算？

内墙抹灰按内墙间图示净长线乘以高度以平方米计算，扣除门窗框外围和大于 $0.3m^2$ 的孔洞所占面积，但门窗洞口、孔洞的侧壁和顶面面积不增加；不扣除踢脚线、装饰线、挂镜线及 $0.3m^2$ 以内的孔洞和墙与构件交接处的面积；附墙柱的侧面抹灰并入内墙抹灰工程量计算。内墙高度按室内楼（地）面算至顶棚底面；有吊顶的，其高度按室内楼（地）面算至吊顶底面，另加 200mm 计算。

问 4-143：外墙抹灰工程量如何计算？

外墙抹灰面积按外墙面的垂直投影面积以平方米计算，应扣除门窗框外围、装饰线和大于 $0.3m^2$ 孔洞所占面积，洞口侧壁面积不另增加。附墙垛、梁和柱侧面抹灰面积并入外墙面抹灰工程量内计算。

问 4-144：墙裙、勒脚和踢脚线的工程量如何计算？

墙裙有内墙裙与外墙裙之分，勒脚与外墙裙执行外墙装修相应定额子目，按外墙裙的垂直投影面积以平方米计算，应扣除门窗框外围、装饰线和大于 $0.3m^2$ 孔洞所占面积，洞口侧壁面积不另增加。附墙垛、梁、柱侧面抹灰面积并入外墙裙抹灰工程量内计算。内墙裙执行内墙装修相应定额子目，计算规则同内墙面装修。

踢脚线工程量，水泥、现制磨石踢脚线，按房间周长以米计算，不扣除门洞口所占长度，但门侧边、墙垛及附墙烟囱侧边的工程量也不增加。块料踢脚、木踢脚按图示长度以米计算。

问 4-145：独立柱装饰定额在使用过程中应注意哪些问题？

（1）独立柱装修中，单独列出柱基和柱帽的项目，应按柱身、柱帽、柱基分别列项，执行相应定额子目。

（2）装饰板项目是按龙骨、衬板、饰面板分别列项，执行相应定额子目。

（3）饰面板子目适用于安装在龙骨上及粘贴在衬板、抹灰面上。

（4）独立柱面层涂料执行墙面相应项目。

问 4-146：门窗套、窗台线、腰线如何计算工程量？

门窗套在计算工程量时按展开面积以平方米计算，其涂料及块料工程量亦按图示展开面积以平方米计算。

内窗台线按水平投影面积以平方米计算；外墙窗台线的涂料及块料工程量按图示展开面积以平方米计算。

腰线的计算规则为涂料及块料工程量按图示展开面积以平方米计算。

问 4-147：阳台和雨篷的抹灰工程量如何计算？

阳台和雨篷的抹灰工程量，按水平投影面积计算，但不包括立板的抹灰。当立板高度大于 500mm 时，其抹灰执行外墙装修的相应定额；小于 500mm 时，执行零星项目的相应定额，其工程量按展开面积以平方米计算。

问 4-148：遮阳板、栏板、栏杆柱的抹灰量如何计算？

遮阳板、栏板、栏杆柱的抹灰，其工程量均按展开面积以平方米计算。除此之外，天沟的檐口、池槽、花池、花台等也按展开面积计算。

问 4-149：一般抹灰"装饰线"定额项目适用哪些项目？如何计算檐口顶棚抹灰工程量？

抹灰的"装饰线条"适用于门窗套、挑檐腰线、压顶、遮阳板、楼梯边梁、宣传栏边框等凸出墙面展开宽度小于 300mm 的竖、横线条抹灰。

顶棚抹灰工程量，按主墙间的净面面积计算，不扣除间壁墙、垛、附墙烟囱、检查口和管道所占的面积。带梁顶棚、梁两侧抹灰面积并入顶棚抹灰工程量内计算。

檐口顶棚抹灰工程量并入相同的顶棚抹灰工程量内计算。

问 4-150：墙、柱面抹灰工程定额中有哪些因素不允许调整基价？

（1）在本分部砂浆厚度调整子目中，凡没注明的砂浆不允许换算。其原因之一是调整厚度的砂浆数量不会很大；原因之二是各种砂浆的配合比在调整子目中已综合考虑。因此不管是找平层、面层、黏结层是什么配合比的砂浆，只要设计与定额的用量不符，均找同名称的砂浆子目进行基价调整，但不允许换算配合比。

（2）价值低和用量人为因素影响较大的材料不允许换算，如颜料和其他材料费等。

（3）综合考虑的机械品种和台班除定额另有说明外不允许换算。

（4）凡考虑综合因素计算的劳动工日，除定额另有说明外，一律不得换算。

问 4-151：天棚装饰工程不允许调整基价的情形有哪些？

（1）凡设计施工工艺与定额相同者，紧固件的数量、品种和取定价一律不得调整。

（2）在天棚装饰工程中，次要材料如圆丝、贴缝纸袋、其他材料费等数量、品种、取定价均不得调整，设计工艺有变者例外。

（3）除定额另有规定之外，机械台班数量、综合劳动工日一律不得变动。

问 4-152：什么是吊顶放线？如何计算吊顶工程量？

吊顶放线主要是按设计弹好吊顶标高线、龙骨布置线和吊杆悬挂点，作为施工基准。一般是弹到墙面或者柱面上。弹吊顶标高线、龙骨布置线，必须弹到楼板下底面上。

吊顶工程量的计算规则如下。

（1）《全国统一建筑工程预算工程量计算规则》（GJD$_{GZ}$-101—1995）规定：各种吊顶天棚龙骨按主墙间净空面积计算，不扣除间壁墙、检查口、附墙烟囱、柱、垛和管道所占面积。但天棚中的折线、迭落等圆弧形，高低吊灯槽等面积也不展开计算。

（2）《全国统一建筑装饰装修工程消耗量定额》（GYD-901—2002）规定：各种吊顶天棚龙骨按主墙间净空面积计算，不扣除间壁墙、检查洞、附墙烟囱、柱、垛和管道所占面积。

问 4-153：门定额中"固定亮子""无亮""无纱""带亮"各是什么意思？

亮子是指在门框顶部安装的有一定大小的玻璃窗，门窗亮子可作不同方式的开启。

固定亮子：为了某种需要而将门窗亮子制作成不能开启的即称之为固定亮子。

无亮：指门框上部没有小玻璃窗。

无纱：指没有纱门扇。

带亮：指门框的上部做有小玻璃窗。

问 4-154：门窗工程包括哪些项目？

门窗工程主要包括木门窗、铝合金门窗制作与安装，彩板组合角钢门窗、塑料门窗、钢门窗、铝合金门窗、不锈钢门窗成品安装等内容。

各部分定额列出的项目如下。

（1）木门窗制作与安装有普通木门、厂房大门、特种门、普通木窗等项目。

（2）铝合金门窗制作与安装有弹簧门、平开门、平开窗、推拉窗、固定窗等项目。

（3）彩板组合角钢门窗安装有彩板门、彩板窗、附框安装等项目。

（4）塑料门窗安装有塑料门、塑料窗等项目。

（5）钢门窗安装有普通钢门窗、组合钢窗、钢天窗、钢防盗门、钢门窗安玻璃、全板钢大门、围墙钢大门等项目。

（6）铝合金、不锈钢门窗安装有地弹簧门、不锈钢双扇全玻璃地弹簧门、平开门、推拉窗、固定窗、防盗窗、百叶窗、卷闸门等项目。

144

问 4-155：什么是窗帘盒、窗帘轨？如何计算其工程量？

窗帘盒：用木材或塑料等材料制成，安装于窗子上方，用以遮挡、支撑窗帘杆（轨）、滑轮和拉线等的盒形体。所用材料有木板、金属板、PVC 塑料板等。当吊顶低于窗上口时，吊顶在窗洞口处留出凹槽，装上导轨代替窗帘盒、窗帘盒的长度应为窗口宽度加 $200×2mm＝400mm$，窗帘盒的深度应视窗帘层数而定，一般为单层窗帘取 140mm，双层窗帘取 200mm 左右，窗帘盒的高度一般为 $140～200mm$，窗帘盒通过铁件固定在过梁上或过梁上部的墙体上。与吊顶结合的窗帘盒支架与吊顶龙骨固定，有时窗帘盒内设暗灯槽，使窗帘盒形成反光槽，以增加室内的光影变化。

窗帘轨：高级建筑和民用住宅室内窗用拉帘装置。一般采用薄钢板（带）或铝合金型材制成。工程量计算规则如下。

（1）《全国统一建筑工程预算工程量计算规则》（GJD$_{GZ}$-101—1995）规定：不锈钢片包门框按框外表面面积以平方米（m^2）为单位计算；彩板组角钢门窗附框安装按延长米计算。

（2）《全国统一建筑装饰装修工程消耗量定额》（GYD-901—2002）规定：门窗贴脸、窗帘盒、窗帘轨按延长米计算。

4.9 金属结构制作工程预算常见问题

问 4-156：金属结构制作安装适用于什么范围？工程量包括哪些内容？

金属结构制作适用于施工现场和施工单位加工厂制作的钢柱、钢吊车梁、钢屋架、钢天窗及建筑物的其他有关金属结构，不适用于其他专业性金属构件厂。

金属结构构件工程量均按构件主材（型钢及钢板）的重量以吨计算。

安装适用于将金属结构构件运至施工现场后进行的装配，包括安装过程中使用的机械、人工、辅助材料等。

金属结构构件安装及制作已综合考虑，均以构件主材的重量为准。

在安装过程中，未包括螺栓本身价格，其材料费应另行计算；也未包括焊缝无损探伤、探伤固定架制作和被检工件的退磁，发生时费用应另行计算。

金属构件的制作安装包括构件的翻身就位、构件加固、吊装校正、拧紧螺栓、电焊固定等。

问 4-157：金属结构制作工程量如何计算？

金属结构制作按图示钢材尺寸以吨计算，不扣除孔眼、切边的重量，焊条、铆钉、螺栓等重量已包括在定额内不另计算。在计算不规则或多边形钢板重量时均以其最大对角线乘以最大宽度的矩形面积计算。

问 4-158：金属构件的工程量如何计算？

金属构件一般采用各种型钢（或圆钢）和钢板连接而成，型钢按设计图纸的几何尺寸求出其长度，然后乘以该型钢的单位重量，即得型钢的重量。

钢板按矩形计算求出面积，对各种不规则形状，均以最长的水平与垂直投影长为边长求其面积，然后乘以钢板的单位重量，即得钢板的重量。

金属构件工程量＝该构件各种型钢总重＋该构件各种钢板总重

(4-20)

问 4-159：实腹柱、吊车梁、H 型钢工程量如何计算？

实腹柱、吊车梁、H 型钢按图示尺寸计算，其中腹板及翼板宽度按每边增加 25mm 计算。

问 4-160：轨道制作工程量如何计算？

轨道制作工程量，只计算轨道本身重量，不包括轨道垫板、压板、斜垫、夹板及连接角钢等重量。

问 4-161：钢漏斗制作工程量如何计算？

钢漏斗制作工程量，矩形按图示分片，圆形按图示展开尺寸，并依钢板宽度分段计算，每段均以其上口长度（圆形以分段展开上口长度）与钢板宽度，按矩形计算，依附漏斗的型钢并入漏斗重量内计算。

146

5 安装工程预算常见问题

5.1 电气设备安装工程预算常见问题

问 5-1：电力变压器安装定额不包括的工作内容，其费用怎样处理？

（1）电力变压器安装项目中不包含变压器本体调试，变压器本体调试包含在变压器系统调试项目中，变压器系统调试应使用《全国统一安装工程预算定额》第二册第十一章的相应子目。

（2）如果产生变压器油过滤，需使用《全国统一安装工程预算定额》第二册"变压器油过滤"子目计算其费用。

（3）如果判定变压器需要干燥，需使用《全国统一安装工程预算定额》第二册"电力变压器干燥"子目计算其费用。若需搭设干燥棚，搭、拆费按实际发生计算。

（4）变压器端子箱、控制箱制作与安装，应使用《全国统一安装工程预算定额》第二册相应子目计算其制作安装费。

（5）变压器二次喷漆（不是补漆，补漆费用在变压器安装子目中包含），应使用《全国统一安装工程预算定额》第二册相应子目计算其费用。

问 5-2：变压器、消弧线圈的安装工程量怎样计算？

（1）变压器安装、干燥、消弧线圈安装均按 10kV 考虑，10kV 以上电压等级的有关项目可按专业部委定额执行。

（2）变压器、消弧线圈、组合型成套箱式变电站安装，按不同容量以"台"为计量单位。

（3）干式变压器如果带有保护罩时，其定额人工和机械乘以系数 1.2。

（4）其他变压器执行定额的问题

① 自耦式变压器、带负荷调压变压器安装执行相应油浸电力变压器安装定额。

② 电炉变压器安装按同容量电力变压器定额乘以系数 2.0。

③ 整流变压器安装按同容量电力变压器定额乘以系数 1.60。

（5）组合型成套箱式变电站：主要是指 10kV 以下的箱式变电站，是一种小型户外成套箱式变电站，一般布置形式为变压器在箱的中间，箱的一端为高压开关位置，另一端为低压开关位置，是一个完整的变电站。变压比一般为 10kV/0.4kV，可直接为小规模的工业和民用供电。成套箱式变电站的内部设备生产厂已安装好，只需要外接高低压进出线，一般采用电缆。不带高压开关柜的变电站的高压侧进线一般采用负荷开关。

（6）变压器的器身检查。4000kV·A 以下是按吊芯检查考虑，4000kV·A 以上是按吊钟罩考虑，如果 4000kV·A 以上的变压器需吊芯检查时，额定机械乘以系数 2.0。

问 5-3：变压器的干燥工程量怎样计算？

变压器的干燥应根据变压器绕组的绝缘电阻试验情况而定，只有通过试验，判定绝缘受潮需要干燥的才可计取干燥费。定额中不包括干燥棚搭拆工作，如果需要，可另行计入措施费中。变压器干燥时使用的木材、塑料绝缘导线、石棉水泥板等是按一定的折旧率摊销的。

（1）变压器通过试验，判定绝缘受潮需进行干燥时，以"台"为单位计算变压器干燥工程量。

（2）整流变压器、消弧线圈的干燥，执行同容量电力变压器干燥定额，电炉变压器按同容量变压器干燥定额乘以系数 2.0，以"台"为计量单位。

问 5-4：配电装置工程量怎样计算？

（1）断路器、电流互感器、电压互感器、油浸电抗器、电力电容器及电容器柜的安装以"台（个）"为计量单位。

（2）隔离开关、负荷开关、熔断器、避雷器、干式电抗器的安装以"组"为计量单位，每组按三相计算。

（3）电力电容器安装仅指其本体安装，以"个"为计量单位。

（4）交流滤波装置的安装以"台"为计量单位。每套滤波装置包括三台组架安装，不包括设备本身及铜母线的安装，其工程量应按相应定额另行计算。

问 5-5：10kV 以下高压和 0.4kV 低压绝缘子安装怎样计算？

（1）《全国统一安装工程预算定额》第二册第三章的母线安装定额子目均不包含绝缘子安装，绝缘子安装另行套用绝缘子安装定额子目，其定额子目有 10kV 以下悬式绝缘子串、户内式支持绝缘子、户外式支持绝缘子等。支架制作安装另计。

（2）0.4kV 低压针式、蝶式绝缘子、车间母线电车绝缘子（WX-01）灌注与安装，所配线路均包括绝缘子安装与支架安装，但不包括支架制作。

（3）起重机滑触线电车绝缘子（WX-01）灌注与安装，用 10kV 以下"1"孔支持绝缘子子目。支撑绝缘子的支架制作与安装另行计算。

问 5-6：10kV 以下变配电带形硬母线（LMY、TMY）安装怎样计算？

10kV 以下变配电常用带形母线工程量用下式计算：

$$母线长度 = \sum（按图计算单相延长米 + 预留长度）\times 相数 \quad (5-1)$$

问 5-7：避雷器安装包括哪些工作？

避雷器安装以三相（个）为一"组"计算。定额只包括避雷器本体安装，不包括避雷器调试与支架制作安装。避雷器调试应按《全国统一安装工程预算定额》第二册第十一章中避雷器调试子目，支架制作安装套用一般铁构件制作安装项目。

问 5-8：施工现场加工制作与安装的配电箱、柜、屏、盘与板怎样列项计算？

定额中的箱、柜、屏、盘与板安装项目均按成品考虑，如需施工现场加工制作，按图纸要求可列如下项计算制作及安装费用。

（1）箱、柜、屏、盘及板体制作。

（2）箱、柜、屏、盘及板安装。

（3）箱、柜、屏、盘及板内电气元件（开关、保险、仪表、插座及端子板等）安装。

（4）箱、柜、屏、盘及板内元件之间连接线（称盘柜配线）。

（5）盘柜内配线需焊、压接线的端子。

（6）有端子板时，除计算端子板安装外，还应计算端子板外部接线。

（7）喷漆另列项计算。

上述各项均使用《全国统一安装工程预算定额》第二册相应子目。

问 5-9：盘柜内配线怎样计算？

盘柜内配线以米计算，按施工图要求用下式计算：

$$盘柜配线长度＝盘柜板面半周长×出线回路数 \qquad (5-2)$$

导线规格型号符合图纸要求，其截面不能小于进入盘柜导线截面，且必须是铜芯线。此项目只适用于盘上小设备元件少量现场配线安装工程，不适用于大量配线及工厂设备修、配、改工程。

问 5-10：导线接线端子怎样计算？

一般单芯导线 $10mm^2$，多芯 $8mm^2$ 以上与设备相连的每个导线头计算一个接线端子，或按图纸要求计算。端子有铜质、铝质和铜铝过渡端子，使用《全国统一安装工程预算定额》第二册"焊、压接线端子"相应子目。

问 5-11：配管线路的开关、插座、灯具处是否计算底盒？

配管线路中的开关、插座、灯具处，应分别计算一个开关盒、插座盒、灯头盒的安装，使用《全国统一安装工程预算定额》第二册"接线盒安装"相应子目。综合布线的接线盒、插座底盒，使用《全国统一安装工程预算定额》第十三册定额"综合布线系统工程"相应子目。

问 5-12：动力、照明导线预留长度怎样计算？

动力与照明导线一端或两端分别进出开关箱（板、盘、屏、柜）时，每根导线端都必须按所进出箱（板、盘、屏、柜）面板的高加宽尺寸长度，作为导线预留长度。相关定额册中没有规定预留长度的，可按此要求计算。

问 5-13：车间带形母线安装工程量怎样计算？

车间带形母线按母线敷设部位、走向，分别按沿屋架、梁、柱、墙或跨屋架、梁、柱安装列项，以"单片延长米"计算，不扣除伸缩器和拉紧装置所占长度。使用《全国统一安装工程预算定额》第二册定额相应子目。

问 5-14：照明灯具的支架安装怎样计算？

灯具自身支架及小铁件安装不另计算。为了照明或装饰另设计的支架（如不锈钢、铝合金支架）应另立项计算支架制作与安装。支架属建筑结构或装饰工程的，分别由建筑与装饰按其要求进行计算。

问 5-15：10kV 以下电力电缆怎样计算？

电缆敷设定额中均未考虑因波形敷设增加长度、弛度增加长度、电缆绕梁（柱）增加长度以及电缆与设备连接、电缆接头等必要的预留长度，这些增加长度应计入工程量之内。电缆敷设长度应根据敷设路径的水平和垂直距离计算，并另按规定增加附加长度。即单根电缆长度＝水平长度＋垂直长度＋预留（附加）长度。其表达式如下：

电缆总长度＝Σ（水平长度＋垂直长度＋各种预留长度）×

$$(1＋2.5\%) \tag{5-3}$$

问 5-16：电缆保护管怎样计算？

电缆保护管用《全国统一安装工程预算定额》第二册"电缆保护管、顶管敷设"相应子目。当保护钢管直径＜100mm 时，使用"配管配线"相应子目。电缆保护管有设计图时按图计算，无图纸要求时按以下方法计算其长度。

（1）室外电缆穿越保护管

① 横穿公路，按路基宽度两端各加 2m 计算。

② 穿过排水沟，按沟壁外沿各加 0.5m 计算。

③ 垂直敷设的保护管，按地面向上 2m 计算。

（2）穿过建筑物外墙的保护管。按图 5-1 计算。

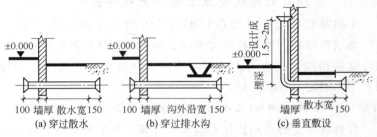

图 5-1 穿外墙保护管示意

问 5-17：电缆沟怎样计算工程量？

电缆沟的土方开挖，砌沟壁、浇筑混凝土、抹水泥砂浆，电缆沟钢筋混凝土盖板加工制作、运输，以及钢筋混凝土电缆支架，其费用应按建筑工程定额套用，计入土建工程造价中。电缆用金属作支架时其制作与安装，以及电缆沟接地母线安装，使用《全国统一安装工程预算定额》第二册定额相应子目。

问 5-18：10kV 以下电力电缆头制作安装怎样计算？

电缆有终端头与中间头。终端头每根电缆两个头。中间头是两根电缆相连接之头，中间个数的计算：①按设计规定计算；②按电缆制造厂生产长度计算；③按实际接头个数计算。端头与中间头制作安装应注意电缆预留长度，均使用《全国统一安装工程预算定额》第二册相应子目。电缆头制作安装是以铝芯电缆为依据制定的，当为铜芯时应按定额给定的系数对人工与机械消耗量进行调整。

问 5-19：10kV 以下架空线路的拉线怎样计算？

普通拉线、水平拉线、弓形拉线、V 形及 Y 形拉线，以"根"或"组"计算。拉线（GJ 钢绞线）长度按下式计算：

$$拉线长度＝拉线斜长＋拉线各绑扎点预留长度 \quad (5\text{-}4)$$

问 5-20：杆上变压器安装包括哪些工作？不包括哪些工作？

杆上变压器安装包括：变压器吊装及固定，台架制作与安装，横担、支架、撑铁安装，配线接线及接地。不包括：变压器干燥、抽芯、调试，以及检修平台和防护，栏杆制作与安装，应另立项使用相应子目计算。

问 5-21：箱式变压器怎样计算调试费？

应根据其箱式变压器电气主接线图的接线方式和设备组成来分析来计算，一般有变压器系统、母线系统、高低压送配电设备系统、接地装置系统等调试项目。

问 5-22：电梯调试怎样计算？

电梯属特种设备，电梯安装属设备制造的延续，在施工现场将部件组合，必须严格按《电梯工程施工质量验收规范》（GB 50310—2002）进行调试验收，判断它是否正常、安全、可靠。调试大致分三个阶段：第一阶段，安装单位自检性调试；第二阶段，制造单位的校验和调试；第三阶段，检测检验机构的监督检验。电梯调试均有定额子目选用，分别如下。

（1）电梯本体安装调试。包括设备进场验收，土建交接检验，门系统，安全部件及电气装置的检测、测试及整机调整与调试，验收。用《全国统一安装工程预算定额》第一册定额相应子目计算。

（2）电梯电气系统调试。对开关、选层器、控制屏、电机及一二次回路调试、试运行，用《全国统一安装工程预算定额》第二册定额相应子目计算。

（3）电梯系统装置调试。电梯属建筑设备，受楼宇建筑设备监控系统监控，其调试用《全国统一安装工程预算定额》第十三册定额；它用于消防系统时，消防电梯系统装置调试，用《全国统一安装工程预算定额》第七册相应子目计算。

问 5-23：变配电装置工程定额在使用时应注意哪些问题？

《北京市建设工程预算定额》第四册中规定，变配电装置工程定额在使用时应注意以下问题。

（1）消弧线圈、电炉变压器、油浸电抗器、整流变压器安装，执行油式变压器安装相应子目。

（2）设备中需注入或补充注入的绝缘油，应视作设备的一部分。

（3）设备安装中均未包括支架的制作安装，需用时执行支架制作安装相应子目。

（4）工作内容中的"接线"系指一次部分（不包括焊压铜、铝接线端子）。

（5）硅整流设备安装，不包括附带的控制箱、电源箱和设备以外配件的安装。

（6）硒整流设备安装，执行硅整流设备相应子目。

问 5-24：配管配线工程定额在使用时应注意哪些问题？

《北京市建设工程预算定额》第四册中规定，配管配线工程定额在使用时应注意以下问题。

（1）除车间带形母线安装已包括高空作业工时外，其他项目安装高度均按 5m 以下编制，若实际高度超过 5m，按规定执行。

（2）焊接钢管敷设，包括管路的内外刷漆，不得另行计算。但不包括刷防火漆、防火涂料，实际发生时，应另行计算。钢管埋设只包括管内刷漆，管外防腐保护应另行计算。

（3）PVC 阻燃塑料管为白色带配件阻燃塑料管。

（4）配管工程均未包括接线箱、盒、支架制作安装、钢索架设及拉紧装置制作安装、管路保护等，应另行计算。

（5）钢管埋设的挖填土方，执行电缆沟挖填土相应子目。

（6）照明线路＞4mm² 的导线敷设，执行动力线路敷设相应子目。

（7）灯具、开关、插座、按钮、弱电出线口等的预留线，分别综合在有关定额子目中，不得另行计算。但配线进入配电箱、柜、板的预留线，按定额规定分别计入相应导线工程量中。

（8）瓷瓶（包括针式绝缘子）、塑料槽板、定额中的分支接头、水弯已综合考虑，计算工程量时，按图示计算水平及绕梁柱和上下走向的垂直长度。

（9）穿线定额中，已综合了接头线长度，不得另行计算。

问 5-25：配线和穿线有何区别？如何套用定额？

配线是指对室内导线的线路敷设和安装，一般根据用材和敷设方式不同，常用的有瓷夹配线、瓷瓶配线、槽板配线和管道配线等。

穿线是管道配线的一个内容，它是将导线穿入所敷设的管道中，以防受损。在定额中称"管内穿线"。

管内穿线套用定额时，应注意穿线电管两端所连接的是何种设备；如果与其相连的是接线盒、接线箱、灯头盒、开关盒等，则其工程量为：

$$穿线工程量＝配管长度×管内导线根数 \tag{5-5}$$

这样算出的是单线长度，再以 100m 为单位套用相应项目。若电管两端所连接的为表 5-1 中的设备，则其工程量为：

$$穿线工程量＝（配管长＋管口两端所接设备的预留长度）×$$
$$管内导线根数 \tag{5-6}$$

同样以 100m 为单位套用相应项目。

在配线定额中，已综合考虑了灯具、明暗开关、插销、按钮等的预留线，套用定额时不再考虑预留长度，但配线进入开关箱、柜、板的预留线仍应按表 5-1 中要求计入工程量内。

表 5-1　连接设备导线预留长度（每根线）

项　　目	预留长度	说　　明
各种开关箱、柜、板	高＋宽	箱、柜的盘面尺寸
单独安装（无箱、盘）的铁壳开关、闸刀开关、启动器、母线槽进出盒	0.3m	以安装对象中心算起
由地平管子出口引至动力接线箱	1.0m	以管口计算
电源与管内导线连接（管内穿线与软、硬母线接头）	1.5m	以管口计算
出户线	1.5m	以管口计算

对瓷夹、瓷瓶、塑料线夹、木槽板、塑料槽板、塑料护套等定额中的分支接头和水弯，已综合考虑在定额内，计算工程量时按图示尺寸，计算水平的及绕梁柱和上下走向的垂直长度。槽夹板以"100m 线路"长为单位，瓷瓶（即绝缘子）以"100m 单根线"长为单位，分别套用相应项目。

问 5-26：照明器具工程定额在使用时应注意哪些问题？

《北京市建设工程预算定额》第四册中规定，照明器具工程定额在使用时应注意以下问题。

（1）定额是按灯具类型分别编制的，对于灯具本身及异型光源，定额已综合了安装费，但未包括其本身价值，应另行计算。

（2）室内照明灯具的安装高度，投光灯、碘钨灯和混光灯定额是按 10m 以下编制，其他照明器具安装高度均按 5m 以下编制，超过此高度时，按规定执行。

（3）排风扇安装，适用于一般单相排风扇安装，不适用于三相排风扇安装。

（4）定额中已包括对线路及灯具的一般绝缘测量和灯具试亮等工作内容，不得另行计算，但不包括全负荷试运行。

（5）定额中，除注明者外，均不包括以下各项。

① 灯具的防火、隔热装置。

② 玻璃罩的保护网。

③ 个别装饰灯具的金属支架制作安装。

（6）普通吸顶灯、荧光灯、嵌入式灯、标志灯、病房灯等成套灯具安装，定额是按灯具出厂时达到安装条件编制的；其他成套灯具安装所需配线，定额中均已包括。

（7）灯具启动器、镇流器、电容器安装，适用于工厂灯、庭院灯等灯具。

（8）吊顶上安装的灯具，均包括金属支架制作、安装，金属软管敷设及软管内穿线。

（9）路灯安装适用于道路、立交桥、广场及小区庭院灯照明工程。

（10）组立铁杆子目中，未包括防雷及接地装置。

（11）路灯、庭院灯安装中，未包括灯杆基础制作安装，执行建筑工程相应子目。

（12）25m 以上高杆灯安装，未包括杆内电缆敷设。

问 5-27：灯具中吸顶灯如何套用定额？

凡是直接安装在顶棚上的普通型灯具，都属于吸顶灯具，如圆球形吸顶灯（包括螺口和长口圆球吸顶灯），半圆球吸顶灯（包括半圆球、扁圆子罩、平圆形等）和方形吸顶灯（分矩形罩、大方口罩、二方联罩、四方联罩）。如图 5-2 所示。

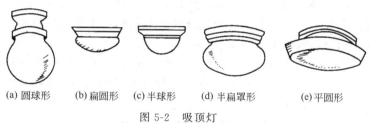

(a) 圆球形　　(b) 扁圆形　　(c) 半球形　　(d) 半扁罩形　　　(e) 平圆形

图 5-2　吸顶灯

圆球和半圆球是以灯罩直径大小套用定额，方形则以罩口形式套用定额，均以"10 套"为单位计算工程量，灯具的引线已综合考虑在定额内，但成套灯具（灯泡、灯罩、灯座等）本身价值未包括在定额内，应按预算价格另行编入。

问 5-28：电缆工程定额在执行过程中应注意哪些问题？

《北京市建设工程预算定额》第四册中规定，电缆工程定额在使用时应注意以下问题。

（1）电缆敷设定额，是按平原地区和厂内电缆工程的施工条件编制的，不适用于在积水区、水底、井下等特殊条件下的电缆敷设。

（2）电缆在一般山地、丘陵地区敷设时，其定额人工工日乘以系数 1.3。该地段所需的施工材料，如固定桩、夹具等按实计算。

（3）电缆敷设定额，未包括因弛度增加长度、电缆绕梁（柱）增加长度以及电缆与设备连接、电缆接头等必要的预留长度，其增加工程量按定额附表执行。

（4）电力电缆敷设定额均按三芯（包括三芯连地）编制，五芯电力电缆敷设定额乘以系数1.3，六芯电力电缆乘以系数1.6，每增加一芯定额增加30%，单芯电力电缆敷设按同等截面电缆定额乘以系数0.67。截面400mm^{2}以上至800mm^{2}的单芯电力电缆敷设按400mm^{2}电力电缆定额执行。

（5）安装梯架、托盘所用的非成品金属支架，执行金属支架制作相应子目。

（6）桥架安装

① 桥架安装包括运输、组合、螺栓或焊接固定，弯头制作，附件安装，切割口防腐，桥式或托板式开孔，上管件隔板安排，盖板及钢制梯式桥架盖板安装。

② 桥架支撑架定额适用于立柱、托臂及其他各种支撑架的安装。定额中已综合考虑采用螺栓、焊接和膨胀螺栓三种固定方式，实际施工中，不论采用何种固定方式，定额均不得调整。

③ 玻璃钢、铝合金梯式桥架，定额是按不带盖编制的，若带盖，分别执行玻璃钢、铝合金槽式桥架定额相应子目。

④ 钢制桥架主结构建筑物设计厚度大于3mm时，定额人工工日、机械台班用量乘以系数1.2。

⑤ 不锈钢桥架执行钢制桥架安装相应子目，乘以系数1.1。

（7）电缆敷设定额系综合定额，凡10kV以下的电力电缆和控制电缆均不分结构形式和型号，一律按相应的电缆截面和芯数执行定额。

（8）电缆工程定额未包括下列工作内容

① 隔热层、保护层的制作、安装。

② 电缆敷设项目中的支架制作、安装。

（9）竖直通道电缆敷设时，执行相应定额子目，但人工工日乘以系数3.0。

问 5-29：**电缆安装中电缆的预留长度包括那些内容？**

电缆的预留长度见表 5-2。

表 5-2　电缆敷设预留长度

项　　目	预留长度（附加）	说　　明
电缆敷设弛度、波形弯度、交叉	2.5%	按电缆全长计算
电缆进入建筑物	2.0m	规范规定最小值
电缆进入沟内或吊架时引上（下）预留	1.5m	规范规定最小值
变电所进线、出线	1.5m	规范规定最小值
电力电缆终端头	1.5m	检修余量最小值
电缆中间接头盒	两端各留 2.0m	检修余量最小值
电缆进控制、保护屏及模板盘等	高＋宽	按盘面尺寸
高压开关柜及低压配电盘、箱	2.0m	盘下进出线
电缆至电动机	0.5m	从电机接线盒起算
厂用变压器	3.0m	从地坪起算
电缆绕过梁柱等增加长度	按实计算	按被绕物的断面情况计算增加长度
电梯电缆与电缆架固定点	每处 0.5m	规范规定最小值

问 5-30：**架空配电线路工程定额在执行时应注意那些问题？**

《北京市建设工程预算定额》第四册中规定，架空配电线路工程定额在使用时应注意以下问题。

（1）工程定额是以"平原地带"施工编制的。如在丘陵、山地、泥沼地带施工时，其人工工日、机械台班用量应分别乘以系数：①丘陵地带为 1.15；②一般山地及泥沼地带为 1.60。

（2）地形划分按下述原则定义。

平原地带：指地形比较平坦、地面比较干燥的地带。

丘陵地带：指地形起伏的矮岗、土丘（在 1km 以内地形起伏相对高差在 30～50m 范围以内的地带）。

一般山地：指一般山岭、沟谷（在 250m 以内地形起伏相对高差在 30～50m 范围以内的地带)。

　　泥沼地带：指有水的庄稼田或泥水淤积的地带。

　　(3) 杆坑土方量计算公式及相关土方量

　　① 装底盘、卡盘杆坑土方量见表 5-3。

表 5-3　装底盘、卡盘杆坑土方量

杆高/m	7	8	9	10	12	15
坑深/m	1.2	1.4	1.5	1.7	2.0	2.5
底盘规格/m	0.6×0.6			0.8×0.8		1.0×1.0
灰杆土方量/m³	1.36	1.78	2.02	3.39	4.6	8.76

　　② 不装底盘、卡盘杆坑土方量计算公式：

$$V = 0.8 \times 0.8 \times H + 0.2 \qquad (5-7)$$

式中　H——坑深，m；

　　0.2——电杆坑的马道土石方量，m³，每坑 0.2m³ 计算。

　　(4) 土质分类

　　① 普通土指种植土、黄土和盐碱土等，主要用铁锹挖掘的土质。

　　② 坚土指坚实的黏性土和黄土等，必须用镐刨后，再用铁锹挖掘的土质。

　　③ 卵石指含有大量碎石或卵石，且坚硬密实，需用镐或撬棍挖掘的土质。

　　④ 泥水土指地下水位高，坑内有渗水，但只需少量排水即可施工的土质。

　　⑤ 流砂石指坑内砂层在挖掘时有坍塌现象，必须加挡土板的土质。

　　⑥ 岩石指必须打眼爆破施工的土质。

　　(5) 杆坑土质按一个坑的主要土质而定，如一个坑大部分为普通土，少量为坚土，则该坑应全部按普通土计算。

　　(6) 电杆接线项目中，拉线坑的土质及土方量已做了相应的综

160

合，除遇有流砂、岩石土质，一般不得调整定额。

（7）工地材料运输费的计取：对于平原地带的架空线路工程，其运输费应按该工程一次施工的人工费总和乘以系数：厂区内为0.25；厂区外为0.35。

（8）线路一次施工的工程量，定额是按5根以上电杆编制的，若实际工程量在5根以下，人工工日、机械台班用量应乘以系数1.3（不含变压器及台架制作安装）。

（9）立电杆、立撑杆项目，定额不分机械、半机械还是人工组立，均执行同一定额。

（10）水平拉线、Y形拉线制作安装，拉线水平部分执行独立档钢绞线架设子目；拉线桩（电杆）执行立电杆子目；坠线执行普通拉线子目；弓形拉线执行普通拉线子目。

（11）低压架空电缆线的钢绞线架设及拉桩的水平钢绞线架设，执行独立档钢绞线架设子目，其中钢绞线长度是按30m综合的，若与实际长度不同，则不得调整。

（12）导线跨越指一个跨越档内跨越一种跨越物。如同一跨越档内有一种以上被跨越时，按下列规定处理：

① 被跨越物之间距离≤50m时，按"一处"计算；

② 单线广播线、电话线（有绝缘）、电话电缆不算跨越物。

此外，宽度在20m以下的河流，不计算导线跨越。

（13）杆上配电设备安装，适用于在电杆上单独安装时使用。配电设备安装已综合所需的各种材料，定额不得调整。

（14）变压器台架制作安装，立电杆按相应子目执行；变压器台架制作安装已在电杆高度上、变台形式上做了综合，变台制作安装是指自10kV线路引接电源起，至变压器二次出线与低压线路连接处止（含连接金具）的全部材料（含接地装置）。

（15）地上变台组装，定额中还综合了母线、绝缘子及金属支架等全部材料。

（16）导线留头长度见表5-4。

表 5-4　导线留头长度

名　　称		单位	长度
高压	转角	m	2.5
	分支、分段		2.0
低压	分支、终点（尽头）	m	0.5
	转角、交叉、跳线（搭接线）		1.5

问 5-31：起重设备电气装置的工程量如何计算？

《北京市建设工程预算定额》第四册第八章规定：

（1）起重机电气安装按起重量以台计算；

（2）滑触线分材质及规格以单相米计算；

（3）移动软电缆沿钢索敷设，按电缆单根长度以根计算；

（4）移动软电缆沿轨道敷设，按电缆截面以米计算；

（5）辅助母线按母线截面以单相米计算；

（6）滑触线支架安装分固定方式以副计算；

（7）指示灯以套计算；

（8）滑触线支架制作以千克计算；

（9）拉紧装置以套计算；

（10）滑触线支持器分座式和挂式以套计算。

问 5-32：防雷接地工程定额在使用时应注意哪些问题？

《北京市建设工程预算定额》第四册中关于防雷接地工程有如下说明。

（1）定额适用于建筑物、构筑物的防雷接地，变配电系统接地和车间接地，设备接地以及避雷针的接地装置。

（2）定额已包括高空作业工时，不得另行计算。

（3）明装避雷引下线均已包括打墙眼和支持卡子的安装。

（4）接地电阻测试用的断接卡子制作安装，已包括一个接线箱，不得另行计算。

（5）接地装置安装，定额中不包括接地电阻率高的土质换土和化学处理的土壤及由此发生的接地电阻测试等费用。另外，定额中也未包括敷设沥青绝缘层，如需敷设，可另行计算。

（6）高层均压环焊接，是以建筑物内钢筋作为接地引线，如果采用型钢作均压环接地母线，应执行接地母线暗敷设子目。

（7）接地装置挖填土执行电缆沟挖填土相应子目。计算方法：沟长每米为 0.45m³ 土方量（上口宽 500mm，下口宽 400mm，深度 1000mm）。

问 5-33：接地极、接地母线、避雷针、避雷网、高层均压环、避雷引下线等接地装置的工程量如何计算？

《北京市建设工程预算定额》第四册第四章规定：

（1）接地极按不同材质、分规格以根或平方米计算；

（2）接地母线分规格及材质，按敷设部位以米计算；

（3）避雷针分安装方式，按针长以根计算；

（4）避雷网、高层均压环以米计算；

（5）避雷引下线分明、暗敷设，以米计算；

（6）钢窗、铝合金窗跨接地线以处计算，卫生间等电位连接以处计算；

（7）断接卡子以处计算；

（8）避雷器以个计算；

（9）接地端子箱以台计算。

问 5-34：电气设备试验调整工程定额在执行中应注意哪些问题？

《北京市建设工程预算定额》第四册第九章关于电气设备试验调整工程定额有如下说明。

（1）实验仪表及实验机构的转移费用不包括在定额内。

（2）定额中不包括各种电气设备的烘干处理，电缆故障的查找、电动机抽芯检查以及由于设备元件缺陷造成的更换、修理和修改。

（3）试调对象除各项目另有规定外，均为安装就绪并符合国家施工及验收规范要求的电气装置。

（4）工作内容除已注明的外，还包括整理、填写试验记录、熟悉图纸及有关资料。

（5）电力变压器系统试调，不包括电缆、接地网、避雷器、自动装置、特殊保护装置的试验调整。

（6）电抗器、调压器试验，执行电力变压器试验定额。

（7）电动机试调是按一个系统一台电动机考虑的，如为两台及以上时，每增一台，基价应增加 40%。

（8）电力变压器系统试验调整

① 如带有载调压装置，基价应乘以系数 1.12。

② 如一个系统超过一个断路器时，超出部分应执行断路器安装相应子目。

③ 未包括变压器吊芯试验。

变压器试验不包括瓦斯继电器及温度继电器试验。

（9）送配电装置系统试验调整

① 不包括特殊保护装置的调试。

② 当断路器为六氟化硫断路器时，定额乘以系数 1.3。

（10）硅整流设备试验调整不包括整流变压器吊芯试验及绝缘油过滤。

（11）同步电动机试验调整不包括电缆耐压试验及辅助电机、励磁机或整流设备试验。

（12）直流电动机试验调整不包括辅助电机、自整角机、磁放大器及可控硅装置试验。

（13）电动放大机试验调整不包括放大机所属的电动机及其系统的试验调整。

（14）起重机电气试验调整中，桥式起重机定额亦适用双卡钩梁、双小车起重机，但双小车起重机应乘以系数 1.3。

问 5-35：电气控制设备、低压电器的安装工程量怎样计算？

（1）控制设备及低压电器安装均以"台"或"个"为计量单位，未包括基础槽钢、角钢的制作安装，其工程量应按相应定额另行计算。自动空气开关区分单极、二～四极，按其额定电流值以"个"计算。

（2）控制设备安装未包括二次喷漆及喷字、电器及设备干燥、焊、压接线端子、端子板外部（二次）接线。除限位开关及水位电气信号装置外，其他均未包括支架制作、安装，发生时可执行相应定额。

（3）集装箱式低压配电室是指组合型低压成套配电装置，内装多台低压配电箱（屏），箱的两端开门，中间为通道，以"10t"为计量单位。

（4）蓄电池屏安装，未包括蓄电池的拆除与安装。

（5）屏上辅助设备安装，包括标签框、光字牌、信号灯、附加电阻、连接片等，但不包括屏上开孔工作。

（6）设备的补充油按随设备供应考虑。

（7）可控硅变频调速柜安装，按可控硅柜相应定额人工乘以系数 1.2。

（8）隔离开关、铁壳开关、漏电开关、熔断器、控制器、接触器、启动器、电磁铁、自动快速开关、电阻器、变阻器等定额内均已包括接地端子，不得重复计算。

（9）水位信号装置安装，未包括电气控制设备、继电器安装及水泵房至水塔、水箱的管线敷设。

问 5-36：蓄电池工程量怎样计算？

本定额适用于 220V 以下各种容量的碱性和酸性固定型蓄电池及其防震支架安装、蓄电池充放电。不包括蓄电池抽头连接用电缆及电缆保护管的安装，发生时应执行相应项目。

（1）碱性和酸性固定型蓄电池的安装

① 铅酸蓄电池和碱性蓄电池安装，分别按容量大小以单体蓄电池"个"为计量单位，按施工图设计的数量计算工程量。铅蓄电池定额内已包括了电解液的材料消耗量，不另行计算。碱性蓄电池补充电解液由厂家随设备供货。

② 免维护蓄电池安装分不同电压及容量 [V/(A·h)] 以"组件"为计量单位。

（2）防震支架安装。蓄电池防震支架按随设备供货考虑，安装按地坪打眼装膨胀螺栓固定。电极连接条、紧固螺栓、绝缘垫均按设备带有考虑。

（3）蓄电池充放电。蓄电池充放电按不同容量以"组"为计量单位。充放电电量已计入定额，不论酸性、碱性电池均按其电压和容量执行相应项目。

问 5-37：电机干燥的工程量怎样计算？

电机检查接线定额，除发电机和调相机外，均不包括电机干燥，发生时其工程量应按电机干燥定额另行计算。电机干燥定额系按一次干燥所需的工、料、机消耗量考虑的，在特别潮湿的地方，电机需要进行多次干燥，应按实际干燥次数计算。在气候干燥、电机绝缘性能良好、符合技术标准而不需要干燥时，则不计算干燥费用。

实行包干的工程，可参照以下比例，由有关各方协商而定。

（1）低压小型电机 3kW 以下按 25% 的比例考虑干燥。

（2）低压小型电机 3~220kW 按 30%~50% 考虑干燥。

（3）大、中型电机按 100% 考虑一次干燥。

问 5-38：电缆敷设桥架安装的工程量怎样计算？

（1）桥架安装。以"10m"为计量单位，不扣除弯头、三通、四通等所占长度。组合桥架以每片长度 2m 作为一个基型片，已综合了宽为 100mm、150mm、200mm 三种规格，工程量计算以"片"为计量单位。

（2）桥架安装

① 桥架安装包括运输、组对、吊装固定、弯通或三、四通修改、制作组对，切割口防腐，桥架开孔，上管件、隔板安装，盖板安装，接地、附件安装等工作内容。

② 桥架支撑架定额适用于立柱、托臂及其他各种支撑架的安装。本定额已综合考虑了采用螺栓、焊接和膨胀螺栓三种固定方式，实际施工中，不论采用何种固定方式，定额均不作调整。

③ 玻璃钢梯式桥架和铝合金梯式桥架定额均按不带盖考虑，如这两种桥架带盖，则分别执行玻璃钢槽式桥架定额和铝合金槽式桥架定额。

④ 钢制桥架主结构设计厚度大于 3mm 时，定额人工、机械乘

以系数 1.2。

⑤ 不锈钢桥架按钢制桥架定额乘以系数 1.1。

⑥ 桥架、托臂、立柱、隔板、盖板为外购件成品。连接用螺栓和连接件随桥架成套购买，计算重量可按桥架总重的 7%计算。

问 5-39：变压器系统调试的工程量怎样计算？

变压器系统调试，以每个电压侧有一台断路器为准，多于一个断路器的按相应电压等级送配电设备系统调试的相应定额另行计算。以"系统"为计量单位，不包括避雷器、自动装置、特殊保护装置和接地装置的调试。

（1）变压器系统调试，以每个电压侧有一台断路器为准。多于一个断路器的按相应电压等级送配电设备系统调试的相应定额另行计算。干式变压器调试，执行相应容量变压器调试定额乘以系数 0.8。

（2）电力变压器如有"带负荷调压装置"，调试定额乘以系数 1.12。

（3）三卷变压器、整流变压器、电炉变压器调试按同容量的电力变压器调试定额乘以系数 1.2。

问 5-40：送配电设备系统调试的工程量怎样计算？

送配电设备系统是指具有一个断路器（即油断路器或空气断路器）的一次或二次回路线路的配电设备、继电保护、测量仪表总称。不包括送、配电线路本身的常数测定。

（1）送配电设备系统调试，适用于各种供电回路（包括照明供电回路）的系统调试，凡供电回路中带有仪表、继电器、电磁开关等调试元件的（不包括隔离开关、熔断器），均按调试系统计算。移动式电器和以插座连接的家电类设备等已经厂家调试合格、不需要用户自调的设备均不应计算调试工程量。

（2）送配电设备调试中的 1kV 以下定额适用于按工程标准、规范要求进行调试、试验的所有供电回路，如从低压配电装置至分配电箱的供电回路。从配电箱直接至电动机的供电回路已包括在电动机的系统调试定额内。如经厂家调试合格成套供应的配电箱，不需现场调试，不应计算调试费用。送配电设备系统调试包括系统内的电缆试验、绝缘子耐压等全套调试工作。

（3）送配电设备系统调试，系按一侧有一台断路器考虑的，若两侧均有断路器时则应按两个系统计算。

（4）供电桥回路中的断路器，母线分段断路器皆作为独立的供电系统计算。

问 5-41：电梯电气装置的工程量如何计算？

（1）各种自动、半自动客、货电梯的电气安装工程量，应区别电梯类别、操纵方式、层数、站数，以"部"为计量单位计算。

（2）电厂专用电梯电气安装工程量，应区别配合锅炉容量，以"部"为计量单位计算。

（3）自动扶梯、步行道电气安装分别以"部""段"为计量单位计算。

（4）电梯增加厅门、自动轿厢门及提升高度的工程量，应区别电梯类别、增加自动轿厢门数量、增加提升高度，分别以"个""m"为计量单位计算。

（5）电梯电气安装注意问题。

① 电梯是按每层一门为准，增或减时，另按增（减）厅门相应定额计算。

② 电梯安装的楼层高度，是按平均层高 4m 以内考虑的，如平均层高超过 4m 时，其超过部分可另按提升高度定额计算。

③ 两部或两部以上并行或群控电梯，按相应的定额分别乘以系数 1.2。

④ 本定额是以室内地坪±0 以下为地坑（下缓冲）考虑的，如遇有"区间电梯"（基站不在首层），下缓冲地坑设在中间层时，则基站以下部分楼层的垂直搬运应另行计算。

⑤ 电梯安装材料、电线管及线槽、金属软管、管子配件、紧固件、电缆、电线、接线箱（盒）、荧光灯及其他附件、备件等，均按设备带有考虑。

⑥ 小型杂物电梯是以载重量在 200kg 以内，轿厢内不载人为

准。重量大于 200kg 的轿厢内有司机操作的杂物电梯，执行客货电梯的相应项目。

⑦ 定额中已经包括程控调试。

问 5-42：电梯电气装置安装定额不包括哪些工作？

（1）电源线路及控制开关的安装。

（2）电动发电机组的安装。

（3）基础型钢和钢支架制作。

（4）接地极与接地干线敷设。

（5）电气调试。

（6）电梯的喷漆。

（7）轿厢内的空调、冷热风机、闭路电视、步话机、音响设备。

（8）群控集中监视系统以及模拟装置。

5.2 给水排水、采暖、燃气 工程预算常见问题

问 5-43：什么是管道的焊接连接与承插连接？

（1）焊接连接。管道的焊接连接是指管道与管道之间通过焊接使其连接在一起，形成管网系统。焊接连接是管道安装工程中应用最广、最重要的连接方式，其技术含量高。管道焊接连接常用的焊接方法有手工电弧焊、气焊、氩弧焊，一般情况下，应优先采用电焊。当管径在 50mm 以下、壁厚在 3mm 以下时，可采用气焊。

（2）承插连接。管道的承插连接是在承口与插口之间的间隙内加入填料，使之密实，并达到一定的强度，以达到密封压力介质的目的。承插连接的工序一般为：管材检查和接口前准备、打麻丝（或橡胶圈）、打接口材料和养护四个阶段。

问 5-44：镀锌铁皮套管怎么计算工程量及套价？

镀锌铁皮套管的安装费用已含在相应管道安装的定额子目中，但其制作费用需单独套用镀锌铁皮套管制作子目计算，其制作工程

量按套管的公称直径分别以个计量。套管的公称直径一般比所穿管道的公称直径大两号。

问 5-45：各种法兰阀门安装定额中是否包括与管道连接的法兰、垫片和连接螺栓的安装费和材料费？

各种法兰阀门安装定额中包括了与管道连接的一副法兰、垫片及连接螺栓的安装费和材料费。定额中的垫片是按石棉橡胶板考虑的，如果工程设计使用其他垫片，也不允许调整。

问 5-46：当与地漏连接的竖向管道上有存水弯时，其存水弯的费用怎么处理？

一般情况下设计采用自带水封的地漏，在与地漏连接的管道上不再设置存水弯，但当自带水封的地漏不能满足要求时，设计者会用一般的地漏另加一个 S 形或 P 形存水弯。定额中的地漏安装项目是按自带水封的地漏考虑的，如遇带存水弯的地漏，可使用地漏安装项目，存水弯按未计价材料处理，在计算管道工程量时应扣除存水弯所占管道长度。

问 5-47：塑料管道安装定额中，是否包含管卡的费用？

塑料管道的成品管卡、膨胀螺栓、塑料膨胀螺丝由管道生产厂家配套供应，在管道安装定额中已包含管卡的安装费用，所以不能另行计算管卡的安装费用。

问 5-48：塑料给水管道穿墙及楼板的套管工程量怎么计算？

穿墙套管的长度等于墙厚（含装饰层厚度）；穿楼板层套管的长度等于楼板层厚加 100mm（含装饰层厚度）；穿屋面套管的长度等于屋面层厚（含结构层、装饰层、保温层、找坡层、防水层、保护层等的屋面层总厚度）加 330mm（如加有止水环，应减去止水环长度）。

问 5-49：水表安装怎么计算费用？

水表是一种计量建筑物或设备用水量的仪表，根据连接方式及管道直径不同分为螺纹水表（$DN \leqslant 40mm$）及法兰水表（$DN \geqslant 50mm$）两种。螺纹水表如图 5-3 所示。

图 5-3　螺纹水表

在计算工程量时，螺纹水表按公称直径的不同，以"个"为单位计算；焊接法兰水表（带旁通管及止回阀）按公称直径不同，以"组"为单位计算。在《全国统一安装工程预算定额》中法兰水表安装子目包含的范围是水表、旁通管及止回阀等，如实际安装形式与此不同，阀门可按实调整，其余不变。螺纹水表安装定额包括水表本身的安装及水表前端的一个螺纹闸阀的安装。

问 5-50：为水箱安装设置的支架或支墩怎么计算？

各种水箱的支架制作安装（包括混凝土或砖支架等）均未包括在定额内，如为型钢支架可按《全国统一安装工程预算定额》第八册中"一般管道支架"项目计算；如为混凝土或砖支墩可按土建相应定额项目另行计算。

问 5-51：《全国统一安装工程预算定额》淋浴器的安装范围是什么？

淋浴器组成与安装按钢管组成或钢管制品（成品）分冷水、冷热水，以"10组"为计量单位。执行《全国统一安装工程预算定额》第八册第四章"淋浴器组成安装"定额子目。

给水的分界点为水平管与支管的交接处，定额中水平管的安装高度按1000mm考虑。若水平管的设计高度与其不符，则需增加引上管，该引上管的长度计入室内给水管道的安装工程量中。如图5-4所示。

未计价材料包括莲蓬喷头、单双管成品淋浴器。

问 5-52：水喷淋管网安装工程量怎么计算？

水喷淋管道安装工程量，按设计图示管道中心线长度，以"米"为单位计算，不扣除阀门、管件及各种相关组合体所占长度。

水喷淋管道安装套用《全国统一安装工程预算定额》第七册定额，不能套用第八册定额。

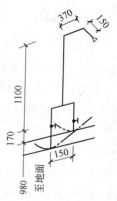

图 5-4 淋浴器的安装范围

问 5-53：自动喷水灭火系统管网水冲洗工程量怎么计算？

（1）水灭火系统管网水冲洗工程量，按管径分挡，以"米"为单位计算。

（2）自动喷水灭火管网冲洗，只能用《全国统一安装工程预算定额》第七册定额，不能用第六册第六章"管道压力试验、吹扫与清洗"中的水冲洗子目，也不能用第八册第一章"管道消毒、冲洗"子目，因它们所包括的工作内容和要求有差异，故不能串用。

问 5-54：采暖管道穿过墙或楼板时，是否需要设置套管？

采暖管道穿过墙或楼板时，需要设置铁皮套管或钢套管。安装在内墙壁的套管，其两管端应与墙壁饰面取平。管道穿过外墙或基础时，应加设钢套管，套管直径比管道直径大两号为宜。安装在楼板内的套管，其顶部要高出楼板地坪 20mm，底部则与楼板齐平。管道穿过厨房、厕所、卫生间等容易积水的房间楼板，应加设钢套管，其顶部应高出地面不小于 30mm。

问 5-55：如何计算地板采暖管道工程量？

地板辐射采暖管道按照图示尺寸，以不同管径规格以"米"计算。全国统一定额中未设相应子目，各省市可以根据当地的安装预算定额中相应子目执行。

问 5-56：在计算采暖管道安装工程量时，伸缩器（补偿器）所占管道长度是否扣除？

采暖管道安装工程量，不分干管、支管，均按不同管材、公称直径、连接方法分别以"米"为单位计算。计算管道长度时，均以图示中心线的长度为准，不扣除阀门及管件所占长度。管道中成组成套的附件（如减压阀、疏水器等）、伸缩器所占长度也不扣除。

问 5-57：什么是自动排气阀？其定额如何套用？

自动排气阀也是采暖管网中的排气设备，自动排气阀设在系统的最高处，对热水采暖系统最好设在干管末端最高处。自动排气阀靠本体内的自动机构使系统中的空气自动排出系统外。自动排气阀型式较多，外形美观，体积较小，且管理方便。

自动排气阀套用《全国统一安装工程预算定额》第八册第二章中"自动排气阀"子目，定额中已包括支架的制作安装。

问 5-58：什么是膨胀水箱？膨胀水箱的制作安装费用怎么计算？

膨胀水箱（也称开式高位膨胀水箱）设置在采暖系统的最高点，通过膨胀管与系统连通。自然循环系统膨胀管接在供水总立管的顶端；机械循环系统一般多连接在系统循环水泵吸入口附近的回水总管上。当建筑物顶部设置高位水箱有困难时，可采用气压罐方式，称为闭式低位膨胀水箱。

膨胀水箱一般用钢板制作，通常是圆形或矩形。膨胀水箱上除了连接有膨胀管外，还有溢流管、信号管、泄水管及循环管。

膨胀水箱的制作工程量按设计图示尺寸以"千克"为单位计算，膨胀水箱安装工程量以水箱的总容量（m³）以"个"为单位计算。并分别套用《全国统一安装工程预算定额》第八册小型容器制作安装中钢板水箱的相应子目计算其制作安装费。

问 5-59：民用燃气管道及附件、器具的安装定额是如何规定的？

（1）燃气管道的室内外部分与连接方法，均按图示长度，不扣除管件和阀门所占长度计算，管道安装定额内已包括管件安装与管件（除铸铁管之外）本身价值。

（2）承插铸铁管在安装时用的接头零件，本身价值应按设计用量另行计算。

（3）燃气管安装定额内已包括阀门研磨，抹密封油，不需另行计算。

问 5-60：承插燃气铸铁管安装工程量如何计算？

定额中承插燃气铸铁管是以 N 型和 X 型接口形式编制的。当采用 N 型和 SMJ 型接口时，其人工乘以系数 1.05；当安装 X 型，ϕ400mm 铸铁管接口时，每个口增加螺栓 2.06 套，人工乘以系数 1.08。

燃气输送压力大于 0.2MPa 时，承插燃气铸铁管安装定额中人工乘以系数 1.3。

问 5-61：编制燃气管道工程预算时，哪些项目应另行计算？

（1）阀门安装按《全国统一安装工程预算定额》第八册定额相应定额另行计算。

（2）法兰安装按《全国统一安装工程预算定额》第八册定额相应项目另行计算（调长器安装、调长器与阀门联装、燃气计量表安装除外）。

（3）埋地管道的土方工程及排水工程，执行相应定额。

（4）非同步施工的室内管道安装的打、堵洞眼，执行《全国统一建筑工程基础定额》。

（5）室外管道所有带气碰头。

（6）燃气加热器只包括器具与燃气管终端阀门连接，其他执行相应定额。

（7）铸铁管安装，定额内未包括接头零件，可按设计数量另行计算，但人工、机械不变。

问 5-62：阀体的解体、清洗和研磨各指什么？其工程量如何计算？

解体即把阀门拆成零部件，以便于检查、清洗、研磨、安装等操作。

清洗是指把阀门解体后浸泡在煤油中，用刷子和棉布擦拭，除去阀腔和各零件上的防锈油和污物。清洗后，保持零件干燥，重新更换损坏的垫片和填料函，如发现密封面受到损伤，视损伤情况进行修理或更换。

对阀门的密封面和阀杆密封填料等处的擦伤或磨损进行必要的修理称为阀门研磨。阀门在安装使用过程中，阀门密封面和阀杆密封填料等处容易被损伤或磨损，而影响阀门的严密性，需要进行必要的修理。阀门密封面的损伤程度较轻，即伤痕深度在 0.05mm 以内时，都可以用研磨的方法消除；当伤痕的深度超过 0.05mm 时，则应在机床上加工，再进行研磨。

阀门解体、检查和研磨，已包括一次试压，均按实际发生数计算。

问 5-63：减压器有什么作用？减压器的安装工程量按哪侧直径计算？

减压器是把气态液化石油从高压变为低压的一种阀门。除具有减压作用外，还有稳定出口气体压力的功能。

减压器的安装工程量按高压侧直径计算。

问 5-64：室内管连接燃气表具时，如何套用定额？

室内管连接燃气表具时，以室内管（近墙体）水平向的最后一个零件（弯头或三通）为界。零件（包括零件本身）以前的管道套用室内管道安装定额；零件（不包括零件）以后的管道套用表具安装定额。

问 5-65：什么是调长器与阀门连接？其工程量怎样计算？

调长器与阀门连接就是将调长器和阀门一同安装在阀门井内。定额基价内包括调长器安装，也包括阀门按其接管直径不同的安装，还包括阀门、调长器与管道连接的一副法兰安装。

调长器及调长器与阀门连接，包括一副法兰安装，螺栓规格和数量以压力为 0.6MPa 的法兰配，如压力不同则可按设计要求的数量、规格进行调整，其他不变。

调长器安装及调长器与阀门连接以"个"为单位计算工程量。

问 5-66：室外管道工程定额包括哪些工程内容？

《北京市建设工程预算定额》第五册第二章规定：室外管道工程定额适用于室外给水、排水、雨水、采暖、消防、空调水等管道安装。包括室外低压镀锌钢管、室外低压焊接钢管、室外低压无缝钢管（焊接）、室外低压直埋保温钢管（焊接）、室外低压不锈钢管（电弧焊接）、室外 PVC-U 给水塑料管埋设、室外给水铸铁管埋设、室外排水铸铁管埋设、水塔配管、室外中压无缝钢管（焊接）、室外中压不锈钢管（氩弧焊接）、室外热源管道碰头、室外给水铸铁管加三道水源接头、填砂等工程内容。

问 5-67：管道设备支架工程定额包括哪些工作内容？

管道设备支架工程定额包括柔性防水套管制作、刚性防水套管制作、柔性防水套管安装、刚性防水套管安装、一般填料套管制作安装、阻火圈安装、设备支架制作安装、管道支架制作安装等内容。

其中，设备支架制作安装包括制作和安装。制作包括场内搬运、放样、切断、调直、型钢煨制、坡口、组对、钻孔、焊接、吊装就位、拢正。安装包括场内搬运、组对、焊接、吊装就位、拢正、紧螺栓。

管道支架制作安装包括制作和安装。制作包括场内搬运、放样、切断、调直、煨制、组对、钻孔、制作。安装包括场内搬运、组对、钻孔、打洞、固定、安装、堵洞。

问 5-68：管道支架适用于什么范围？怎样计算工程量？

管道支架适用于公称直径 $DN32mm$ 以外的管道及其他形式管道的支吊架制作、安装。室内管道支架分形式以千克计算；室外管道支架不分形式以千克计算。

问 5-69：采暖器具工程定额在使用时应注意哪些问题？

《北京市建设工程预算定额》第五册关于采暖器具工程定额使用时的注意事项如下。

（1）散热器不分明装或暗装，均按类型执行相应子目。

（2）柱型铸铁散热器安装，定额中不包括拉条费用，若用拉条，则另行计算。

（3）定额中列出的接口密封材料，均按成品胶垫编制，若与设计不符，则不得调整。

（4）散热器安装，定额是按在混凝土墙及保温复合墙上安装综合编制的，其中保温复合墙安装所用型钢底架定额中已包括，不得另行计算。

（5）辐射对流散热器安装，不分挂装和落地装，均执行同一定额；落地装支座按随主材带来编制的。

（6）闭式散热器安装，定额中已综合放风门丝堵，不得另行计算；还包括托钩安装，如主材价中不包括托钩，其托钩价格另计。

（7）高频焊翅片管散热器安装，定额中综合了防护罩的安装费，但不包括其本身价值。

（8）钢制板式、扁管式散热器安装，不分带与不带对流片，按形式、规格执行相应子目。

（9）光排管散热器制作安装，定额中已包括联管所用工料，不得另行计算。

（10）暖风机安装，定额中不包括支架制作、安装，按设计要求执行设备支架相应子目。

（11）低温地板辐射采暖，定额中已包括地面浇注配合用工；用铝塑复合管、聚丁烯管、聚丙烯管、聚乙烯管等管道作为地板采暖管道时，均执行本项目。

问 5-70：卫生器具工程定额在使用时应注意哪些问题？

《北京市建设工程预算定额》第五册关于卫生器具工程定额使用时的注意事项如下。

（1）浴盆、洗脸盆、洗涤盆安装适用于各种型号；但浴盆支座和浴盆周边的砌砖、瓷砖粘贴应另行计算。按摩浴盆安装项目中不含电机接线及调试，执行《北京市建设工程预算定额》第四册相应子目。

（2）洗脸盆肘式开关安装，不分单双把均执行同一子目。

（3）脚踏开关安装，包括弯管和喷头的安装用工和材料。

（4）淋浴器铜管制品安装，适用于各种成品淋浴器安装。

（5）卫生器具安装项目所综合的上、下水短管，定额均按钢管编制，若与设计不符，可换算管材及管件，其他不变。

（6）斗式、壁挂式小便器，执行挂斗式小便器安装相应子目。

（7）大、小便槽自动冲洗水箱安装，定额中不包括水箱和水箱托架制作费用，按设计要求，水箱制作执行水箱制作相应子目，水箱托架制作执行设备支架相应子目；水箱进水管及进水管上的阀门另行计算。

（8）小便槽冲洗管制作、安装，定额中不包括阀门安装。

（9）洗衣机接口执行水嘴安装相应子目。

（10）不锈钢地漏、防爆地漏安装，执行地漏安装相应子目。

（11）多功能地漏、浴盆排水存水盒（柜）安装，执行三用排水器安装相应子目。

（12）悬挂式隔油器安装，定额中不包括支架制作、安装，按设计要求执行设备支架相应子目。

问 5-71：各种附件及器具的工程量如何计算？

《北京市建设工程预算定额》第五册关于各种附件及器具的工程量有如下规定。

（1）聚乙烯管件、阀门分规格以套（个）计算。

（2）调压器、调压箱、组合式调压装置分形式、规格以台计算。

（3）燃气过滤器等调压附件分规格以套（个、组）计算。引入口安装、砌筑分形式、规格以处计算。

（4）砌保温沟分规格以米计算。

（5）燃气表分规格以块计算。

（6）灶具分形式、规格以台计算。

问 5-72：低压容器具工程定额在执行过程中应注意哪些问题？

《北京市建设工程预算定额》第五册关于低压容器具工程定额使用时的注意事项如下。

（1）钢板水箱制作，定额中已包括水箱接管开口及做满水试验时的临时封堵和封堵拆除费用，但不含水箱接管上的法兰安装，应另行计算。

（2）钢板水箱安装不分矩形、圆形均执行同一子目。

（3）器具安装，均未包括支架制作、安装，如为型钢支架，执行设备支架相应子目；混凝土或砖支架执行建筑工程相应子目。

（4）器具安装，均未包括器具本体保温，需保温时按设计要求执行保温相应子目。

问 5-73：开水炉及箱、罐工程量计算规则是什么？

定额分为开水炉、加热器安装与小型容器制作安装两部分。开水炉及加热器安装编列了以电加热或蒸汽加热的开水炉、热水器、容积式热交换器、冷热水混合器以及消毒器、消毒锅、饮水器等生活、卫生设备器具安装项目；小型容器制作安装项目适用于采暖系统中一般常压、低压碳钢容器的制作与安装，编列有矩形、圆形钢板水箱制作安装。定额中有关问题的说明如下。

（1）关于工程量的计算

① 电热水器、电开水炉安装以"台"为计量单位，定额只考虑了本体安装，连接管、连接件等可按相应定额另行计算。

② 容积式热交换器安装以"台"为计量单位，不包括安全阀安装、本体保温、油漆和基础砌筑工程量，这些可按相应定额另行计算。

③ 蒸汽-水加热器和冷热水混合器均以"10 套"为计量单位。蒸汽-水加热器已包括莲蓬头安装，但未包括阀门、疏水器安装及支架制作安装；冷热水混合器已包括温度计安装，但不包括支座制作、安装。以上未包括的工程量需按相应定额另行计算。

④ 钢板水箱制作包括箱体、人孔及接管，以"100kg"为计量单位，其水位计安装和内、外人梯制作安装可按相应定额另行计算。钢板水箱安装均以"个"为计量单位，按相关标准图集水箱容量（m³）使用相应定额。

（2）其他需要注意的问题

① 各种水箱制作定额中已包括水箱的给水、出水、排污、溢流等连接短管的制作及焊接，其连接管材料（包括法兰件）应按设计需用的种类、规格、数量计入主材用量。水箱制作定额中未包括

支架制作安装，小容量水箱的型钢支架可使用"管道支架"项目，混凝土或砖砌支座则应按建筑工程消耗量定额相应项目计算。

② 钢板水箱制作定额中已将箱体内外除锈、刷底漆（防锈漆二道）综合在内；其面漆或保温绝热按设计要求另计。大、小便冲洗水箱制作定额中底漆与面漆均已包括（各二道）。另外蒸汽间断式开水炉、蒸汽-水加热器安装，消耗量中也已将标准图所示的本体溢流管或出水管计入，使用定额时请注意一下各项目工作内容，以免重复计算。

5.3 通风空调工程预算常见问题

问 5-74：风管支架、法兰、加固框等需要单独刷油时工程量如何计算？

（1）按图示重量计算，执行金属结构刷油子目。

（2）按风管制作安装相应定额子目材料中的型钢（角钢、扁钢、圆钢）重量除以系数 1.04（即净重量）计算，执行金属结构刷油子目。

问 5-75：什么是钢百叶窗？如何计算其制作安装工程量？

百叶窗是用来防止雨雪和其他杂物等落入进气设备的防护装置，分为木制的与金属制的两种，叶片角度为 30°和 45°两种。一般情况下用 30°百叶窗，在风沙较大的地区，为了防止风沙、雨雪侵入，常采用 45°百叶窗。百叶窗的底边距室外地坪的高度不应小于 2m。百叶窗应设保温门，一边系统停止运行时或冬季系统使用再循环空气时关闭进口，防止冷风进入。钢百叶窗是由型钢制作而成百叶窗。钢百叶窗及活动百叶风口的制作以"平方米"为单位计量，安装按规格尺寸以"个"为单位计量。

问 5-76：通风管道工程量是如何计算的？风管长度是如何确定的？

通风空调工程中，风管按施工图所示不同规格以展开面积计算，不扣除检查孔、测定孔、送风口、吸风口等所占面积。

矩形风管展开面积 $F=(\text{边宽}+\text{边宽})\times 2L$　　　(5-8)

圆形风管展开面积 $F=\pi DL$　　　(5-9)

式中　F——风管展开面积；

D——圆管直径；

L——管道中心线长度。

计算风管长度时，一律以施工图所示中心线长度为准（主管与支管以其中心线交点划分），包括弯头、三通、变径管、天圆地方所占长度，但不得包括部件所占长度。直径和周长按图示尺寸为准展开，咬口重叠部位已包括在定额内，不另增加。

问 5-77：通风系统采用渐缩管均匀送风，如何计算工程量？风管套用定额时有哪些注意事项？如何计算天圆地方工程量？

通风系统采用渐缩管均匀送风，圆形风管按平均直径、矩形风管按平均周长来确定相应直径和周长。

圆形风管渐缩管展开面积 $F=\pi(D+D')/2\times L$　　　(5-10)

矩形风管渐缩管展开面积 $F=(S+S')/2\times L$　　　(5-11)

天圆地方展开面积 $F=(D_1+S_1)/2\times L$　　　(5-12)

式中　F——风管展开面积；

D——大头圆管直径；

D'——小头圆管直径；

S——大矩形风管周长；

S'——小矩形风管周长；

D_1——圆头直径；

S_1——矩形周长；

L——管道中心线长度。

圆形风管在套用定额时，圆形风管按平均直径、矩形风管按平均周长套用相应规格子目，其人工乘以系数 2.5。

问 5-78：风管导流叶片有几种？如何套用定额？

风管导流叶片是通风系统的重要部件。它的作用是按照一定的流速，将一定数量的空气送进风管。风管导流叶片按叶片的面积计算。

181

叶片有单叶片和香蕉型双叶片两种类型，适用于不同风管的通风。

风管导流单叶片和香蕉型双叶片均执行同一子目。

矩形弯头导流叶片工程量应按设计图示规定计算。如设计无具体规定，可按以下方法计算。

（1）导流叶片的构造，如图 5-5 所示。

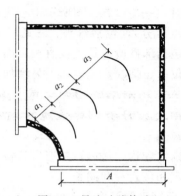

图 5-5　导流叶片构造

a_1、a_2、a_3—导流叶片间距；A—边长

（2）导流叶片的片数与风管的 A 边长有关。当设计无规定时，可执行《通风与空调工程施工质量验收规范》（GB 50243—2002）的规定（表 5-5）。

表 5-5　导流叶片规格

型号	1	2	3	4	5	6	7
A 边尺寸/mm	500	630	800	1000	1250	1600	2000
导流叶片片数	4	4	6	7	8	10	12

（3）导流叶片面积的计算

单叶片：　　　　$F = 2\pi r\theta b$　　　　　　　　　　　　　（5-13）

双叶片：　　　　$F = 2\pi(r_1\theta_1 + r_2\theta_2)b$　　　　　　　（5-14）

式中　　　　b——导流叶片宽度；

θ_1、θ_2、θ——角度×0.01745；

角度——中心线夹角；

　　　　r——弯曲半径。

问 5-79：什么是帆布接口软管？如何计算其制作安装工程量？

　　帆布接口软管是用于设备与风管式部件的连接风管。软管一般用帆布制成，其长度应有适当的伸缩量，不得拉伸过紧，也不宜过松。

　　软管按图示尺寸以"平方米"为计量单位。

问 5-80：如何计算主管与支管以其中心线交点划分中心线的长度？

　　通风管道主管与支管从其中心线交点处划分以确定中心线长度，如图 5-6 所示。

　　在图 5-6 中，主管展开面积为

$$S_1 = \pi D_1 L_1$$

支管展开面积为

$$S_2 = \pi D_2 L_2$$

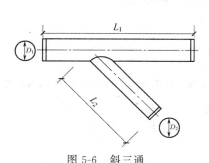

图 5-6　斜三通

L_1—主管中心线长度；L_2—支管中心
线长度；D_1—主管直径；D_2—支管直径

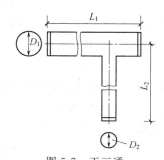

图 5-7　正三通

L_1—主管中心线长度；L_2—支管中心
线长度；D_1—主管直径；D_2—支管直径

　　在图 5-7 中，主管展开面积为

$$S_1 = \pi D_1 L_1$$

支管展开面积为

$$S_2 = \pi D_2 L_2$$

183

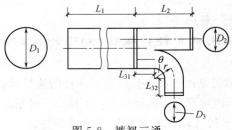

图 5-8　裤衩三通

L_1—主管中心线长度；L_2—支管（直管）中心线长度；L_{31}、L_{32}—支管
（弯管）小平、垂直段中心线长度；D_1—主管直径；D_2—支管（直管）直径；
D_3—支管（弯管）直径；θ—角度为中心线夹角；r—支管（弯管）弯曲半径

在图 5-8 中，主管展开面积为

$$S_1 = \pi D_1 L_1$$

支管 1 展开面积为

$$S_2 = \pi D_2 L_2$$

支管 2 展开面积为

$$S_3 = \pi D_3 (L_{31} + L_{32} + 2\pi r\theta)$$

式中　θ——弧度，$\theta =$ 角度 $\times 0.01745$；

　　　角度——中心线夹角；

　　　r——弯曲半径。

**问 5-81：在计算通风管道中心线长度时，应扣除通风管道
部件长度，那么怎样扣除长度值？**

通风管道中心线长度，扣除部件长度值（L）如下。

（1）蝶阀，$L = 150\text{mm}$。

（2）止回阀，$L = 300\text{mm}$。

（3）密闭式对开多叶调节阀，$L = 210\text{mm}$。

（4）圆形风管防火阀，$L = D + 240\text{mm}$（D 为风管直径）。

（5）矩形风管防火阀，$L = B + 240\text{mm}$（B 为风管高度）。

（6）密闭式斜插板阀，$(80 \sim 150)D$，$L = 320\text{mm}$；$(155 \sim 200)D$，$L = 380\text{mm}$；$(205 \sim 270)D$，$L = 430\text{mm}$；$(275 \sim 340)D$，$L = 500\text{mm}$。

问 5-82：如何计算每 10m² 圆形风管的法兰材料用量？

每 10m² 圆形风管的法兰材料用量计算公式为

$$法兰计算净用量 = (d + 2\delta)\pi\omega g \qquad (5-15)$$

式中　d——法兰内径，m；

　　　δ——角钢或扁钢宽度，m；

　　　ω——每 10m² 风管中法兰或加固框数量，个；

　　　g——每米扁钢或角钢质量，kg。

问 5-83：如何计算圆形风管和矩形风管弯头展开面积？

圆形风管和矩形风管弯头结构，如图 5-9 所示。

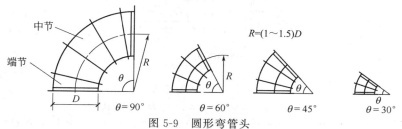

图 5-9　圆形弯管头

D—弯管直径；θ—弯曲角度；R—弯曲半径

（1）圆形风管弯头展开面积计算式为

$$F_{圆} = \frac{R\pi^2\theta D}{180°} = 0.05483 \qquad (5-16)$$

当 $R = 1.5D$，$\theta = 90°$ 时，公式为

$$F_{圆90°} = 7.4021D^2 \qquad (5-17)$$

（2）矩形管弯头展开面积计算式为

$$F_{矩} = \frac{R\pi\theta}{180°} \times 2(A + B) \qquad (5-18)$$

当 $l = 2(A + B)$，$R = 1.5A$ 时，公式为

$$F_{矩} = 0.017453R\theta l \qquad (5-19)$$

问 5-84：如何计算风帽泛水制作安装工程量？

凡通风管道穿出屋面的，为了防止雨水渗入，必须安装风帽泛水，尽管有时施工图没有标出，也必须安装，因此在计算工程量时必须予以考虑。

风帽泛水制作安装分圆形和方形两种，其工程量计算应分不同规格，按展开面积计算，如图 5-10 所示。

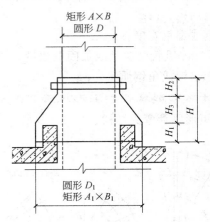

图 5-10　风帽泛水

A、B、A_1、B_1—矩形截面边长；D、D_1—圆形截面直径；

H_1、H_2、H_3—风帽泛水上部、中部、下部的高度；H—风帽泛水的总高度

圆形展开为

$$F=\left(\frac{D_1+D}{2}\right)\pi H_3+D\pi H_2+D_1\pi H_1 \qquad (5-20)$$

方、矩形展开为

$$F=[2(A+B)+2(A_1+B_1)]/(2H_3)+2(A+B)H_2+2(A_1+B_1)H_1 \qquad (5-21)$$

其中 $H=D$ 或风管大边长，$H_1\approx150\sim100\text{mm}$，$H_2\approx50\sim150\text{mm}$。

问 5-85：罩类制作安装工程量如何计算？定额包括哪些内容？

罩类制作以标准部件依设计型号规格查阅《采暖通风国家标准图集设计选用手册》中的标准部件质量表，按其质量计算，并以"千克"为单位计算。非标准部件按成品质量计算，并以"千克"为单位计算。

罩类制作安装定额包括：皮带防护罩；电机防雨罩；侧吸罩；中小型零件焊接台排气罩；整体分租式槽边侧吸罩；吹、吸式槽边罩；各型风罩调节阀；条缝槽边抽风罩；泥心烘炉排气罩；升降式回转排气罩；上下吸式圆形回转罩；升降式排气罩；手锻炉排气罩等，均以"100kg"为单位计算。

问 5-86：消声器制作安装工程量如何计算？

片式消声器、矿棉管式消声器、聚酯泡沫管式消声器、弧形声流式消声器、阻抗复合式消声器，以标准部件依设计型号规格查阅《采暖通风国家标准图集设计选用手册》中的标准部件重量表，按其重量计算，并以"千克"为单位计算。非标准部件按成品重量计算，并以"千克"为单位计算。

问 5-87：空调安装工程量如何计算？

（1）整体式空调机（冷风机、冷暖风机、恒温恒湿机组等），如 LN_1、HK_1、LH、KT_3 等型，不论立式、卧式的安装，均按"台"计算。按制冷量大小分挡，套用定额相应子目。

柜式空调为分体式时，人工乘以系数 2.0。

（2）窗式空调器安装。安装以"台"计算，整体式（窗式、壁挂式）查套相应定额子目。窗式空调器为分体式时，人工乘以系数 2.0。

问 5-88：如何计算制冷设备的安装工程量，并套用定额？

（1）制冷压缩机的安装

① 活塞式压缩机安装。活塞式 V、W 及 S（扇形）压缩机安装以"台"计算，按机体质量分挡，套用《全国统一安装工程预算定额》第一册相应子目。不论制冷剂为氨（NH_3 或 R717）、氟利昂（R11、R12、R22），均套用此定额。

V、W、S 压缩机定额是按整体安装考虑的，所以机组的质量包括主机、电动机、仪表盘及附件和底座等的总质量计算。

V、W、S 压缩机定额是按单极压缩机考虑的。安装同类双极压缩机时，则相应定额的人工乘以系数 1.4。

② 螺杆式制冷压缩机安装。开式（KA、KF 型）、闭式（BA、BF 型）均按机体质量分挡，以"台"计算。套用《全国统一安装工

程预算定额》第一册相应子目。螺杆式压缩机安装定额是按压缩机解体式安装制订的，所以与主机本体联体的冷却系统、润滑系统、支架、防护罩，同一底座上的零件和附件的质量安装，定额均包括。安装后的无负荷试运转及运转后的检查、组装、调整，定额均包括。

螺杆式压缩机安装，不包括电动机等动力机械的质量，其电动机按质量分挡，以"台"计算。

活塞式 V、W、S 压缩机安装和螺杆式压缩机安装，除遵守《全国统一安装工程预算定额》第一册总说明有关规定外，定额不包括以下几点。

a. 与主机本体联体的各级出入口第一个阀门外的各种管道、空气干燥设备和净化设备、油水分离设备、废油回收设备、自控系统及仪表系统的安装，以及支架、沟槽、防护罩等制作、加工。

b. 介质（冷剂等）的充灌。

c. 主机本体循环用油（定额是按设备自带考虑的）。

d. 电动机拆装、检查及配线接线等电气工程。

（2）附属装置的安装

① 冷凝器安装。立式（卧式）管壳式冷凝器、淋水式冷凝器、蒸发式冷凝器的安装，以"台"计算，按冷凝器的冷却面积分挡。套用《全国统一安装工程预算定额》第一册相应子目。

② 蒸发器安装。立式（卧式）蒸发器，按蒸发面积分挡，以"台"计算。套用《全国统一安装工程预算定额》第一册相应子目。

③ 贮液、排液器、油水分离器安装。贮液、排液器按容积分挡，以"台"计算。油水分离器、空气分离器，按设备直径分挡，以"台"计算。套用《全国统一安装工程预算定额》第一册子目。

附属装置安装定额包括以下内容。

a. 随设备联体固定的配件安装。如放油阀、放水阀、安全阀、压力表、水位表等安装。

b. 容器单体气密性试验与排污。试验时的连带工作：装拆空气压缩机、连接试验用管道、装拆盲板、通风、检查、放气等。

问 5-89：通风系统调试（整）费如何计算？

通风系统调试（整）费，按下式计算

$$调试费＝通风系统工程人工费×调试费率（\%）\quad（5-22）$$

其中，以人工工资占的百分率作为计费基础。

调试费是送风系统、排风（烟）系统、包括设备在内的系统负荷调试费用。此费用于系统调试的人工、仪器使用、仪表折旧、调试材料消耗。

该调试费不包括空调工程的恒温、恒湿调试，冷热水系统、电气等相关工程的调试，发生时必须另计。

问 5-90：挡水板如何计算工程量？

钢挡水板按空调器断面面积计算工程量，以"平方米"计算。如图 5-11 所示。

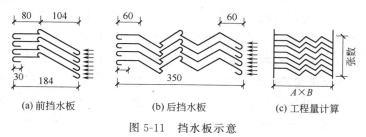

(a) 前挡水板　　　　(b) 后挡水板　　　　(c) 工程量计算

图 5-11　挡水板示意

计算公式为

$$挡水板面积＝空调器断面×挡水板张数\quad（5-23）$$

或

$$挡水板面积＝A×B×张数\quad（5-24）$$

式中　A——空调的长；

　　　B——空调的宽。

玻璃挡水板，套用钢板挡水板相应子目，其材料、机械均乘以系数 0.45，人工不变。

问 5-91：空调部件及设备支架制作安装定额在使用时应注意哪些问题？

（1）风机减振台座使用设备支架子目，定额中不包括减振器用量，应按设计图及实际情况计算。

（2）清洗槽、浸油槽、晾干架、LWP滤尘器支架制作安装套用设备支架子目。

问 5-92：调节阀工程定额在使用时应注意哪些问题？应如何计算其工程量？

《北京市建设工程预算定额》第六册中调节阀工程定额在使用时应注意以下问题。

（1）蝶阀、止回阀等阀门安装均执行其他调节阀安装子目。

（2）凡阀体本身带有电动执行机构的电动阀门，其安装均不得再套用电动执行机构安装相应子目。

（3）各类保温、防爆等阀门，均执行相应子目。

（4）调节阀、排烟风口分规格以个计算。

（5）三通调节阀按调节阀一边支风管周长，以个计算。

（6）远距离控制装置，电动执行机构以套计算。

问 5-93：风口工程定额中包括哪些工程内容？

《北京市建设工程预算定额》第六册有如下规定：风口工程定额中包括百叶风口安装、带调节阀（过滤器）百叶风口安装、散流器安装、带调节阀散流器安装、条形风口安装、矩形网式风口制作安装、金属网框制作安装、孔板风口安装等工程内容。

问 5-94：风帽和罩类工程定额在使用时应注意哪些问题？

《北京市建设工程预算定额》第六册中关于风帽和罩类工程定额使用时应注意以下问题。

（1）伞形风帽不分形状，均执行同一子目。

（2）制作安装子目中的板材，定额均按镀锌钢板编制，若与设计要求不同，可以换算，其他不变。

问 5-95：玻璃钢风管工程定额在使用时应注意哪些问题？其工程量如何计算？

《北京市建设工程预算定额》第六册中关于玻璃钢风管工程定额的使用注意事项如下。

（1）玻璃钢风管、管件、法兰及加固框均按成品编制；风管需修补时，其费用另行计算。

（2）风管规格均指内径的规格。

（3）风管与阀部件连接的法兰，定额中不包括，按设计要求计算，执行设备支架 20kg 以内子目，乘以系数 1.4。

（4）玻璃钢风管的工程量计算规则是：通风管道分直径（或大边长），按展开面积以平方米计算。检查孔、测定孔、送回风口等所占的开孔面积不扣除。

（5）风管长度一律以图示管的中心线长度为准，不扣除三通、弯头、变径管等异形管件的长度，但应扣除阀门及部件所占长度。中心线的起止点均以管的中心线交点为准。

问 5-96：复合型风管工程定额在使用时应注意哪些问题？其工程量如何计算？

《北京市建设工程预算定额》第六册中复合型风管工程定额在使用时应注意以下问题。

（1）风管规格均指内径的规格。

（2）复合型风管、管件、法兰及加固框均按成品编制；风管需修补时，其费用另行计算。

（3）风管与阀部件连接的法兰，定额中不包括，按设计要求计算，执行设备支架 20kg 以内子目，乘以系数 1.4。

在计算其工程量时：通风管道分直径（或周长），按展开面积以平方米计算。检查孔、测定孔、送回风口等所占的开孔面积不扣除。

风管长度一律以图示管的中心线长度为准，不扣除弯头、三通、变径管等异形管件的长度，但应扣除阀门及部件所占长度。中心线的起止点均以管的中心线交点为准。

问 5-97：刷漆保温工程定额在使用时应注意哪些问题？

《北京市建设工程预算定额》第六册刷漆保温工程定额在使用时应注意以下问题。

（1）通风管道及型钢刷漆，不分喷漆和刷漆，均执行同一子目。

（2）静压箱内贴消声材料，若与设计要求的厚度不同，可以换算，其他不变。

（3）风管、型钢刷漆工程量按油漆工程量附表计算。

问 5-98：薄钢板风管制作安装要求有哪些？

（1）本定额项目指镀锌钢板（咬口）、普通钢板（焊接）、无法兰插条连接风管和风机盘管连接管制作安装。按照风管板厚、分圆形、矩形分列项目。其工作内容如下。

① 制作：放样、下料、卷圆、折方、轧口、咬口、制作直管、管件、法兰及加固框、吊托支架，钻孔、铆焊、上法兰、组对。

② 安装：找标高、打支架墙洞、配合预留孔洞、埋设吊托架、组装、风管就位、找平、找正、制垫、垫垫、上螺栓、紧固。

③ 风管及其所含钢材的除锈刷油。

（2）风管安装中所用吊托支架已考虑在内，吊托支架是按采用膨胀螺栓进行固定考虑的。未包括过跨风管落地支架，当发生时按本册第一章内支架制作项目计算。

（3）镀锌钢板风管项目如设计要求不用镀锌钢板者，板材可以换算，其余不变。该项目中未考虑镀锌板刷漆，如设计要求刷漆，按第十一册《刷油、防腐蚀、绝热工程》相应定额项目计算。

（4）普通钢板风管制作安装项目中，已包括管道、型钢支架的除锈、刷二遍底漆和型钢刷二遍调和漆，如设计要求刷其他漆种或管道需刷面漆时，可按第十一册有关子目调整。

（5）工程量的计算。

① 风管制作安装以设计图示风管规格展开面积计算，不扣除检查孔、测定孔、送风口吸风口等所占面积，以"10m²"为计量单位。

② 风管长度一律以设计图示中心线长度为准（主管与支管以其中心线交点划分），包括弯头、三通、变径管、天圆地方等管件的长度，但不得包括部件（阀门、消声器等）所占长度。直径和周长以图示尺寸为准（变径管、天圆地方均按大头口径尺寸计算），咬口重叠部分已包括在定额内，不得另行增加。

③ 薄钢板通风管制作安装不分截面尺寸，均以钢板厚度编列。薄钢板风管子目中的板材，如设计要求厚度不同者可以换算，但人工、机械不变。

④ 整个通风系统设计采用渐缩管均匀送风者，圆形风管按平均直径，矩形风管按平均周长计算工程量，其人工乘以系数 2.5。

（6）空气幕送风管按风管壁厚及截面形状使用相应项目，其人工乘以系数 3。

（7）无法兰插条连接风管按现场进行插条成型考虑。插条所用板材已计入主材消耗量内，需要成型橡胶条时应按每 $1.5kg/10m^2$ 计。

（8）风机盘管连接管仅适用于风机盘管的送吸风连接管，即风机盘管接至送、回风口的管段，其他部位的风管可按相应定额项目执行。

问 5-99：风管阀门制作安装定额应用中有哪些注意事项？

（1）各类风管阀门安装项目是按成品风阀考虑的。蝶阀、止回阀、防火阀等成品安装不分圆形或方矩形，均按其周长尺寸使用相应定额项目。

（2）按规范规定防火阀必须设单独支架，故防火阀安装项目包括了支架制作安装及除锈刷漆。

（3）电（气）动执行机构不分型号均使用同一定额项目。电气部分的安装执行定额第二册《电气设备安装工程》。

（4）带控制缆绳的防火排烟阀安装，使用多叶排烟口项目。

（5）风阀制作安装项目中已包括了型钢、板材的除锈刷漆，不得重复计算。

问 5-100：通风空调设备安装使用定额时有哪些注意事项？

（1）通风机安装定额内包括电动机安装，其安装形式包括 A、B、C 或 D 型，也适用于不锈钢和塑料风机安装。

（2）通风机拆装检查、风机减振台座等，发生时使用定额第一册《机械设备安装工程》相关项目。风机减振台座、减振吊架需现场配制时可使用本定额第一章相关项目。

（3）通风机安装未包括金属网框、出口帆布软管、皮带防护罩、电动机防雨罩、轴流风机防雨短管，发生时分别按本册相关项目计算。

（4）空气幕、通风器、风机盘管的安装均包括支架制作安装及刷漆，窗式空调器包括支架和防雨罩的制作安装，不得重复计算；分体式空调器支架均按设备配带考虑；整体式和分段组装式空调机组未包括型钢支座。如需现场配制支架或支座时，套用定额第一章支架子目。

（5）分体式空调器安装定额已包括室内、外机组间连接管路（由厂家配套供货）安装，若为"一拖多"机型时，其室外机使用相应定额项目，室内机区分不同安装形式分别按相应定额乘以系数0.66，室内外机组间连接管路按第六册《工业管道工程》相应项目计算。

（6）活塞式、螺杆式、离心式冷水机组及热泵机组均按同一底座并带有减振装置的整体安装方法考虑，减振装置若由施工单位提供时可按设计选用的规格计取材料费。

（7）模块式冷水机组未包括基础型钢架和橡胶隔振垫，如需现场配制时可另行计算。

（8）冷水机组定额中已包括施工单位配合生产厂家试车的工作内容。

（9）诱导器安装使用风机盘管安装项目；除湿机安装按其制冷量或风量使用本章空调器相关子目；通风器软管使用本定额第一章相关子目。

（10）风机盘管的配管使用定额第八册《给排水、采暖、燃气工程》相应项目。

194

【带】

6 建筑工程预算实例

6.1 土石方工程

【例6-1】 某不放坡砖基础沟槽如图6-1所示，槽长100m，计算挖基础土方定额工程量（三类土）。

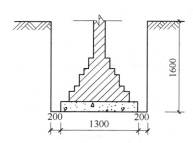

图6-1 某砖基础沟槽剖面图

【解】 砖基础施工每边应各增加工作面宽度200mm。

挖基础土方定额工程量：

$$V=(1.3+0.4)\times1.6\times100=272\ (\text{m}^3)$$

套用基础定额1-8。

【例6-2】 某人工挖地槽的尺寸如图6-2所示，墙厚240mm，工作面每边放出300mm，从垫层下表面开始放坡，计算地槽挖方量。

【解】 由于人工挖土深度为1.8m，放坡系数取0.3。

外墙槽长：$(28+5.6)\times2=67.2$（m）

内墙槽长：$5.6-0.3\times2=5$（m）

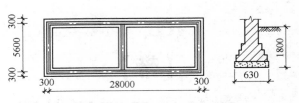

图 6-2　地槽工程量计算示意

地槽挖方量：$V = (b + 2c + kh)hl$

$\qquad = (0.63 + 2 \times 0.3 + 0.3 \times 1.8) \times 1.8 \times (67.2 + 5)$

$\qquad = 230.03 \ (\text{m}^3)$

【例 6-3】　已知：某矩形地坑，开挖时仅左右两边单侧支木挡土板开挖，平面图、剖面图及地坑尺寸如图 6-3 所示，挡土板厚度 d 定额中规定为 0.10m，不得换算；土质为四类土，放坡系数 $k = 0.25$。计算支木挡土板的定额工程量和人工挖地坑定额工程量。

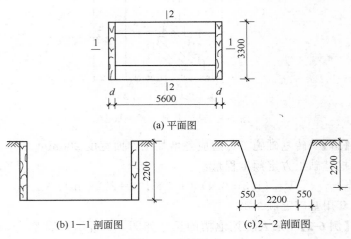

(a) 平面图

(b) 1—1 剖面图　　　(c) 2—2 剖面图

图 6-3　地坑示意

【解】　(1) 支挡土板定额工程量（挡土板工程量的计算是计算挡土板的面积）：

支挡土板定额工程量 $= HL = 2.2 \times 3.3 = 7.26 \ (\text{m}^2)$

套用基础定额 1-55。

（2）人工挖地坑定额工程量（基坑支挡土板时，其宽度按图示基坑底宽，双面加 20cm 计算，单面加 10cm 计算）：

人工挖地坑定额工程量：

$$V=(5.6+0.1\times2)\times(2.2+0.55)\times2.2=35.09 \ (\text{m}^3)$$

套用基础定额 1-20。

【例 6-4】 某地槽及槽底宽度平面图如图 6-4 所示，计算此地槽的长度。

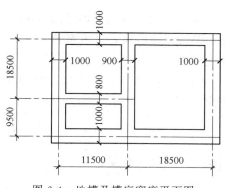

图 6-4 地槽及槽底宽度平面图

【解】 已知沟槽挖土方的长度，外墙按图示尺寸中心线长度计算；内墙按图示基础底面之间的净长度计算；内外凸出部分（如垛、附墙烟囱等）的土方量，并入沟槽土方工程量内计算。

（1）外墙地槽长（1.00m 宽）$=(18.5+9.5+11.5+18.5)\times2$
$$=116 \ (\text{m})$$

（2）内墙地槽长（0.90m 宽）$=9.5+18.5-\dfrac{1.00}{2}\times2=27 \ (\text{m})$

（3）内墙地槽长（0.80m 宽）$=11.5-\dfrac{1.00}{2}-\dfrac{0.90}{2}=10.55 \ (\text{m})$

【例 6-5】 如图 6-5 所示，某圆形沟槽，土质类别为三类土，挖深 3.0m，采用 500 厚 C30 混凝土垫层。计算人工挖土方定额工程量。

【解】 混凝土垫层施工时，每边各增加 300mm 工作面，所以

197

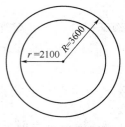

图 6-5　圆形沟槽

槽底宽度应为：

$$(3.6-2.1)+0.3\times2=2.1\ （m）$$

计算挖沟槽、基坑时需放坡，放坡系数 $k=0.33$（三类土）

所以槽面宽度应为：

$$(3.6-2.1+0.3\times2)+3.0\times0.33\times2=4.08\ （m）$$

沟槽长度应为：

$$2\pi\left(r+\frac{R-r}{2}\right)=2\times3.1416\times\left(2.1+\frac{3.6-2.1}{2}\right)=17.91\ （m）$$

所以，人工挖土方定额工程量：

$$V=(2.1+4.08)\times3.0\times\frac{1}{2}\times17.91=166.03\ （m^3）$$

套用基础定额 1-9。

【例 6-6】　如图 6-6 所示开挖某建筑物地槽，土质为普通岩石，挖深 2.0m，计算其地槽开挖定额工程量。

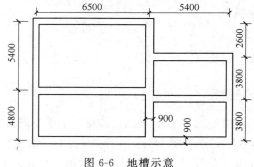

图 6-6　地槽示意

198

【解】 定额工程量（石方开挖沟槽和基坑工程量按图 6-6 所示尺寸加允许超挖量以 m³ 计算，而沟槽、基坑深度、宽度允许超挖量：次坚石为 200mm，特坚石为 150mm）计算如下。

由于普通岩石属于次坚石，所以允许超挖宽度为 200mm。

外墙地槽中心线长：

$2 \times (5.4 + 6.5) + 5.4 + 4.8 + 3.8 \times 2 + 2.6 = 44.2$（m）

内墙地槽净长：

$(5.4 - 0.9) + (6.5 - 0.9) + (3.8 + 3.8 - 0.9) = 16.8$（m）

所以，地槽总长度 $= 44.2 + 16.8 = 61$（m）

地槽开挖定额工程量：

$$V = (0.9 + 0.2 + 0.2) \times 61 \times 2.0 = 158.6 \text{（m}^3\text{）}$$

套用基础定额 1-11。

【例 6-7】 设采用机械平整如图 6-7 所示场地，试计算：

（1）原土碾压平整场地定额工程量（二类土）；

（2）填土 300mm 碾压平整场地定额工程量。

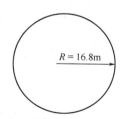

$R = 16.8\text{m}$

图 6-7　某建筑物场地

【解】 （1）原土碾压平整场地定额工程量（建筑场地原土碾压以 m² 计算）计算如下。

原土碾压平整场地定额工程量：

$S = \pi(R + 2)^2 = 3.1416 \times (16.8 + 2)^2 = 1110.37$（m²）

套用基础定额 1-269。

（2）填土碾压平整场地定额工程量（填土碾压按图示填土厚度以 m³ 计算）计算如下。

填土碾压平整场地定额工程量：

$$V = \pi(R+2)^2 h = 3.1416 \times (16.8+2)^2 \times 0.3$$
$$= 333.11 \ (\text{m}^3)$$

套用基础定额 1-271。

【例 6-8】 某施工队在岩石种类为特坚石的地方开挖一基础沟槽，采用人工打单孔预裂爆破，已知钻孔总深度 1.53m，爆破后沟槽断面尺寸如图 6-8 所示，沟槽总长度 100m，计算岩石挖方量。

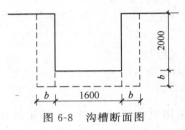

图 6-8　沟槽断面图

【解】 定额工程量（爆破岩石按图 6-8 所示尺寸以 m³ 计算，其沟槽、基坑深度、宽允许超挖量：次坚石为 200mm，特坚石为 150mm。超挖部分岩石并入岩石挖方量之内计算）计算如下。

$$岩石挖方量 = (1.6+2b) \times (2.0+b) \times 100$$
$$= (1.6+2 \times 0.15) \times (2.0+0.15) \times 100$$
$$= 408.5 \ (\text{m}^3)$$

套用基础定额 1-98。

【例 6-9】 假设欲在一处坚石地带人工开挖一方形基坑，其平面和剖面图如图 6-9 所示，计算石方开挖定额工程量。

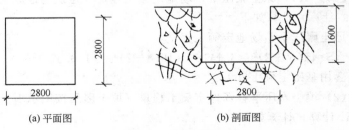

(a) 平面图　　　　　　　　　(b) 剖面图

图 6-9　方形基坑

【解】 定额工程量（人工凿岩石，按图示尺寸以 m³ 计算）：

石方开挖定额工程量＝2.8×2.8×1.6＝12.54（m³）

套用基础定额 1-76。

【例 6-10】 某地区采用人工开挖管道沟槽，已知该地区土质类别为普坚石，采用直径为 600mm 的铸铁管道，平均开凿深度为 1.8m，管道沟槽中心线总长度为 70m，管道沟槽剖面图如图 6-10 所示，计算管沟石方定额工程量。

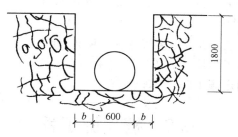

图 6-10 管道沟槽剖面图

b—沟底宽度增挖量

【解】 人工凿岩石按图 6-10 所示尺寸以 m³ 计算；其中沟底宽度无设计规定，应按表 6-1 规定取沟底总宽度。

表 6-1 管道地沟沟底宽度计算

管径/mm	铸铁管、钢管、石棉水泥管	混凝土、钢筋混凝土、预应力混凝土管	陶土管
50～70	0.60	0.80	0.70
100～200	0.70	0.90	0.80
250～350	0.80	1.00	0.90
400～450	1.00	1.30	1.10
500～600	1.30	1.50	1.40
700～800	1.60	1.80	—
900～1000	1.80	2.00	—

管径/mm	铸铁管、钢管、石棉水泥管	混凝土、钢筋混凝土、预应力混凝土管	陶土管
1100～1200	2.00	2.30	—
1300～1400	2.20	2.60	—

注：1. 按本表计算管道沟土方工程量时，各种井类及管道（不含铸铁给排水管）接口等处需加宽增加的土方量不另行计算，底面积大于 20m² 的井类，其增加工程量并入管沟土方内计算。

2. 铺设铸铁给排水管道时，其接口等处土方增加量，可按铸铁给排水管道地沟土方总量的 2.5% 计算。

所以，由表 6-1 查得沟底宽度＝1.30（m）

管沟石方工程量＝1.30×1.8×70＝163.8（m²）

套用基础定额 1-73。

6.2　桩基础工程

【例 6-11】　某单位工程采用预制钢筋混凝土离心管桩，如图 6-11 所示，土质为二类土，计算其打桩定额工程量。

【解】　离心管桩：$V_1 = \frac{1}{4} \times (0.4^2 - 0.2^2) \times 3.1416 \times 12$

$$= 1.13（m^3）$$

预制桩尖：$V_2 = 3.1416 \times \frac{1}{4} \times 0.4^2 \times 0.5$

$$= 0.06（m^3）$$

总体积：$1.13 + 0.06 = 1.19（m^3）$

所以，打桩工程量为 1.19m³。

套用基础定额 2-10。

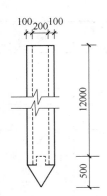

图 6-11　钢筋混凝土离心管桩

【例 6-12】　如图 6-12 所示，求履带式螺旋钻机钻孔灌注 100 根桩的工程量。

【解】　工程量＝钻杆螺旋外径截面面积×（设计桩长＋0.25）×桩数

$$=3.1416 \times 0.225^2 \times (16+0.5+0.25) \times 100$$
$$=266.40 \ (m^3)$$

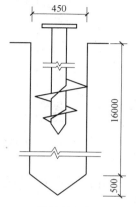

图 6-12　螺旋钻机钻孔灌注桩

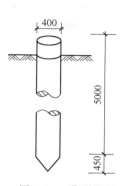

图 6-13　灌注桩

【**例 6-13**】　某工程现场灌注混凝土桩，如图 6-13 所示，设计全长 5.45m，直径 400mm，共需桩 100 根，计算其定额工程量。

【**解**】　定额工程量 $=3.1416 \times \dfrac{1}{4} \times 0.4^2 \times (5+0.45) \times 100$

$$=68.49 \ (m^3)$$

套用基础定额 2-78。

【**例 6-14**】　计算图 6-14 所示的预制钢筋混凝土桩 80 根的工程量。

【**解**】　根据计算规则，按桩全长（不扣除桩尖虚体积）以 m^3 计算。

工程量 $=(8.0+0.32) \times 0.3 \times 0.3 \times 80$

$$=59.90 \ (m^3)$$

【**例 6-15**】　工程喷粉桩施工中，桩大致形状如图 6-15 所示，计算其喷粉桩定额工程量。

【**解**】　据工程量计算规则，按设计深度加 0.5m 乘以设计面积以 m^3 计算。设计深度包括预制桩尖长度。

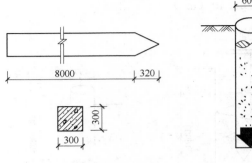

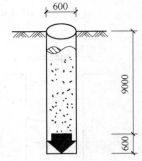

图 6-14　预制钢筋混凝土桩　　　　图 6-15　喷粉桩

定额工程量$=(9.0+0.6+0.5)\times3.1416\times\dfrac{1}{4}\times0.6^2=2.86$（$m^3$）

套用基础定额 2-65。

6.3　脚手架工程

【例 6-16】　如图 6-16 所示，计算外脚手架及里脚手架工程量。

【解】　外脚手架按外墙外边线长度，乘以外墙砌筑高度以 m^2 计算，突出墙外宽度在 24cm 以内的墙垛，附墙烟囱等不计算脚手架；宽度超过 24cm 以外时按图示尺寸展开计算，并入外脚手架工程量之内。

里脚手架按墙面垂直投影面积计算。

外脚手架工程量$=[(39.6+0.24)\times2+(8.8+0.24)\times2]\times$
$\qquad\qquad(14.0+0.4)=1407.74$（$m^2$）

里脚手架工程量$=[(8.8-2.0-0.24)\times10+(3.6-0.24)\times$
$\qquad\qquad8]\times[(3.5-0.12)\times3+3.5]$
$\qquad\qquad=1261.43$（m^2）

【例 6-17】　根据图 6-17 所示尺寸，计算建筑物外墙脚手架工程量。

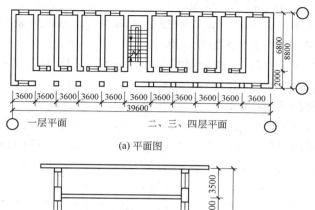

(a) 平面图

(b) 剖面图

图 6-16 某建筑平面和剖面示意

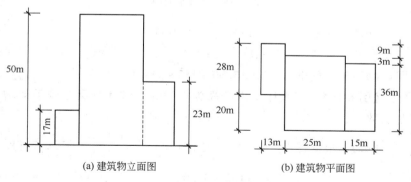

(a) 建筑物立面图

(b) 建筑物平面图

图 6-17 计算外墙脚手架工程量示意

【解】 建筑物外墙脚手架，凡设计室外地坪至檐口（或女儿墙上表面）的砌墙高度在 15m 以下的按单排脚手架计算；砌筑高度在 15m 以上的或砌筑高度虽不足 15m，但外墙门窗及装饰面积超过外墙表面积 60% 以上时，均按双排脚手架计算。外墙脚手架的工程量按墙面垂直投影面积计算。

双排脚手架(17m 高)＝(28＋13×2＋9)×17＝1071 (m²)

双排脚手架(23m 高)＝(15×2＋36)×23＝1518 (m²)

双排脚手架(27m 高)＝36×(50－23)＝972 (m²)

双排脚手架(33m 高)＝(28－9)×(50－17)＝627 (m²)

双排脚手架(50m 高)＝(20＋25×2＋3)×50＝3650 (m²)

【例 6-18】 如图 6-18 所示为某工程 350mm 厚外墙平面尺寸，女儿墙顶面标高＋12.5m，设计室外地坪标高－0.5m，砖墙面勾缝，门窗外口抹水泥砂浆门窗口套，计算此工程外脚手架工程量。

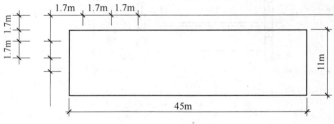

图 6-18 外墙平面图

【解】 周长：(45＋11)×2＝112 (m)

高度：12.5＋0.5＝13.00 (m)

脚手架工程量：112×13.00＝1456 (m²)

【例 6-19】 某大厅室内净高为 11.2m，试计算满堂脚手架增加层数。

【解】 根据公式：满堂脚手架增加层＝$\dfrac{\text{室内净高}－5.20}{1.20}$，可得：

满堂脚手架增加层＝$\dfrac{11.2－5.20}{1.20}$＝5 (层)

【例 6-20】 如图 6-19 所示，计算有女儿墙单层建筑的脚手架工程量。

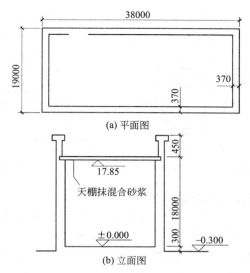

(a) 平面图

(b) 立面图

图 6-19　有女儿墙单层建筑脚手架示意

【解】　单层建筑物的高度，应自设计室外地坪至檐口的高度为准，若有女儿墙，其高度应算至女儿墙顶面。

（1）综合脚手架工程量

综合脚手架基本层工程量＝38.0×19.0＝722（m²）

综合脚手架增加层＝（0.30＋18.0＋0.45－6)/1 层＝13（层）

（2）满堂脚手架工程量

满堂脚手架工程量＝（38.0－0.37×2)×(19.0－0.37×2)

$$=680.37（m²）$$

满堂脚手架增加层＝（17.85－5.2)/1.2＝10.542（层）

0.542×1.2＝0.65m(0.65＞0.6)

取 11 层。

6.4　砌　筑　工　程

【例 6-21】　如图 6-20、图 6-21 所示，求砖基础工程量。

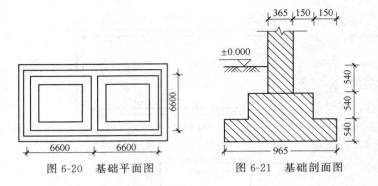

图 6-20 基础平面图   图 6-21 基础剖面图

【解】 砖基础工程量计算如下：

$V = [0.965×0.54+(0.965-0.3)×0.54+0.365×0.54]×$
$[(13.2+6.6)×2+6.3] = 49.45 \ (m^3)$

【例 6-22】 某地沟如图 6-22 所示，试计算地沟定额工程量（用 10mm 厚混凝土垫层）。

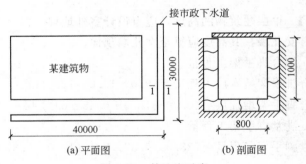

(a) 平面图   (b) 剖面图

图 6-22 某地沟示意

【解】 石地沟定额工程量＝40＋30－0.8＝69.20 （m）

套用基础定额 4-80。

【例 6-23】 图 6-23 所示为某女儿墙示意，计算其定额工程量。

【解】 女儿墙定额工程量：

$V =$女儿墙断面面积×女儿墙中心线长度

$=[0.2×1.0+0.15×(0.32-0.2)]×[(20+10)×2+1.5×4]$

$=14.39 \ (m^3)$

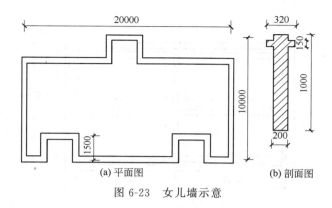

(a) 平面图   (b) 剖面图

图 6-23　女儿墙示意

套用基础定额 4-3。

【例 6-24】　某基础工程如图 6-24 所示，MU30 整毛石，基础用 M5.0 水泥砂浆砌筑。试计算石基础工程量。

【解】　$L_中 = (6.2 \times 2 - 0.25 \times 2 + 9.2 + 0.425 \times 2) \times 2 = 43.9$（m）

$L_内 = 9.2 - 0.25 \times 2 + 6.2 - 0.25 - 0.185 = 14.47$（m）

毛石条基工程量 $= (43.9 + 14.47) \times (0.9 + 0.7 + 0.5) \times 0.35$

$= 42.9$（m³）

毛石独立基础工程量 $= (1 \times 1 + 0.7 \times 0.7) \times 0.35 = 0.52$（m³）

【例 6-25】　某正六边形实心砖柱如图 6-25 所示，试计算实心砖柱定额工程量。

【解】　正六边形砖柱定额工程量：

$$V_{六边形} = 截面积 \times 高度$$

$$= 0.5 \times \frac{\sqrt{3}}{2} \times 0.5 \times \frac{1}{2} \times 6 \times 5.6 = 3.64 \text{（m}^3\text{）}$$

套用基础定额 4-44。

【例 6-26】　如图 6-26 所示，试求球形、圆锥形塔顶及箱底工程量。

【解】　水箱壁按图示尺寸以 m³ 计算，依附于水箱壁的柱、挑檐梁等均并入水箱壁的体积内计算。水箱壁的高度按塔顶圈梁下皮至水箱底圈梁上皮计算。

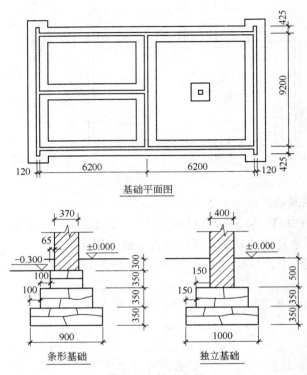

基础平面图

条形基础　　　　独立基础

图 6-24　基础工程

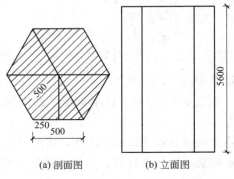

(a) 剖面图　　　(b) 立面图

图 6-25　正六边形砖柱示意

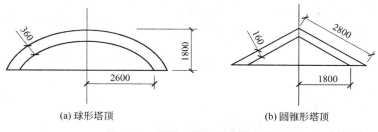

(a) 球形塔顶 　　　　　　　　(b) 圆锥形塔顶

图 6-26　球形、圆锥形塔顶示意

（1）球形

$$V = \pi(a^2 + H^2)t$$
$$= 3.1416 \times (2.6^2 + 1.8^2) \times 0.36 = 11.31 \ (\text{m}^3)$$

（2）圆锥形

$$V = \pi r K t = 3.1416 \times 1.8 \times 2.8 \times 0.16 = 2.53 \ (\text{m}^3)$$

式中　r——圆锥底面半径；

　　　a——球形底面半径；

　　　H——高；

　　　t——厚度；

　　　K——圆锥斜高。

【例 6-27】　某山庄二面护坡如图 6-27 所示，该山庄采用毛石

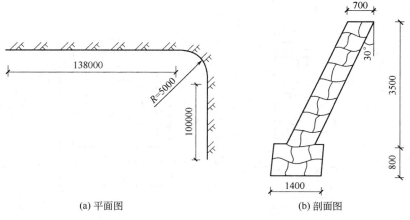

(a) 平面图 　　　　　　　　　(b) 剖面图

图 6-27　护坡示意

护坡，试计算毛石护坡定额工程量。

【解】 （1）护坡基础工程量

$$V_{基础}=\left[138+3.1416\times(5.0-0.7)\times\frac{1}{2}+100\right]\times1.4\times0.8$$

$$=274.12\ (m^3)$$

（2）护坡工程量

$$V_{非锥形护坡}=护坡截面积\times护坡长度$$

$$=3.5\times\frac{1}{\cos30°}\times0.7\times\cos30°\times(138+100)$$

$$=583.1\ (m^3)$$

$$V_{锥形护坡}=外锥体积-内锥体积$$

$$=\frac{1}{4}\times\left[\frac{1}{3}\times3.1416\times(5.0+1.4)^2\times3.5-\right.$$

$$\left.\frac{1}{3}\times3.1416\times5.0^2\times3.5\right]$$

$$=14.62\ (m^3)$$

$$V=583.1+14.62=597.72\ (m^3)$$

套用基础定额 4-81。

【例 6-28】 某石柱如图 6-28 所示，计算其毛石石柱定额工程量。

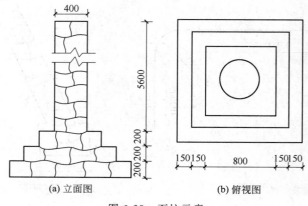

(a) 立面图   (b) 俯视图

图 6-28　石柱示意

【解】 （1）圆形毛石柱基础工程量

$V_{基础} = (0.8 + 0.15 \times 4) \times (0.8 + 0.15 \times 4) \times 0.20 + (0.8 +$
$\qquad 0.15 \times 2) \times (0.8 + 0.15 \times 2) \times 0.20 + 0.8 \times 0.8 \times 0.20$
$\qquad = 0.76$ （m³）

（2）圆形毛石柱柱身工程量

$$V_{柱身} = 3.1416 \times 0.20^2 \times 5.6 = 0.70 \ （m³）$$

套用基础定额 4-78。

【例 6-29】 某毛石明沟如图 6-29 所示，试计算其毛石明沟定额工程量。

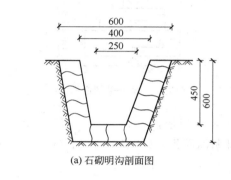

(a) 石砌明沟剖面图

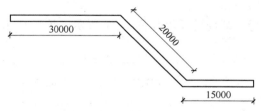

(b) 石砌明沟走向图

图 6-29 明沟示意

【解】 （1）毛石截面积

$S = \dfrac{1}{2} \times (0.6 + 0.4) \times 0.6 - \dfrac{1}{2} \times (0.4 + 0.25) \times 0.45$
$\quad = 0.15$ （m²）

（2）毛石明沟工程

V＝毛石截面积×明沟中心线长＝0.15×（30＋20＋15）

$\quad$＝9.75（m³）

套用基础定额 4-79。

【例 6-30】 某毛石基础剖面图如图 6-30 所示，基础外墙中心线长度和内墙净长度之和为 62.52m。计算其工程量。

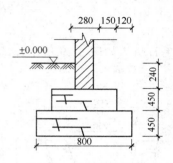

图 6-30 某基础剖面图

【解】 毛石基础工程量：

V＝毛石基础断面面积×（外墙中心线长度＋内墙净长度）

$\quad$＝（0.8×0.45＋0.5×0.45）×62.52

$\quad$＝36.57（m³）

【例 6-31】 某场院围墙如图 6-31 所示，该围墙采用砖砌空斗

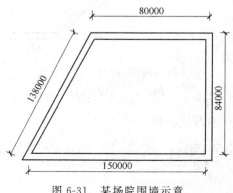

图 6-31 某场院围墙示意

214

墙，该墙墙厚 240mm，墙高 2.8m，试计算该场院围墙空斗墙定额工程量。

【解】 围墙中心线长度：

$L = 150 + 138 + 80 + 84 = 452$（m）

空斗墙工程量：

$V_{空斗墙} = $围墙中心线长度×墙厚×墙高

$\qquad = 452 \times 0.24 \times 2.8 = 303.74$（m³）

套用基础定额 4-37。

【例 6-32】 试计算图 6-32 所示室外砖地坪定额工程量（阴影部分为铺砖地坪）（用 M10 混合砂浆）。

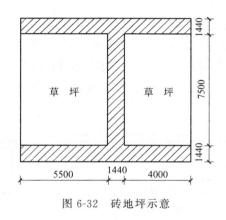

图 6-32 砖地坪示意

【解】 定额工程量：

$S_{砖地坪} = (5.5 + 1.44 + 4.0) \times 1.44 \times 2 + 7.5 \times 1.44 = 42.31$（m²）

6.5 混凝土及钢筋混凝土工程

【例 6-33】 如图 6-33 所示，毛石混凝土锥形独立基础，其斜面与水平面呈 45°，组合钢模板，计算其模板的定额工程量。

【解】 模板工程量：

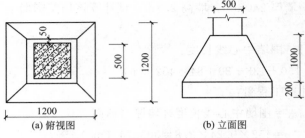

(a) 俯视图　　　　　　　(b) 立面图

图 6-33　毛石混凝土锥形独立基础

$$S = 1.2 \times 4 \times 0.2 + 4 \times \frac{1}{2} \times (0.6 + 1.2) \times 1.0 \times \sqrt{2}$$

$$= 6.05 \ (\text{m}^2)$$

套用基础定额 5-15。

说明：独立基础模板面积指基础各台阶四周的侧面面积，而锥形独立基础模板面积还要增加台阶顶面的斜面积。

【例 6-34】　求图 6-34 所示现浇钢筋混凝土十字形梁（花篮梁）的模板工程量。

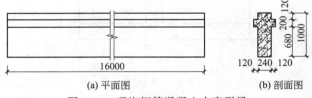

(a) 平面图　　　　　　　　(b) 剖面图

图 6-34　现浇钢筋混凝土十字形梁

【解】　模板工程量按接触面积计算。

工程量 $= 16.0 \times (1.0 \times 2 + 0.48) + 0.24 \times 1.0 \times 2 +$

$\qquad 0.12 \times 0.2 \times 2 \times 2 = 39.68 + 0.48 + 0.096 = 40.26 \ (\text{m}^2)$

【例 6-35】　如图 6-35 所示，现浇钢筋混凝土垃圾道，高为 5.0m，采用木模板木支撑，计算其模板的定额工程量。

【解】　垃圾道模板工程量：

$$S = [(0.6 + 0.09 \times 2) \times 2 + 0.6 \times 4] \times 5.0 = 19.8 \ (\text{m}^2)$$

套用基础定额 5-130。

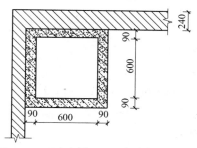

图 6-35 现浇钢筋混凝土垃圾道平面图

说明：小型构件模板工程量，按构件混凝土与模板接触面面积计算。

小型构件又称零星构件，均指单位体积在 0.05m³ 以内且未列入定额其他项目的构件。现浇混凝土部分的小型构件包括遮阳板、突出厨房的灶台、小立柱、厕所隔断、通风道、风道、烟道等。

【例 6-36】 圆形柱钢筋如图 6-36 所示，采用木模板木支撑施工，箍筋采用螺旋箍筋，混凝土保护层厚度为 30mm，试用定额方法计算其工程量。

【解】 （1）混凝土工程量

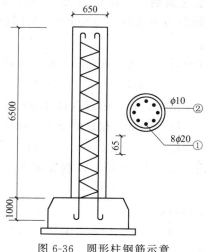

图 6-36 圆形柱钢筋示意

$$V = 3.1416 \times \left(\frac{0.65}{2}\right)^2 \times 6.5 = 2.16 \ (\text{m}^3)$$

套用基础定额 5-402。

（2）模板工程量

$$S = 3.1416 \times 0.65 \times 6.5 = 13.27 \ (\text{m}^2)$$

套用基础定额 5-66。

（3）钢筋工程量

$\phi 20$：$(6.5 + 1.0 + 2 \times 6.25 \times 0.02 - 0.03) \times 8 \times 2.466$

$\qquad = 152.30 (\text{kg}) = 0.152 \ (\text{t})$

套用基础定额 5-301。

箍筋 $\phi 10$：

$$\frac{H}{h} \times \sqrt{h^2 + (D - 2b - d)^2 \pi^2}$$

$$= \frac{6.5 - 0.03}{0.065} \times \sqrt{0.065^2 + (0.65 - 2 \times 0.03 - 0.01)^2 \times 3.1416^2}$$

$$= 181.49 (\text{kg}) = 0.181 \ (\text{t})$$

套用基础定额 5-357。

【例 6-37】 某建筑物，一层层高为 4.8m，板厚 200mm，有 12 个矩形柱，柱断面为 600mm×600mm，采用钢模板、钢支撑，试计算柱模板工程量。

【解】 （1）柱模板工程量=柱周长×柱支模高，即：

$$S = (0.6 + 0.6) \times 2 \times (4.8 - 0.2) \times 12 = 132.48 \ (\text{m}^2)$$

（2）因层高 4.8m＞3.6m，超过高度 4.8－3.6＝1.2m，需计算超过部分所增加支撑工程量。超过部分所增加支撑工程量：

$$S = (0.6 + 0.6) \times 2 \times 1.2 \times 12 = 34.56 \ (\text{m}^2)$$

【例 6-38】 已知如图 6-37 所示预制混凝土井盖板，计算其定额工程量。

【解】 定额工程量：

$$V = 3.1416 \times 0.5 \times 0.5 \times 0.12 \times 1.015 = 0.10 \ (\text{m}^3)$$

套用基础定额 5-470、5-222。

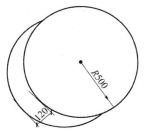

图 6-37　预制混凝土井盖板示意

说明：定额计算中，预制构件的吊装不包括在项目内，应列入措施项目费。

【例 6-39】　某预制大型钢筋混凝土平面板，其钢筋布置如图 6-38 所示采用绑扎，计算其钢筋的定额工程量。

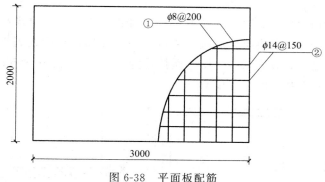

图 6-38　平面板配筋

【解】　定额工程量：

①号钢筋：$\left(\dfrac{3000}{200}+1\right)\times 2.0\times 0.395=12.64$（kg）

套用基础定额 5-324。

②号钢筋：$\left(\dfrac{2000}{150}+1\right)\times 3.0\times 1.208=51.94$（kg）

套用基础定额 5-343。

【例 6-40】　某现浇钢筋混凝土圆桩，其配筋如图 6-39 所示，

219

(a) 平面图   (b) 1—1剖面图

图 6-39 圆柱配筋示意

计算其钢筋的定额工程量。

【解】 定额工程量：

①号钢筋：$20 \times 10 \times 2.466 = 493.2$（kg）

套用基础定额 5-312。

②号钢筋：$\left(\dfrac{20000}{200} + 1\right) \times 3.1416 \times 0.9 \times 0.395 = 112.80$（kg）

套用基础定额 5-356。

【例 6-41】 有梁式满堂基础尺寸如图 6-40 所示。机械原土夯实，铺设混凝土垫层，混凝土强度等级为 C15，有梁式满堂基础，混凝土强度等级为 C20，场外搅拌量为 50m³/h，运距为 5km。计算梁式满堂基础的工程量。

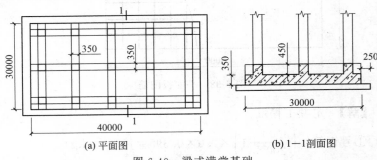

(a) 平面图   (b) 1—1剖面图

图 6-40 梁式满堂基础

【解】 满堂基础工程量＝图示长度×图示宽度×厚度＋翻梁体积

$= 40 \times 30 \times 0.35 + 0.35 \times 0.45 \times$

$[40 \times 3 + (30 - 0.35 \times 3) \times 5]$

$= 461.7$（m³）

220

【例6-42】 某宿舍楼晾衣设备计600件，其尺寸如图6-41所示，计算其钢筋的定额工程量。

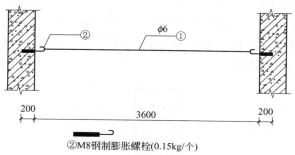

②M8钢制膨胀螺栓(0.15kg/个)

图6-41 晾衣设备尺寸示意

【解】 定额工程量：

①号钢筋：$3.6 \times 0.222 \times 600 = 479.52$（kg）

②号钢筋：$0.15 \times 2 \times 600 = 180$（kg）

①号钢筋＋②号钢筋＝$479.52 + 180 = 659.52$（kg）

套用基础定额5-382。

【例6-43】 如图6-42所示，求现浇钢筋混凝土独立基础工程量。

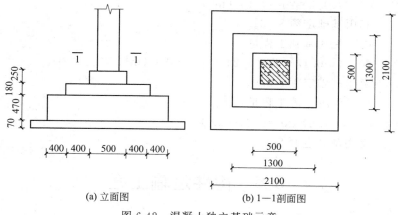

(a) 立面图   (b) 1—1剖面图

图6-42 混凝土独立基础示意

【解】 现浇钢筋混凝土独立基础工程量，应按图 6-42 所示尺寸计算其实体积。

$$V=(2.1×2.1×0.47+1.3×1.3×0.18+0.5×0.5×0.25)$$
$$=(2.07+0.304+0.0625)=2.44 （m^3）$$

【例 6-44】 如图 6-43 所示的混凝土带形基础，长度为 20m，计算其定额工程量。

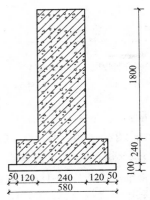

图 6-43　混凝土带形基础示意

【解】 （1）混凝土垫层工程量：

$0.58×0.1×20=1.16 （m^3）$

套用基础定额 8-16。

（2）板式基础工程量：

$(0.24+0.12×2)×0.24×20=2.30 （m^3）$

套用基础定额 5-399。

（3）混凝土墙工程量：

$0.24×1.8×20=8.64 （m^3）$

套用基础定额 5-412。

6.6　构件运输工程

【例 6-45】 根据图 6-44 所示，计算单层玻璃窗的运输工程量。

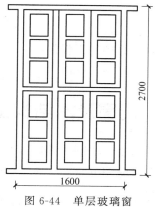

图 6-44　单层玻璃窗

【解】　木门窗的运输工程量按外框面积计算。

单层玻璃窗的运输工程量：$1.6×2.7＝4.32$（m^2）

【例 6-46】　某工程需要安装 100 块预制钢筋混凝土槽形板，槽形板如图 6-45 所示，预制厂距施工现场 8km，试计算其运输、安装工程量。

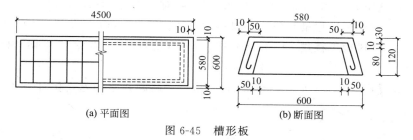

(a) 平面图　　　　　　　　　　　(b) 断面图

图 6-45　槽形板

【解】　(1) 预制钢筋混凝土槽形板体积（大棱台体积减小棱台体积）：

单体体积＝$(0.12/3)×[(0.6×4.5+0.58×4.48)+$

$\sqrt{0.6×4.5+0.58×4.48}]-(0.08/3)×$

$[(0.5×4.4+0.48×4.38)+\sqrt{0.5×4.4+0.48×4.38}]$

$=0.304-0.17=0.134$（m^3）

100 块体积为 13.4m^3。

（2）场外运输工程量：

13.4×（1+0.8%+0.5%）=13.57（m³）

（3）安装槽形板（灌缝同）工程量：

13.4×（1+0.5%）=13.47（m³）

6.7　门窗及木结构工程

【例6-47】　某建筑屋面采用木结构，如图6-46所示，屋面坡度角度为26°34′，木板材厚20mm。计算封檐板、博风板工程量。

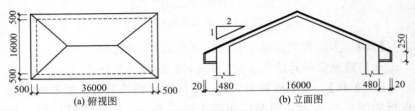

图6-46　某建筑屋面

【解】　已知屋面坡度角度为26°34′，对应的斜长系数为1.118。

封檐板工程量=（36+0.48×2）×2=73.92（m）

博风板工程量=[16+（0.48+0.02）×2]×1.118×2+0.48×4

=39.93（m）

【例6-48】　如图6-47所示木基层，刷调和漆两遍，试计算木

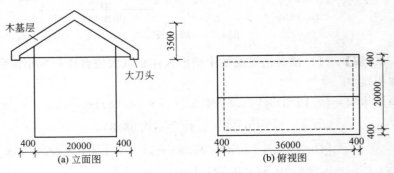

图6-47　木基层示意

基层的定额工程量。

【解】 定额工程量：

$$S=(36+0.4\times2)\times(20+0.4\times2)\times1.11=849.64 \text{（m}^2\text{）}$$

套用基础定额 7-338。

【例 6-49】 已知××酒店窗台板为英国棕花岗岩，窗台长 3.2m，如图 6-48 所示，计算其窗台板的工程量。

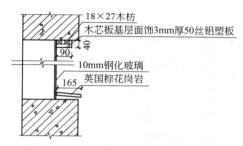

图 6-48 窗台板大样

【解】 窗台板工程量＝0.165×3.2＝0.53（m²）

【例 6-50】 如图 6-49 所示，简支方木檩条，共计 40 根，尺寸

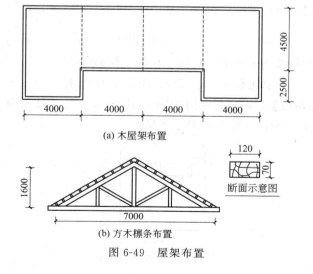

(a) 木屋架布置

(b) 方木檩条布置

图 6-49 屋架布置

225

见图 6-49，材料为杉木，刷底油一遍、调和漆两遍，计算方木檩条的定额工程量。

【解】 定额工程量：

$$V=(4.0+0.2)\times0.12\times0.07\times40=1.41(m^3)$$

方木檩条套用基础定额 7-337。

【例 6-51】 某工程普通窗上部带有半圆形窗，如图 6-50 所示，求其工程量。

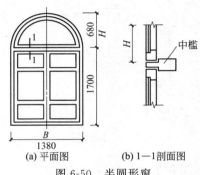

(a) 平面图　　　(b) 1—1剖面图

图 6-50 半圆形窗

【解】 (1) 半圆形窗工程量 $=\dfrac{\pi}{8}D^2=0.3927\times1.38^2$

$$=0.75(m^2)$$

(2) 普通窗工程量 $=1.38\times1.70=2.35(m^2)$

总工程量 $=0.75+2.35=3.1(m^2)$

【例 6-52】 某变电室门如图 6-51 所示，洞口尺寸为 $1.0m\times1.8m$，共 2 樘，计算其定额工程量。

图 6-51 变电室门示意

【解】 工程量＝1.0×1.8×2＝3.6（m²）

套用基础定额 7-163。

【例 6-53】 已知某汽车维修车间门为卷闸门，如图 6-52 所示，经安装时测量，卷筒罩展开面积为 2.8m²，试计算其工程量。

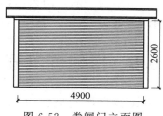

图 6-52　卷闸门立面图

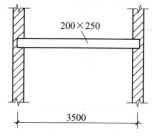

图 6-53　某工程方木梁示意

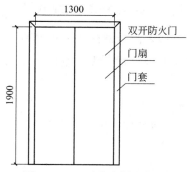

图 6-54　双开防火门立面图

【解】 工程量＝4.9×2.6＋2.8＝15.54（m²）

【例 6-54】 某工程采用方木梁，尺寸如图 6-53 所示，刷底油一遍、调和漆两遍，试计算方木梁的定额工程量。

【解】 工程量＝0.25×0.2×3.5＝0.18（m³）

方木梁套用基础定额 7-355。

【例 6-55】 图 6-54 所示为一双开防火门，试计算其工程量。

【解】 工程量＝1.3×1.9＝2.47（m²）

6.8 楼地面工程

【例 6-56】 某材料试验室地面垫层为 C20 混凝土厚 150mm，根据图 6-55 所示尺寸计算垫层工程量（墙厚均为 240mm）。

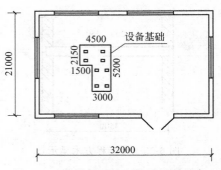

图 6-55 某材料试验室地面垫层示意

【解】 地面垫层按室内主墙间净空面积乘以设计厚度以 m³ 计算。应扣除突出地面的构筑物、设备基础、室内铁道、地沟等所占面积。

（1）室内净面积：

$$S_净＝(21.0－0.24)×(32.0－0.24)＝20.76×31.76$$
$$＝659.34（m²）$$

（2）设备基础所占面积：

$$S_备＝4.5×5.2－1.5×(5.2－2.15)＝23.4－4.575$$

$$=18.83 \ (\mathrm{m}^2)$$

（3）C20 混凝土垫层体积

$$V_{垫}=(659.34-18.83)×0.15=96.08 \ (\mathrm{m}^3)$$

【例 6-57】 试计算如图 6-56 所示的花岗岩楼梯装饰面层的工程量（有走道墙的楼梯）。

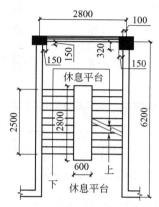

图 6-56 花岗岩楼梯装饰面层

【解】 工程量$=6.2×(2.8-0.1×2)-0.15×0.15-0.32×$
$$0.15-0.6×2.8=14.37 \ (\mathrm{m}^2)$$

【例 6-58】 图 6-57 所示为一花岗岩台阶，试计算其装饰面层的工程量。

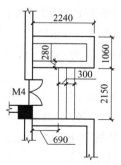

图 6-57 花岗岩台阶装饰面层

229

【解】 工程量＝2.15×(0.3×2＋0.3)＝1.94（m²）

【例 6-59】 图 6-58 所示为一房间平面图，试计算此房间铺贴大理石的工程量。

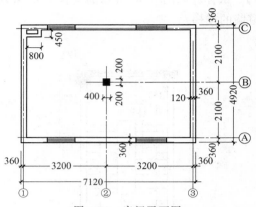

图 6-58 房间平面图

【解】 ①～③长的净尺寸：3.2＋3.2－0.12×2＝6.16（m²）

Ⓐ～Ⓒ宽的净尺寸：2.1＋2.1－0.12×2＝3.96（m²）

烟道面积：0.8×0.45＝0.36（m²）

柱面积：0.4×0.4＝0.16（m²）

（1）铺贴大理石地面面层的工程量为：

6.16×3.96－0.36－0.16＝23.87（m²）

（2）现浇水磨石整体面层的工程量为：

6.16×3.96－0.36＝24.03（m²）

【例 6-60】 图 6-59 所示为一蹲台，试计算其装饰面层的工程量。

【解】 工程量＝(2.7＋0.05)×(1.06＋0.05)＋(2.7＋
1.06＋0.05×2)×0.135＝3.57（m²）

【例 6-61】 某酒店装饰工程大堂花岗岩地面部分施工，尺寸如图 6-60 所示，试计算其工程量。

230

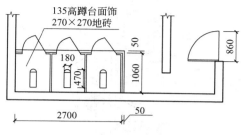

图 6-59 蹲台装饰面层

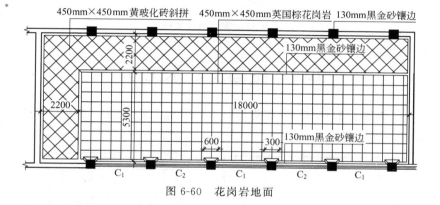

图 6-60 花岗岩地面

【解】 (1) 450mm×450mm 英国棕花岗岩面积：

$(18-0.13)×(5.3-0.13)-0.6×0.13×6=91.92$ （m²）

(2) 450mm×450mm 黄玻化砖斜拼面积：

$(18+2.2-0.13×2)×2.2+5.3×2.2=55.53$ （m²）

(3) 130mm 黑金砂镶边面积：

$(18+2.2)×(5.3+2.2)-91.92-55.53-0.3×0.13×6=$
3. 82 （m²）

【例 6-62】 已知××楼梯，如图 6-61 所示，试计算其扶手及弯头的工程量（最上层弯头不计）。

【解】 扶手工程量 $=\sqrt{0.28^2+0.13^2}×8×2=4.94$ （m）

弯头工程量 $=3$ 个

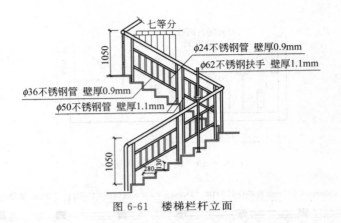

图 6-61 楼梯栏杆立面

6.9 屋面及防水工程

【**例 6-63**】 如图 6-62 所示，求不保温二毡三油一砂卷材防水屋面的工程量。

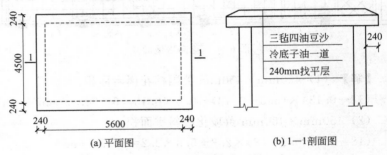

(a) 平面图　　　　　　(b) 1—1 剖面图

图 6-62 平面层防水工程

【**解**】 工程量＝(5.6＋0.24×2)×(4.5＋0.24×2)
　　　　　＝30.28（m³）

【**例 6-64**】 如图 6-63 所示的墙基，采用苯乙烯涂料两遍，试计算该涂膜防水的定额工程量。

【**解**】 （1）外墙基的工程量：

(7.0＋6.5＋7.0＋6.5＋5.0)×2×0.36＝23.04（m²）

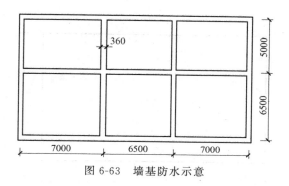

图 6-63　墙基防水示意

（2）内墙基的工程量：

$[(7.0 \times 2 + 6.5 - 0.36) + (5.0 - 0.36) \times 2 + (6.5 - 0.36) \times 2] \times 0.36 = 15.01$（m²）

（3）总的预算工程量：

$23.04 + 15.01 = 38.05$（m²）

套用基础定额 9-92。

【例 6-65】　某仓库如图 6-64 所示，地面抹防水砂浆五层，求工程量。

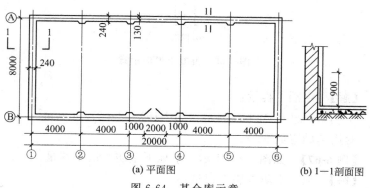

(a) 平面图　　　　　　(b) 1—1剖面图

图 6-64　某仓库示意

【解】　地面抹防水砂浆五层工程量＝$(20 - 0.24) \times (8 - 0.24)$

$= 153.34$（m³）

【例 6-66】　图 6-65 所示为混凝土檐沟，试计算其定额工程量。

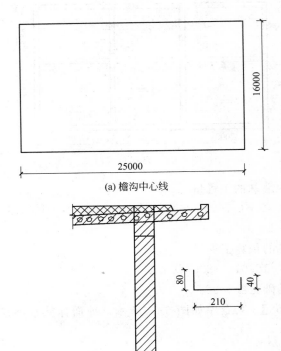

(a) 檐沟中心线

(b) 檐沟

图 6-65 混凝土檐沟示意

【解】 定额工程量：

$S = (0.08 + 0.21 + 0.04) \times (25 + 16) \times 2 = 27.06$ （m²）

套用基础定额 9-57。

【例 6-67】 如图 6-66 所示，求地下室防水层工程量。

【解】 地下室防水层工程量：

底面防水 $= 11.0 \times 6.6 = 72.6$ （m²）

立面防水 $= (11.0 + 6.6) \times 2 \times 1.2 + (11.0 - 0.12 + 6.6 - 0.12) \times$
$\qquad\qquad 2 \times 0.12 + (11.0 - 0.24 + 6.6 - 0.24) \times 2 \times 2.75$

$\qquad\quad = 42.24 + 4.17 + 94.16 = 140.57$ （m²）

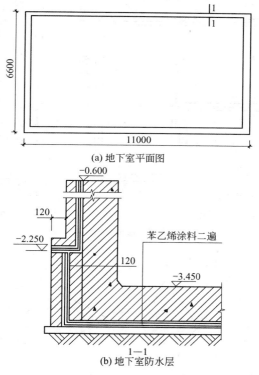

图 6-66　某工程地下室防水层示意

注：图（a）中标注尺寸为外围尺寸

【例 6-68】　某工程地面采用抹灰砂浆 5 层防水，计算数据如图 6-67 所示，试计算其定额工程量。

【解】　定额工程量：

$$S = (8.5 - 0.24) \times (17 - 0.24) + 15 \times (9.5 - 0.24) +$$
$$[(23.5 - 0.24) \times 2 + (17 - 0.24) + (9.5 - 0.24) +$$
$$7.5] \times 0.4 = 309.35 \ (\text{m}^2)$$

套用基础定额 9-112。

【例 6-69】　根据图 6-68 中尺寸，计算六坡水（正六边形）屋面的斜面面积。

235

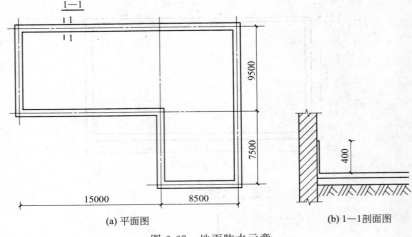

(a) 平面图   (b) 1—1剖面图

图 6-67　地面防水示意

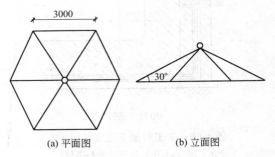

(a) 平面图   (b) 立面图

图 6-68　六坡水屋面示意

【解】　查表 6-2 可知，$C=1.1547$。

屋面斜面面积＝水平面积×延尺系数 C

$$=\frac{3}{2}\times\sqrt{3}\times3.0^{2}\times1.1547=27.00\ (\mathrm{m}^{2})$$

表 6-2　屋面坡度系数

坡度 $B(A=1)$	坡度 $B/2A$	坡度角度(α)	延尺系数($A=1$)	隔延尺系数($A=1$)
1	1/2	45°	1.4142	1.7321
0.75	—	36°52′	1.2500	1.6008

坡度 $B(A=1)$	坡度 $B/2A$	坡度角度(α)	延尺系数($A=1$)	隔延尺系数($A=1$)
0.70	—	35°	1.2207	1.5779
0.666	1/3	33°40′	1.2015	1.5620
0.65	—	33°01′	1.1926	1.5564
0.60	—	30°58′	1.1662	1.5362
0.577	—	30°	1.1547	1.5270
0.55	—	28°49′	1.1413	1.5170
0.50	1/4	26°34′	1.1180	1.5000
0.45	—	24°14′	1.0966	1.4839
0.40	1/5	21°48′	1.0770	1.4697
0.35	—	19°17′	1.0594	1.4569
0.30	—	16°42′	1.0440	1.4457
0.25	—	14°02′	1.0308	1.4362
0.20	1/10	11°19′	1.0198	1.4283
0.15	—	8°32′	1.0112	1.4221
0.125	—	7°8′	1.0078	1.4191
0.100	1/20	5°42′	1.0050	1.4177
0.083	—	4°45′	1.0035	1.4166
0.066	1/30	3°49′	1.0022	1.4157

注：1. 两坡排水屋面面积为屋面水平投影面积乘以延尺系数 C。

2. 四坡排水屋面斜脊长度 $=AD$（当 $S=A$ 时）。

3. 沿山墙泛水长度 $=AC$。

【例 6-70】 一屋面防水层为再生橡胶卷材，其详图及尺寸如图 6-69 所示，试计算其定额工程量。

【解】 工程量＝屋面平面面积＋女儿墙处弯起面积

$$=(16-0.24)\times(8.5-0.24)+(8.5-0.24+$$
$$16-0.24)\times2\times0.3=144.59 （m^2）$$

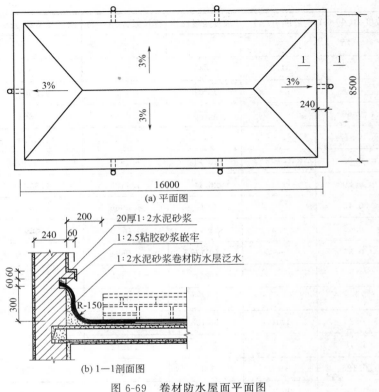

(a) 平面图

20厚1：2水泥砂浆
1：2.5粘胶砂浆嵌牢
1：2水泥砂浆卷材防水层泛水

R-150

(b) 1—1剖面图

图 6-69　卷材防水屋面平面图

套用基础定额 9-91。

6.10　防腐、保温、隔热工程

【例 6-71】　某仓库防腐地面、踢脚线抹铁屑砂浆，厚度 20mm，如图 6-70 所示，计算防腐砂浆工程量。

【解】　防腐工程项目，应区分不同防腐材料种类及其厚度，按设计实铺面积以 m² 计算。应扣除凸出地面的构筑物、设备基础等所占面积，砖垛等突出墙面部分按展开面积计算后并入墙面防腐工程量之内。

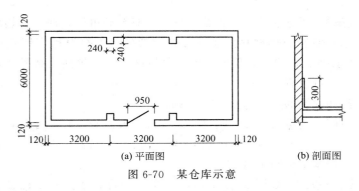

图 6-70　某仓库示意

踢脚板按实铺长度乘以高度以 m² 计算，应扣除门洞所占面积并相应增加侧壁展开面积。

地面防腐砂浆工程量 $=(9.60-0.24)\times(6.00-0.24)$
$$=53.91\ (\text{m}^3)$$

踢脚线防腐砂浆工程量 $=[(9.60-0.24+0.24\times4+6.00-$
$$0.24)\times2-0.95+0.12\times2]\times0.3$$
$$=9.44\ (\text{m}^3)$$

【例 6-72】　如图 6-71 所示，屋面顶棚是聚苯乙烯塑料板（1000mm×150mm×50mm）的保温面层，计算顶棚保温隔热面层的定额工程量。

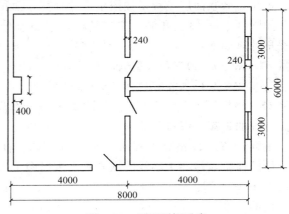

图 6-71　屋面顶棚示意

【解】 根据建筑工程预算工程量计算规则可知，保温隔热层应区别不同保温隔热材料，除另有规定者外，均按设计实铺厚度以"m³"计算，保温隔热层的厚度以隔热材料（不包括胶结材料）的净厚度进行计算。

已知顶棚的厚度为 0.05m，则：

顶棚工程量＝[(4.0－0.24)×(6.0－0.24)＋(4.0－0.24)×
(3.0－0.24)×2]×0.05＝2.12 (m³)

套用基础定额 10-206。

【例 6-73】 如图 6-72 所示，计算重晶石砂浆面层工程量（重晶石砂浆面层的厚度为 70mm）。

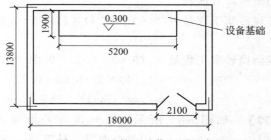

图 6-72　重晶石砂浆面层示意

【解】 重晶石砂浆面层工程量按图示尺寸计算，面积以平方米为单位，并扣除 0.3m² 以上孔洞，突出地面的设备基础等所占面积，其工程量计算如下：

工程量＝[(18－0.24)×(13.8－0.24)－1.9×5.2＋
0.12×2.1]×0.07＝16.18 (m³)

【例 6-74】 根据图 6-73 所示尺寸，计算 5.0m 聚苯乙烯泡沫塑料板保温方柱的定额工程量。

【解】 根据建筑工程预算工程量计算规则可知，柱保温隔热层，按图示柱的保温隔热层中心线的展开长度乘以图示尺寸高度及厚度以"m³"计算，则：

保温方柱的长度＝(0.5＋0.03×2＋0.015×2)×4＝2.36 (m)

保温方柱的工程量：

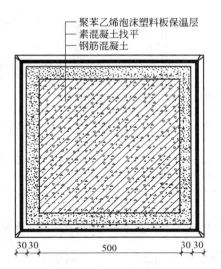

聚苯乙烯泡沫塑料板保温层
素混凝土找平
钢筋混凝土

图 6-73　保温方柱示意

$2.36 \times 5.0 \times 0.3 = 3.54$（$m^3$）

套用基础定额 10-224。

6.11　装 饰 工 程

【例 6-75】　已知一圆柱，高为 2.6m，如图 6-74 所示，试计算挂贴柱面花岗岩及成品花岗岩线条工程量。

【解】　挂贴花岗岩柱的工程量 $= 3.14 \times 0.45 \times 2.6 = 3.67$（$m^2$）

挂贴花岗岩零星项目 $= 3.14 \times (0.45 + 0.07 \times 2) \times 2 + 3.14 \times$
$(0.45 + 0.035 \times 2) \times 2 = 6.97$（m）

【例 6-76】　某外墙面水刷石立面如图 6-75 所示，柱垛侧面宽 120mm，计算其抹灰工程量。

【解】　抹灰工程量 $= 4.6 \times (3.2 + 3.8) - 3.2 \times 1.7 - 1.5 \times$
$2.0 + (0.72 + 0.12 \times 2) \times 4.6$
$= 28.18$（m^2）

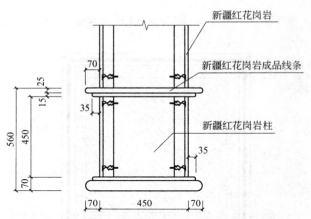

图 6-74　挂贴柱面花岗岩及成品花岗岩线条大样图

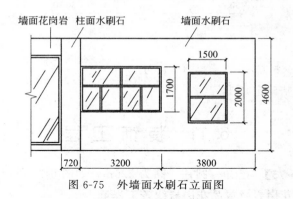

图 6-75　外墙面水刷石立面图

【例 6-77】　图 6-76 所示为一酒店包房吊顶，试计算其吊顶面层工作量。

【解】　顶棚面层工作量＝(5.25－0.08－0.13)×(3.4－0.08×2)

　　　　　　　＝16.33（m²）

窗帘盒面积＝0.12×(3.4－0.08×2)＝0.39（m²）

展开面积＝[(2.67－2.58)＋(2.8－2.67)＋

　　　　　0.13＋0.07]×(3.4－0.08×2)

　　　　＝1.36（m²）

242

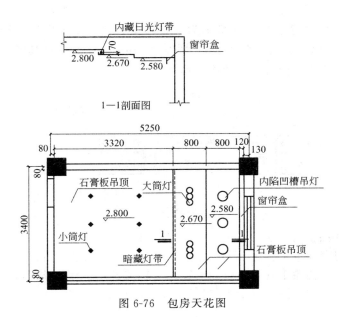

图 6-76　包房天花图

天棚面层实际工程量＝16.33－0.39＋1.36＝17.30（m²）

【**例 6-78**】　某砖结构柱子如图 6-77 所示，柱高 3.0m，计算柱面水泥砂浆的工程量。

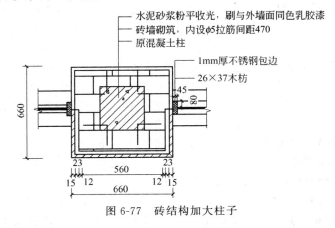

图 6-77　砖结构加大柱子

【**解**】　工程量＝0.66×4×3.0＝7.92（m²）

【例 6-79】 图 6-78 所示为一办公楼会议室双开门节点图，门洞尺寸为宽 1.2m×高 2.1m，墙厚 240mm，分别计算其门套、门贴脸、门扇、门线条的油漆工程量。

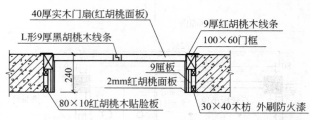

图 6-78　会议室双开门节点

【解】 门扇油漆工程量＝1.2×2.1＝2.52（m²）

门套油漆工程量＝0.24×(1.2+2.1×2)＝1.30（m²）

贴脸油漆工程量＝(1.2+2.1×2)×2×0.35＝3.78（m²）

胡桃木油漆工程量＝[(1.2+2.1×2)+2.1×2]×0.35
　　　　　　　　＝3.36（m）

【例 6-80】 某房屋如图 6-79 所示，外墙为混凝土墙面，设计为水刷白石子（10mm 厚水泥砂浆 1：3，8mm 厚水泥白石子浆 1：1.5），计算所需工程量。

【解】 工程量＝(7.1+0.1×2+5.3+0.1×2)×2×
　　　　　　(3.98+0.28)−1.6×1.6×4−0.80×2.40
　　　　　　＝96.90(m²)

【例 6-81】 ××仓库窗扇装有防盗钢窗栅，四周外框及两横挡位 30×30×2.5 角钢，30 角钢 1.18kg/m，中间为 26 根 φ8 钢筋，φ8 钢筋 0.395kg/m，如图 6-80 所示，试计算油漆工程量（已知计算窗栅的工程量时，需乘以 1.71）。

【解】 30 角钢长度＝1×4+1.9×2＝7.8（m）

φ8 钢筋长度＝1.9×26＝49.4（m）

质量＝1.18×7.8+0.395×49.4＝28.72（kg）

窗栅油漆工程量＝28.72×1.71＝49.11（kg）＝0.049（t）

【例 6-82】 图 6-81 所示为××卫生间，试计算其镜面不锈钢装饰线、石材装饰线、镜面玻璃的工程量。

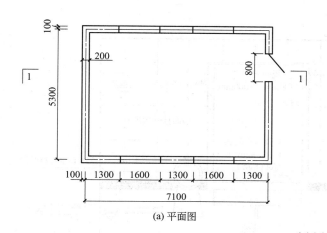

(a) 平面图

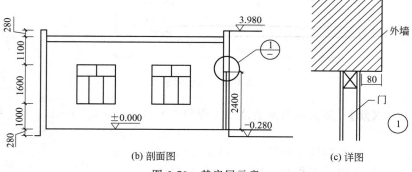

(b) 剖面图

(c) 详图

图 6-79 某房屋示意

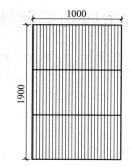

图 6-80 防盗窗窗栅立面图

245

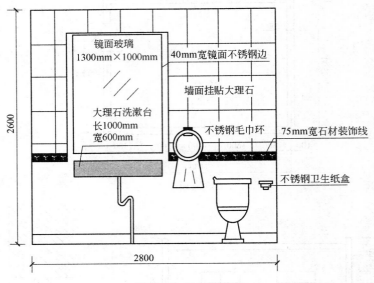

图 6-81 卫生间示意

【解】 镜面不锈钢装饰线工程量＝2×(1+2×0.04+1.3)
　　　　　　　　　　　　　　＝4.76（m）

石材装饰线工程量＝3-(1+0.04×2)=1.92（m）

镜面玻璃工程量＝1×1.3=1.3（m²）

6.12　金属结构制作工程

【例 6-83】　如图 6-82 所示，计算钢屋架工程量。

【解】　屋架上弦工程量＝6.35×2×6.568=83.41（kg）

屋架下弦工程量＝8.6×13.532=116.38（kg）

连接板工程量＝0.675×0.39×62.8=16.53（kg）

屋架工程量＝83.41+116.38+16.53=216.32（kg）=0.216（t）

【例 6-84】　某钢直梯如图 6-83 所示，φ28 光面钢筋线密度为
4.834kg/m，试计算其工程量。

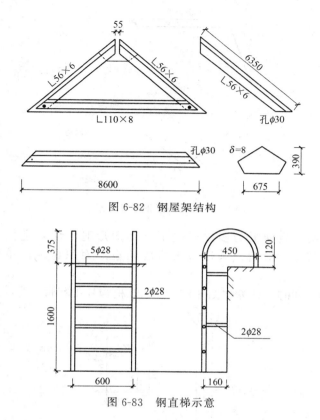

图 6-82　钢屋架结构

图 6-83　钢直梯示意

【解】　钢直梯工程量＝[(1.60＋0.12×2＋0.45×3.1416÷2)×
　　　　　　　　2＋(0.60－0.028)×5＋(0.16－0.014)×
　　　　　　　　4]×4.834＝41.27（kg）＝0.041（t）

【例 6-85】　厚度为 8mm、边长不等的不规则五边形钢板，如
图 6-84 所示，其施工图预算工程量为多少？

【解】　钢板的计算面积以其最大对角线乘以最大宽度的矩形面积。

最大对角线为 $BD＝\sqrt{2^2＋9^2}＝9.22$（m）

$S＝9.22×6＝55.32$（m²）

预算工程量为：

$62.8×55.32＝3474.10$（kg）＝3.47（t）

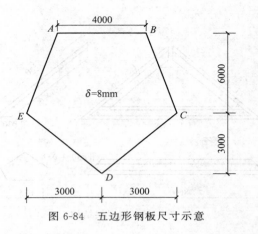

图 6-84　五边形钢板尺寸示意

说明：当钢板为多边形或不规则图形时，计算定额工程量时，以其最大对角线乘以最大宽度的矩形面积再乘以单位理论质量。

【例 6-86】　计算如图 6-85 所示 20 根钢柱工程量。

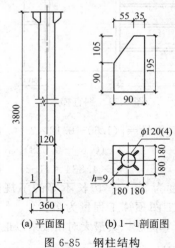

(a) 平面图　　(b) 1—1剖面图

图 6-85　钢柱结构

【解】　(1) 方形钢板（$\delta=8$）

每平方米质量$=7.85\times8=62.8$（kg/m^2）

钢板面积$=0.36\times0.36=0.13$（m^2）

248

质量小计＝62.8×0.13×2(2 块)＝16.33 （kg）

（2）不规则钢板（$\delta=6$）

每平方米质量＝7.85×6＝47.1 （kg/m²）

钢板面积＝0.195×0.09＝0.018 （m²）

质量小计＝47.1×0.018×8(8 块)＝6.78 （kg）

（3）钢管质量＝(3.2－0.009×2)(长度)×10.26(每米质量)

　　　　　　＝32.65 （kg）

（4）20 根钢柱质量＝(16.33＋6.78＋32.65)×20

　　　　　　　　＝1115.2 （kg）

【例 6-87】 如图 6-86 所示，室外地坪为－0.4m，水斗下口标高为 18.50m，设计水落管共 30 根，计算铁皮排水工程量。

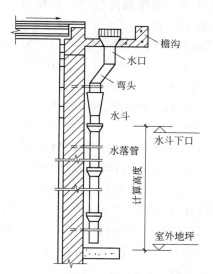

图 6-86　水落管计算示意

【解】 铁皮水落工程量＝0.32×(18.5＋0.4)×30

　　　　　　　　＝181.44 （m²）

雨水口工程量＝0.45×30＝13.5 （m²）

水斗工程量＝0.4×30＝12 （m²）

工程量＝181.44＋13.5＋12＝206.94 （m²）

7 安装工程预算实例

7.1 电气设备安装工程

【例7-1】 油浸电力变压器 SL_1-1000kV・A/10kV 两台安装，变压器需做干燥处理，绝缘油需过滤，铁梯扶手等构件制作、安装。试计算其定额工程量。

【解】 （1）油浸电力变压器安装，SL_1-1000kV・A/10kV

① 人工费：470.67×2＝941.34（元）

② 材料费：245.43×2＝490.86（元）

③ 机械费：348.44×2＝696.88（元）

（2）变压器干燥

① 人工费：456.04×2＝912.08（元）

② 材料费：853.53×2＝1707.06（元）

③ 机械费：36.57×2＝73.14（元）

（3）干燥棚搭拆（1座）

① 人工费：510×1＝510（元）

② 材料费：1190×1＝1190（元）

（4）变压器油过滤（1.42t）

① 人工费：78.48×1.42＝111.44（元）

② 材料费：219.56×1.42＝311.78（元）

③ 机械费：328.10×1.42＝465.9（元）

（5）铁梯扶手等构件制作、安装（5.0kg）

① 人工费：（2.51＋1.63）×5.0＝20.7（元）

② 材料费：（1.32＋2.44）×5.0＝18.8（元）

③ 机械费：$(4.14＋2.54)×5.0＝33.4$（元）

（6）综合

直接费合计：7483.38 元

管理费：$7483.38×35\%＝2619.18$（元）

利润：$7483.38×5\%＝374.17$（元）

总计：$7483.38＋2619.18＋374.17＝10476.73$（元）

综合单价：$10476.73÷2＝5238.37$（元）

【例 7-2】 已知某车间总动力配电箱引出三路管线至三个分动力箱，各动力箱尺寸（高×宽×深）为总箱 1800mm×800mm×700mm；①、②号箱 900mm×700mm×500mm；③号箱 800mm×600mm×500mm。总动力配电箱至①号动力箱的供电干线为（3×35＋1×18）G50，管长 6.5m；至②号动力箱的供电干线为（2×25＋1×16）G40，管长 7.0m；至③号箱为（3×16＋2×10）G32，管长 8.0m，试计算此工程各种截面的管内穿线定额工程。

【解】 依据配电箱安装定额工程量计算规则，此工程各截面的管内穿线数量如下。

（1）35mm^2 导线长度

$(6.5＋1.8＋0.8＋0.9＋0.7)×3＝32.1$（m）

（2）18mm^2 导线长度

$(6.5＋1.8＋0.8＋0.9＋0.7)×1＝10.7$（m）

（3）25mm^2 导线长度

$(6.8＋1.8＋0.8＋0.9＋0.7)×2＝22$（m）

（4）16mm^2 导线长度

$(6.8＋1.8＋0.8＋0.9＋0.7)×1＋(8.0＋1.8＋0.8＋0.6＋0.8)×3＝47$（m）

（5）10mm^2 导线长度

$(8.0＋1.8＋0.8＋0.6＋0.8)×2＝24$（m）

【例 7-3】 某工程设计要求直流盘 4 块，信号盘 2 块，共计 6 块，盘宽 900mm，安装 18 根小母线。试计算小母线安装总长度。

【解】 总长度 $＝6×0.9×18＋18×6×0.05＝102.6$（m）

251

工程量＝102.6÷10＝10.26（m）

【例 7-4】 如图 7-1 所示，各设备分别由 HHK、QZ、QC 控制。试计算此调试工程定额工程量。

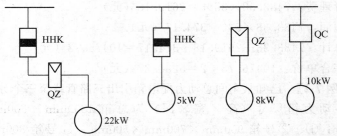

(a) 电动机磁力启动器控制(一) (b) 电动机刀 (c) 电动机磁力 (d) 电动机电磁
开关控制 启动器控制(二) 启动器控制

图 7-1 低压交流异步电动机

【解】 依据低压熔断器安装定额工程量计算规则，此工程调试定额工程量分别如下。

（1）电动机磁力启动器控制调试：1 台；电动机检查接线 22kW：1 台。

（2）电动机刀开关控制调试：1 台；电动机检查接线 5kW：1 台。

（3）电动机磁力启动器控制调试：1 台；电动机检查接线 8kW：1 台。

（4）电动机电磁启动器控制调试：1 台；电动机检查接线 10kW：1 台。

【例 7-5】 图 7-2、图 7-3 所示为××工程电气动力滑触线安装工程图，滑触线支架∟50×50×5，每米重 3.77kg，采用螺栓固

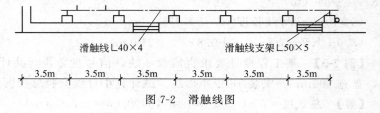

滑触线∟40×4　　　　　滑触线支架∟50×5

3.5m　3.5m　3.5m　3.5m　3.5m　3.5m

图 7-2 滑触线图

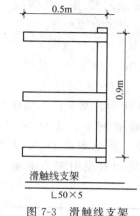

图 7-3　滑触线支架

定；滑触线∟40×40×4，每米重 2.422kg，两端设置指示灯。试计算其定额工程量。

【解】　（1）基本工程量

① 滑触线安装∟40×40×4：（3.5×5+1+1）×3=58.5（m）

② 滑触线支架制作∟50×50×5：

3.77×（0.9+0.5×3）×6=54.29（kg）

③ 滑触线支架安装∟50×50×5：6 副

④ 滑触线指示灯安装：2 套

（2）定额工程量

① 滑触线安装∟40×40×4。套用《全国统一安装工程预算定额（第二册）》（GYD-202—2000）2-491。

a. 人工费：58.5/100×417.96=244.51（元）

b. 材料费：58.5/100×119.83=70.1（元）

c. 机械费：58.5/100×39.24=22.96（元）

② 滑触线支架安装。套用《全国统一安装工程预算定额（第二册）》（GYD-202—2000）2-504。

a. 人工费：6/10×81.27=48.76（元）

b. 材料费：6/10×988.32=592.99（元）

③ 滑触线指示灯安装。套用《全国统一安装工程预算定额（第二册）》（GYD-202—2000）2-508。

a. 人工费：$2/10 \times 5.8 = 1.16$（元）

b. 材料费：$2/10 \times 39.49 = 7.9$（元）

c. 机械费：$2/10 \times 0.71 = 0.14$（元）

【例7-6】 如图7-4所示，某工厂车间电源配电箱DLX（2m×1m）安装在15号基础槽钢上，车间内另设备用配电箱一台（1m×0.8m）墙上暗装，其电源由DLX以2R-VV4×50+1×16穿电镀管DN90mm沿地面敷设引来（电缆、电镀管长35m）。试计算其定额工程量。

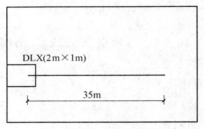

图7-4 配电箱安装示意

【解】 （1）基本工程量

① 铜芯电力电缆敷设：$(35 + 2 \times 2 + 1.5 \times 2) \times (1 + 2.5\%) = 43.05$(m)

注：电缆进出配电箱的预留长度为2m/台；电缆终端头的预留长度为1.5m/个；2.5%为电缆敷设的附加长度系数。

② 干包终端头制作：2个。

（2）定额工程量

① 铜芯电力电缆敷设。套用《全国统一安装工程预算定额（第二册）》（GYD-202—2000）2-618。

a. 人工费：$163.24/100 \times 43.05 = 70.27$（元）

b. 材料费：$164.03/100 \times 43.05 = 70.61$（元）

c. 机械费：$5.15/100 \times 43.05 = 2.22$（元）

② 干包终端头制作。套用《全国统一安装工程预算定额（第二册）》（GYD-202—2000）2-626。

a. 人工费：$12.77 \times 2 = 25.54$（元）

b. 材料费：$67.14 \times 2 = 134.28$（元）

【例7-7】 如图7-5所示，电缆自N_2电杆（12m）引下入地埋设引至5号厂房N_2动力箱，动力箱高2.1m，宽0.9m。试计算工程量。

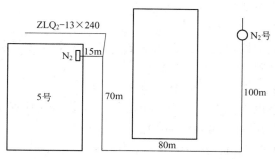

图 7-5 电缆埋设示意

【解】 （1）基本工程量

① 电缆沟挖填土方量：$2.28 + 100 + 80 + 70 + 15 + 2.28 + 0.4 = 269.96$（m）

$269.96 \times 0.45 = 121.48$（m³）

注：2.28m为电缆沟拐弯时应预留的长度，0.4m为从室外进入室内到动力箱N_2的距离。

② 电缆埋设工程量：$2.28 + 100 + 80 + 70 + 15 + 2.28 + 2 \times 0.8 + 0.4 + 3.0 = 274.56$（m）。

注：2.28m为电缆沟拐弯时电缆应预留的长度，共拐了2个弯；3.0m为动力箱宽+高；0.4m为从室内到动力箱N_2的长度；0.8m为从电杆引入电缆沟预留的长度或电缆进入建筑物预留的长度。

③ 电缆沿杆卡设：$10 + 1$（杆上预留长）$= 11$（m）

④ 电缆保护管敷设：1 根

⑤ 电缆铺砂盖砖：$2.28 + 100 + 80 + 70 + 15 + 2.28 =$

269.56（m）

⑥ 室外电缆头制作：1 个。

⑦ 室内电缆头制作：1 个。

⑧ 电缆试验：2 次/根。

⑨ 电缆沿杆上敷设支架制作：3 套（18kg）。

⑩ 电缆进建筑物密封：1 处。

⑪ 动力箱安装：1 台。

⑫ 动力箱基础槽钢 8 号：2.2m。

（2）定额工程量

① 电缆沟挖填土方。套用《全国统一安装工程预算定额（第二册）》（GYD-202—2000）2-521。

人工费：12.07×121.48＝1466.26（元）

② 铜芯电力电缆。套用《全国统一安装工程预算定额（第二册）》（GYD-202—2000）2-619。

a. 人工费：294.20/100×274.56＝807.76（元）

b. 材料费：272.27/100×274.56＝747.54（元）

c. 机械费：36.04/100×274.56＝98.95（元）

③ 电缆铺砂盖砖。套用《全国统一安装工程预算定额（第二册）》（GYD-202—2000）2-529。

a. 人工费：145.13/100×269.56＝391.21（元）

b. 材料费：648.86/100×269.56＝1749.07（元）

【例 7-8】 某电缆工程，采用电缆沟直埋铺砂盖砖，电缆均用 VV_{29}（4×50＋2×16），进建筑物时电缆穿管 SC80，动力配电箱都是从 1 号配电室低压配电柜引入，沟深 1.5m，如图 7-6 所示。试计算定额工程量。

【解】 （1）基本工程量

① 电缆沟铺砂盖砖工程量：45＋35＋65＋20＋25＋45＋15＝250（m）

② 每增加一根电缆的铺砂盖砖工程量：5×45＋5×65＋45＝595（m）

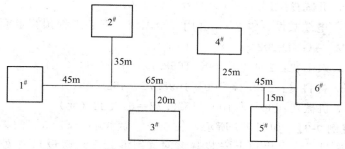

图 7-6　某电缆工程平面图

③ 密封保护管工程量：$2 \times 5 = 10$ （根）

④ 电缆敷设工程量。一根：$(45 + 65 + 45 + 35 + 20 + 25 + 15 + 2 + 1.5 \times 6 + 4 \times 2.28 + 5 \times 2 + 1.5 \times 2) = 283.12$ （m）

共 6 根，则工程量为 $283.12 \times 6 = 1698.72$ （m）

注：1. 做预算时，中间头的预留量暂不计算。

2. 电缆敷设工程要考虑在各处的预留长度，不考虑电缆的施工损耗。电缆进出低压配电室各预留 2m；电缆进建筑物预留 2m；电缆进动力箱预留 1.5m；电缆进出电缆沟两端各预留 1.5m；电缆敷设转弯，每个转弯处预留 2.28m。

（2）定额工程量

① 电缆沟铺砂盖砖。套用《全国统一安装工程预算定额（第二册）》（GYD-202—2000）2-529。

a. 人工费：$145.13/100 \times 250 = 362.83$ （元）

b. 材料费：$648.86/100 \times 250 = 1622.15$ （元）

② 每增加一根。套用《全国统一安装工程预算定额（第二册）》（GYD-202—2000）2-530。

a. 人工费：$38.78/100 \times 595 = 230.74$ （元）

b. 材料费：$260.12/100 \times 595 = 1547.71$ （元）

③ 密封保护管安装。套用《全国统一安装工程预算定额（第二册）》（GYD-202—2000）2-539。

a. 人工费：$130.50/10 \times 10 = 130.50$ （元）

b. 材料费：$100.54/10 \times 10 = 100.54$ （元）

c. 机械费：10.70/10×10＝10.70（元）

④ 电缆敷设（铜芯）。套用《全国统一安装工程预算定额（第二册）》(GYD-202—2000) 2-619。

a. 人工费：294.20/100×1698.72＝4997.63（元）

b. 材料费：272.27/100×1698.72＝4625.1（元）

c. 机械费：36.04/100×1698.72＝612.22（元）

【例 7-9】 如图 7-7 所示，长 50m、宽 30m、高 25m 的某小区的某幢职工楼在房顶上安装避雷网（用混凝土块敷设），3 处引下与一组接地极（5 根）连接。试计算工程量及套用定额。

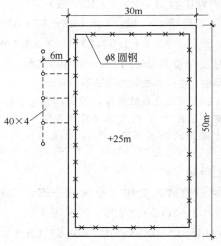

图 7-7　避雷网平面图

【解】 （1）基本工程量

① 避雷网线路长：50×2＋30×2＝160（m）

注：避雷网沿着屋顶装设外，在屋顶上面还用圆钢或扁钢纵横连接成网。在屋顶的沉降处应多留 100～200mm，避雷网必须经 1～2 根引下线与接地装置可靠地连接。

② 避雷引下线：（1＋25）×3－2×3＝72（m）

注：接地引下线，它是将接受的雷电流引向地下装置的导线体，一般用 ϕ6mm 以上的圆钢制作，其位置根据建筑物的大小和形状由设计决定，一般

不少于两根。式中 25m 为建筑物高度，1m 为从屋顶向下引应预留的长度，且有 3 根引下线；引下线从屋顶往下引时，不一定是从建筑物最高处向下引，应减去 2m 的长度。

③ 接地极挖土方：$(6\times3+6\times4)\times0.36=15.12$（$m^3$）

注：引下线与接地极，接地极与接地极之间都需连接，共挖了 7 个沟，每个沟长度为 6m，且每米土方量为 $0.36m^3$。

④ 接地极制作安装：5 根（钢管 $\phi50mm$，$L=25m$）

⑤ 接地母线埋设：$6\times4+0.5\times2+6\times3+0.8\times3=45.4$（m）

注：接地母线包括接地极之间的连接线以及与各设备的连接线。式中 0.8m 是引下线与接地母线相接时接地母线应预留的长度。根据接地干线的末端，必须高出地面 0.5m 的规定，所以接地母线加上 0.5m，6 为接地母线中每段的长度，共 7 段母线。

⑥ 端接卡子制作安装：$3\times1=3$（套）

注：每段引线有一套断接卡子。

⑦ 断接卡子引线：$3\times1.5=4.5$（套）

注：《全国统一安装工程预算定额》中规定：距地 1.5m 处设断接卡子，则断接卡子引线为 1.5m，有 3 根。

⑧ 混凝土块制作：避雷网线路总长÷1（混凝土块间隔）$=160÷1=160$（个）

⑨ 接地电阻测验：1 次。

（2）定额工程量

① 避雷网安装：16（10m）。套用《全国统一安装工程预算定额（第二册）》（GYD-202—2000）2-748。

a. 人工费：$21.36\times16=341.76$（元）

b. 材料费：$11.41\times16=182.56$（元）

c. 机械费：$4.64\times16=74.24$（元）

② 混凝土块制作：16（10 块）。套用《全国统一安装工程预算定额（第二册）》（GYD-202—2000）2-750。

③ 避雷引下线安装：7.2（10m）。套用《全国统一安装工程预算定额（第二册）》（GYD-202—2000）2-747。

a. 人工费：$83.59\times7.2=601.85$（元）

b. 材料费：$36.14 \times 7.2 = 260.21$（元）

c. 机械费：$0.15 \times 7.2 = 1.08$（元）

④ 接地极挖土方，不计。

⑤ 接地极制作，5根。套用《全国统一安装工程预算定额（第二册）》（GYD-202—2000）2-688。

a. 人工费：$14.40 \times 5 = 72$（元）

b. 材料费：$3.23 \times 5 = 16.15$（元）

c. 机械费：$9.63 \times 5 = 48.15$（元）

⑥ 接地母线埋设：4.54（10m）。套用《全国统一安装工程预算定额（第二册）》（GYD-202—2000）2-697。

a. 人工费：$70.82 \times 4.54 = 321.52$（元）

b. 材料费：$1.77 \times 4.54 = 8.04$（元）

c. 机械费：$1.43 \times 4.54 = 6.49$（元）

⑦ 断接卡子制作：0.3（10套）。套用《全国统一安装工程预算定额（第二册）》（GYD-202—2000）2-747。

⑧ 断接卡子引下线敷设：0.45（10m）。套用《全国统一安装工程预算定额（第二册）》（GYD-202—2000）2-744。

⑨ 接地电阻测验：1次。

【例7-10】 塑料槽板配线，木结构，二线，BVV 6mm²，长800m。试计算定额工程量。

【解】 套用《全国统一安装工程预算定额（第二册）》（GYD-202—2000）2-1306。

（1）塑料槽板配线，木结构，二线，BVV 6mm²。

① 人工费：$138.39/100 \times (800 \div 2) = 553.56$（元）

② 材料费：$30.96/100 \times (800 \div 2) = 123.84$（元）

（2）主材

① 绝缘导线 BVV 6mm²：$1.2 \times 2.26 \times 400 = 1084.8$（元）

② 塑料槽板38-63：$21 \times 1.05 \times 400 = 8820$（元）

【例7-11】 图7-8、图7-9所示分别为某7层楼建筑工程的通信电话系统图和室内电话分线箱。已知：①该工程为7层楼建筑，层高为 3 米；②控制中心设在第 1 层，设备均安装在第 1 层，为落地安装，出线从地沟，然后引到线槽处，垂直到每层楼的电气元件；③电话设置 35 门程控交换机，每层设置 5 对电话和线箱一个，本楼用 35 门。试计算通信电话系统的各工程量。（注：垂直线路为线槽配线。）

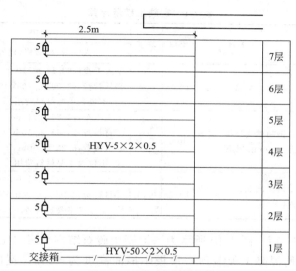

图 7-8　通信电话系统图

图 7-9　室内电话分线箱

注：从交接箱出来的电缆长度为 6m。

【解】　（1）基本工程量。电信交接箱：1 台。

注：电信交接箱在一楼控制中心，只需一台即可。

线槽：21m（垂直高度）。

通信电缆：

① HYV-50×2×0.5：工程量 6＋3×7＝27 （m）

注：6m 为从交接箱出线的长度，$3 \times 7 = 21m$ 是从一层至八层的垂直电缆的长度。

② HYV-5×2×0.5：工程量 $2.5 \times 7 = 17.5$（m）

注：每层电缆长 2.5m，共 7 层。

（2）定额工程量。定额工程量计算见表 7-1。

表 7-1　定额工程量计算

定额编号	项目名称	单位	数量	其中
				人工费、机械费、材料费
2-1374	电信交接箱	10 个	0.1	①人工费：299.54 元/10 个 ②材料费：43.29 元/10 个 注：不包含主要材料费用
2-543	钢制槽式桥架（宽＋高）400mm 以下	10m	2.1	①人工费：73.84 元/10m ②材料费：24.61 元/10m ③机械费：6.22 元/10m 注：不包含主要材料费用
2-1337	线槽配线：2.5m² 以内（单线）	100m	0.27	①人工费：23.45 元/100mm 单线 ②材料费：3.02 元/100m 单线 注：不包含主要材料费用

【例 7-12】　图 7-10 所示为一混凝土砖石结构平房（毛石基础、砖墙、钢筋混凝土板盖顶）顶板距地面高度为＋3m，室内装置定型照明配电箱（XM-7-3/0）1 台，单管日光灯（40W）6 盏，拉线开关 3 个，由配电箱引上为钢管明设（ϕ25mm），其余均为瓷夹板配线，用 BLX 电线，引入线设计属于低压配电室范围，故此不考虑。试计算工程量。

【解】　（1）基本工程量

① 配电箱安装

a. 配电箱安装 XM-7-3/0，1 台（高 0.35m，宽 0.32m）。

b. 支架制作，2.1kg。

② 配管配线

a. 钢管明设 ϕ25mm，2.5m。

b. 管内穿线 BLX×25：$[2.5 + (0.35 + 0.32)] \times 2 = 6.34$（m）

c. 二线式瓷夹板配线：$2.5 + 6 + 2.5 + 6 + 2.5 + 6 + 0.2 \times 3 =$

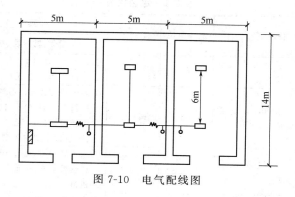

图 7-10 电气配线图

26.1（m）

  d. 三线式瓷夹板配线：$2.5+2.5=5$（m）

  ③ 灯具安装。单管日光灯安装 YG2-1 $\dfrac{6\times120}{3}$40，6 套。

  ④ 拉线开关安装，3 套。

  （2）按定额计算工程量

  ① 配电箱安装 XM-7-3/0，1 台（高 0.35m，宽 0.32m）。

  ② 支架制作，0.021（100kg）。

  ③ 钢管明设 ϕ25mm，0.025（100m）。

  ④ 管内穿线 BLX×25，0.0634（100m）。

  ⑤ 二线式瓷夹板配线，0.261（100m）。

  ⑥ 三线式瓷夹板配线，0.05（100m）。

  ⑦ 灯具安装：单管日光灯安装 YG2-1 $\dfrac{6\times120}{3}$40，0.6（10 套）。

  ⑧ 拉线开关安装，0.3（10 套）。

  （3）定额工程量

  定额预算见表 7-2。

  【例 7-13】 某砖混结构建筑，照明平面如图 7-11 所示。建筑面积120m²，层高 4m，在吊顶上安装日光灯，在混凝土楼板上安装白炽灯。各支路管线均用阻燃管 PVC-15，导线用 BV-10mm²，插

表 7-2　定额预算

定额编号	分项工程名称	定额单位	工程量	其中
				人工费、材料费、机械费
2-264	悬挂嵌入式配电箱安装	台	1	①人工费:41.8 元/台 ②材料费:34.39 元/台
2-358	配电箱支架制作	100kg	0.021	①人工费:250.78 元/100kg ②材料费:131.9 元/100kg ③机械费:41.43 元/100kg 注:不包含主要材料费用
2-359	配电箱支架安装	100kg	0.021	①人工费:163 元/100kg ②材料费:24.39 元/100kg ③机械费:25.44 元/100kg
2-999	钢管明设	100m	0.03	①人工费:336.23 元/100m ②材料费:285.17 元/100m ③机械费:20.75 元/100m 注:不包含主要材料费用
2-1179	管内穿 BL2×25	100m	0.06	①人工费:29.72 元/100m 单线 ②材料费:14.1 元/100m 单线 注:不包含主要材料费用
2-1233	瓷夹板配线(二线式)	100m	0.26	①人工费:264.94 元/100m 线路 ②材料费:56.95 元/100m 线路 注:不包含主要材料费用
2-1236	瓷夹板配线(三线式)	100m	0.05	①人工费:392.19 元/100m 线路 ②材料费:107.44 元/100m 线路 注:不包含主要材料费用
2-1588	单管日光灯安装	10 套	0.6	①人工费:50.39 元/10 套 ②材料费:74.84 元/10 套 注:不包含主要材料费用
2-1635	拉线开关	10 套	0.3	①人工费:19.27 元/10 套 ②材料费:17.95 元/10 套 注:不包含主要材料费用

座保护接零线等均用 BV-1.5mm^2。试计算其工程量。

【解】　(1) 吸顶灯安装(白炽灯):4 套

套用《全国统一安装工程预算定额(第二册)》(GYD-202-2000)2-1382。

①　人工费:50.16/10×4＝20.06 (元)

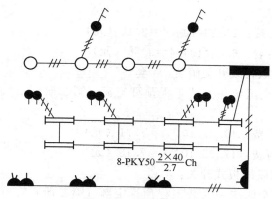

$$8\text{-PKY}50\frac{2\times40}{2.7}\text{Ch}$$

图 7-11　照明平面图

② 材料费：115.4/10×4＝46.16（元）

（2）吊链式日光灯安装：8 套

套用《全国统一安装工程预算定额（第二册）》（GYD-202—2000）2-1390。

① 人工费：46.90/10×8＝37.52（元）

② 材料费：48.43/10×8＝38.74（元）

（3）照明支路管线：12m

套用《全国统一安装工程预算定额（第二册）》（GYD-202—2000）2-1110。

① 人工费：214.55/100×12＝25.75（元）

② 材料费：126.10/100×12＝15.13（元）

③ 机械费：23.48/100×12＝2.82（元）

（4）插座支路管线：4m

套用《全国统一安装工程预算定额（第二册）》（GYD-202—2000）2-1255。

① 人工费：129.57/100×4＝5.18（元）

② 材料费：49.02/100×4＝1.96（元）

（5）二三孔暗插座暗装：4 套

套用《全国统一安装工程预算定额（第二册）》（GYD-202—

2000）2-1668。

① 人工费：21.13/10×4＝8.45（元）

② 材料费：6.46/10×4＝2.58（元）

（6）双联拉线开关暗装：4套

套用《全国统一安装工程预算定额（第二册）》（GYD-202—2000）2-1635。

① 人工费：19.27/10×4＝7.71（元）

② 材料费：17.95/10×4＝7.18（元）

（7）双联翘板式开关：4套

套用《全国统一安装工程预算定额（第二册）》（GYD-202—2000）2-1638。

① 人工费：20.67/10×4＝8.27（元）

② 材料费：4.47/10×4＝1.79（元）

（8）照明配电箱安装：1台

套用《全国统一安装工程预算定额（第二册）》（GYD-202—2000）2-263。

① 人工费：34.83×1＝34.83（元）

② 材料费：31.83×1＝31.83（元）

（9）照明配电箱：1台

① 人工费：无

② 材料费：按市场价格计取

③ 机械费：无

【例 7-14】 安装 80m 的蓄电池防震支架（单层单排）。试计算其定额工程量。

【解】 定额工程量：80/10＝8(10m)

套用《全国统一安装工程预算定额（第二册）》（GYD-202—2000）2-379。

（1）人工费：134.68×80/10＝1077.44（元）

（2）材料费：127.43×80/10＝1019.44（元）

（3）机械费：51.36×80/10＝410.88（元）

7.2 给水排水、采暖、燃气工程

【例7-15】 图7-12所示为某住宅排水系统图，排水立管采用承插铸铁管，规格为$DN75mm$，分三层，横管、出户管为铸铁管法兰连接，规格$DN75mm$、$DN100mm$。计算该住宅排水系统的定额工程量。

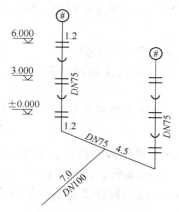

图 7-12 排水用承插铸铁管系统图（m）

【解】 （1）定额工程量计算

① $DN75mm$ 承插铸铁管：

$[1.2(伸顶通气长度)+3.0\times2+1.2(立管埋深)]\times2/10=1.68$
（10m）

② $DN75mm$ 法兰接口铸铁管：$4.5/10=0.45$（10m）（埋地横管）

$DN100mm$ 法兰接口铸铁管：$7.0/10=0.7$（10m）（排水出户管）

③ 套管：$DN75mm$，6个；$DN100mm$，1个。

④ 承插铸铁管需刷沥青油两道，其面积：$3.14\times16.8\times0.085/10=0.448$（10m²）。

（2）套用定额

① 项目：$DN75mm$ 承插铸铁管，计量单位：10m，工程量：1.68。

套用《全国统一安装工程预算定额（第八册）》（GYD-208—2000）8-145。

基价：249.18 元，其中人工费 62.23 元，材料费 186.95 元。

② 项目：$DN75mm$ 法兰接口铸铁管，计量单位：10m，工程量：0.45。

套用《全国统一安装工程预算定额（第八册）》（GYD-208—2000）8-145。

基价：249.18 元，其中人工费 62.23 元，材料费 186.95 元。

③ 项目：$DN100mm$ 法兰接口铸铁管，计量单位：10m，工程量：0.70。

套用《全国统一安装工程预算定额（第八册）》（GYD-208—2000）8-146。

基价：357.39 元，其中人工费 80.34 元，材料费 277.05 元。

④ 项目：$DN75mm$ 套管，计量单位：个，工程量：6。

套用《全国统一安装工程预算定额（第八册）》（GYD-208—2000）8-174。

基价：4.34 元，其中人工费 2.09 元，材料费 2.25 元。

⑤ 项目：$DN100mm$ 套管，计量单位：个，工程量：1。

套用《全国统一安装工程预算定额（第八册）》（GYD-208—2000）8-175。

基价：4.34 元，其中人工费 2.09 元，材料费 2.25 元。

⑥ 项目：刷沥青油，计量单位：$10m^2$，工程量：0.448。

a. 刷沥青油一遍。套用《全国统一安装工程预算定额（第十一册）》（GYD-211—2000）11-202。

基价：9.9 元，其中人工费 8.36 元，材料费 1.54 元。

b. 刷沥青油二遍。套用《全国统一安装工程预算定额（第十一册）》（GYD-211—2000）11-203。

基价：9.5 元，其中人工费 8.13 元，材料费 1.37 元。

【例 7-16】 某三根多孔冲洗管如图 7-13 所示，管长 3m，控制阀门的短管一般为 0.15m。计算小便槽冲洗管的工程量。

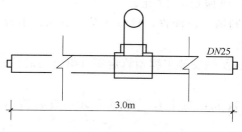

图 7-13　多孔冲洗管

【解】 （1）定额工程量

$DN25$mm 冲洗管工程量＝（3.0＋0.15）×3/10＝0.95（10m）

（2）套用定额

项目：$DN25$mm 冲洗管（镀锌钢管），计量单位：10m，工程量：0.95。

套用《全国统一安装工程预算定额（第八册）》（GYD-208—2000）8-458。

基价：342.52 元，其中人工费 169.04 元，材料费 158.5 元，机械费 14.98 元。

【例 7-17】 如图 7-14 所示，为某室外给水系统中埋地管道的一部分长度为 8m。试计算其定额工程量。

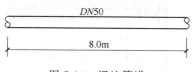

图 7-14　埋地管道

【解】 （1）丝接镀锌钢管 $DN50$mm，单位：10m，工程量：0.8。

套用《全国统一安装工程预算定额（第八册）》（GYD-208—

2000) 8-6。

基价：33.83 元，其中人工费 19.04 元，材料费（不含主材费）13.36 元，机械费 1.43 元。

（2）管道刷第一遍沥青，计量单位：10m，工程量：（0.19×8)/10=0.15。

套用《全国统一安装工程预算定额（第十一册）》（GYD-211—2000) 11-66。

基价：8.04 元，其中人工费 6.5 元，材料费（不含主材费）1.54 元。

（3）管道刷第二遍沥青，计量单位：10m，工程量：（0.19×8)/10=0.15。

套用《全国统一安装工程预算定额（第十一册）》（GYD-211—2000) 11-67。

基价：7.64 元，其中人工费 6.27 元，材料费（不含主材费）1.37 元。

【例 7-18】 图 7-15 所示为一搪瓷浴盆，采用冷热水供水。试计算其定额工程量。

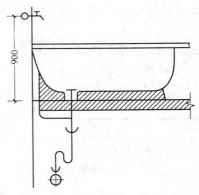

图 7-15 搪瓷浴盆

【解】 项目：洗脸盆，计量单位：10 组，工程量：0.1。

套用《全国统一安装工程预算定额（第八册）》 （GYD-208—

2000)8-384。

基价：1449.93 元，其中人工费 151.16 元，材料费（不含主材费）1298.77 元。

【例 7-19】 如图 7-16 所示淋浴器由冷热水钢管、莲蓬头及两个铜截止阀。试计算其工程量。

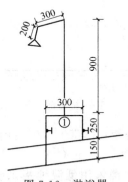

图 7-16 淋浴器

【解】 冷热水钢管淋浴器，计量单位：10 组，工程量：0.1。

套用《全国统一安装工程预算定额（第八册）》（GYD-208—2000)8-404。

基价：600.19 元，其中人工费 130.03 元，材料费 470.16 元。

分项项目定额工程量计算见表 7-3。

表 7-3 定额工程量计算表

分项项目	单位	工程量
莲蓬喷头	个	1
DN15 镀锌钢管	10m	0.23
DN15 截止阀	个	2
镀锌弯头 DN15	个	2

【例 7-20】 某管道沿室内墙壁敷设，采用 J101、J102 一般管架支撑，如图 7-17 所示。试计算管架制作安装工程量（J101 管架按 50kg/只，J102 管架按 15kg/只计算质量）。

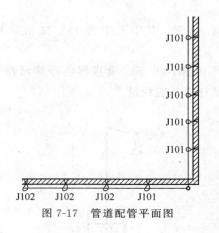

图 7-17　管道配管平面图

【解】　（1）J101 管架：$6 \times 50 = 300$（kg）

（2）J102 管架：$3 \times 15 = 45$（kg）

【例 7-21】　某住宅楼采用低温地板采暖系统，室内敷设管道均为交联聚乙烯管 PE-X，管外径为 20mm，内径为 16mm，即 De16×2，其中某一房间的敷设情况如图 7-18 所示。试计算其工程量。

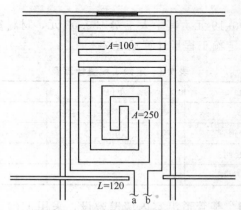

图 7-18　某房间管道布置

说明：图中 a 接至分水器；b 接至集水器。

【解】 塑料管（PE-X）De6×2，计量单位：10m，工程量：

$$\frac{120（塑料管长）}{10（计量单位）}=12。$$

套用《全国统一安装工程预算定额（第六册）》（GYD-206—2000）6-273。

基价：14.19 元，其中人工费 11.12 元，材料费 0.42 元，机械费 2.65 元。

【例 7-22】 图 7-19 所示为某光排管散热器 B 型，其散热长度为 2m，排管排数为五排，散热高度为 485mm，排管管径为 D57×3.5，散热器外刷红丹防锈漆两道，银粉两道。试计算该散热器的工程量。

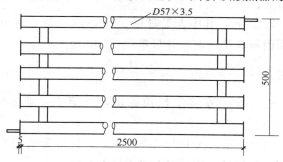

图 7-19 光排管散热器示意

【解】 光排管散热器 B 型 D57×3.5。

（1）制作安装，计量单位：10m，工程量：12.5/10＝1.25。

套用《全国统一安装工程预算定额（第八册）》（GYD-208—2000）8-504。

基价：110.69 元，其中人工费 42.49 元，材料费 41.49 元，机械费 26.71 元。

（2）刷红丹防锈漆第一遍，计量单位：10m²。

工程量：$\left[\dfrac{1.89}{10}\right.$（单位 D57×3.5 管长外刷油面积）×2.5×5（管长）＋

$\dfrac{1.51}{10}$（单位 DN40 联管外刷油面积）×$\dfrac{0.7（单位工程量联管长度）}{10（计量单位）}$（单位

$D57 \times 3.5$ 管长所需联管长度)$\times 2.5 \times 5$(管长)$\Big]/10$(计量单位)$=0.25$

套用《全国统一安装工程预算定额（第十一册）》（GYD-211—2000）11-51。

基价：7.34 元，其中人工费 6.27 元，材料费 1.07 元。

（3）刷红丹防锈漆第二遍，计量单位：10m²。

工程量：$\left(\dfrac{1.89}{10} \times 2.5 \times 5 + \dfrac{1.51}{10} \times \dfrac{0.7}{10} \times 2.5 \times 5\right)/10 = 0.25$

套用《全国统一安装工程预算定额（第十一册）》（GYD-211—2000）11-52。

基价：7.23 元，其中人工费 6.27 元，材料费 0.96 元。

（4）刷银粉漆第一遍，计量单位：10m²。

工程量：$\left(\dfrac{1.89}{10} \times 2.5 \times 5 + \dfrac{1.51}{10} \times \dfrac{0.7}{10} \times 2.5 \times 5\right)/10 = 0.25$

套用《全国统一安装工程预算定额（第十一册）》（GYD-211—2000）11-56。

基价：11.31 元，其中人工费 6.5 元，材料费 4.81 元。

（5）刷银粉漆第二遍，计量单位：10m²。

工程量：$\left(\dfrac{1.89}{10} \times 2.5 \times 5 + \dfrac{1.51}{10} \times \dfrac{0.7}{10} \times 2.5 \times 5\right)/10 = 0.25$

套用《全国统一安装工程预算定额（第十一册）》（GYD-211—2000）11-57。

基价：10.64 元，其中人工费 6.27 元，材料费 4.37 元。

【例 7-23】 某住宅煤气引入管如图 7-20 所示，引入管采用无缝钢管 $D57 \times 3.5$ 引入管所处的室外阀门井距外墙的距离为 3m，穿墙、楼板采用钢套管。试计算引入管的定额工程量。

【解】 （1）定额工程量。引入管定额工程量：[3.0(引入处距外墙距离)＋0.49(外墙厚)＋(0.1＋0.9)(室内地下管)＋(0.9＋0.6＋0.3)(垂直管长度)＋0.45(垂直管距旋塞阀距离)]/10(计量单位)＝0.674 （10m）

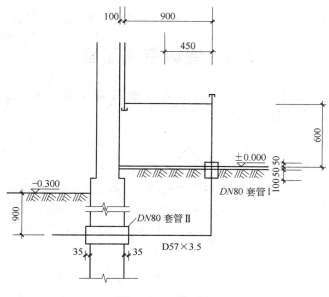

图 7-20 立管示意

（2）套用定额

① 无缝管 $D57 \times 3.5$ 安装，计量单位 10m，工程量：6.74/ 10＝0.674。

套用《全国统一安装工程预算定额（第八册）》（GYD-208— 2000)8－573。

基价：26.48 元，其中人工费 18.58 元，材料费 5.14 元，机 械费 2.76 元。

② $DN80mm$ 钢套管的安装，计量单位 10m。

$$\text{工程量：} \frac{(0.035 \times 2 + 0.49)(\text{套管Ⅱ长度}) + (0.1 + 0.05 + 0.05)(\text{套管Ⅰ长度})}{10(\text{计量单位})}$$

$$＝0.076$$

套用《全国统一安装工程预算定额（第八册）》（GYD-208— 2000)8-19。

基价：45.88 元，其中人工费 22.06 元，材料费 22.09 元，机械费 1.73 元。

7.3 通风空调工程

【例 7-24】 图 7-21 所示为一塑料圆伞形风帽，直径为 280mm。试计算其工程量。

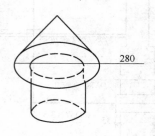

图 7-21 风帽示意

【解】 查国际标准通风部件标准重量表：单重为 4.20kg。

（1）人工费：4.2/100×394.74＝16.58（元）

（2）材料费：4.2/100×547.33＝22.99（元）

（3）机械费：4.2/100×18.36＝0.77（元）

【例 7-25】 已知一旋转吹风口，直径为 320mm，安装 10 个。试计算其工程量。

【解】 查国际标准通风部件标准质量表，单重为 14.67kg。

（1）地上旋转吹风口制作

① 人工费：14.67/100×306.27＝44.93（元）

② 材料费：14.67/100×524.06＝76.88（元）

③ 机械费：14.67/100×131.53＝19.3（元）

（2）地上旋转吹风口安装

① 人工费：10×10.91＝109.1（元）

② 材料费：10×9.62＝96.2（元）

【例 7-26】 已知一活动百叶风口，尺寸为 350×175，共 8 个，风口带调节板如图 7-22 所示。试计算其工程量。

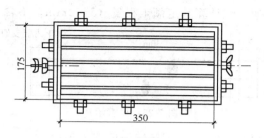

图 7-22 带调节板活动百叶风口平面图

【解】 （1）带调节板活动百叶风口制作。查国际通风部件标准重量表：350×175，1.79kg/个，则

1.79×8=14.32（kg）

① 人工费：14.32/100×1719.91=246.29（元）

② 材料费：14.32/100×635.86=90.06（元）

③ 机械费：14.32/100×265.89=30.08（元）

（2）带调节板活动百叶风口的安装

① 人工费：8×5.34=42.72（元）

② 材料费：8×3.08=24.64（元）

③ 机械费：8×0.22=1.76（元）

【例 7-27】 某通风系统的检测，调试其中管道漏光试验 3 次，漏风试验 2 次，通风管道风量测定 2 次，风压测定 3 次，温度测量 2 次，各系统风口阀门调整 6 次。试计算其工程量。

【解】 定额工程量：

	单位	数量
（1）管道漏光试验	次	3
（2）漏风试验	次	2
（3）通风管道风量测定	次	2
（4）风压测定	次	3
（5）温度测定	次	2
（6）各系统风口阀门调整	次	6

【例 7-28】 不锈钢板风管如图 7-23 所示，断面尺寸为 800×630，两处吊托支架。试计算其定额工程量（$\delta=2$mm，不含主材费）。

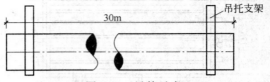

图 7-23 风管示意

【解】 (1) 800×630 不锈钢板风管工程量：

$S=2\times(0.8+0.63)\times30=85.8(\text{m}^2)=8.58\ (10\text{m}^2)$

套用定额 9-15，基价：410.82 元，其中人工费 179.92 元，材料费 180.18 元，机械费 50.92 元。

(2) 吊托支架工程量。因每个吊托支架质量为 Mkg，共有两个吊托支架，所以吊托支架的工程量为 $2M$kg，即 0.02M (100kg)。

套用定额 9-270，基价：975.57 元，其中人工费 183.44 元，材料费 776.36 元，机械费 15.77 元。

8　工程量清单计价实例

8.1　土石方工程

【例8-1】　某人工挖沟槽工程如图8-1所示，土质为三类土。计算挖沟槽清单工程量。

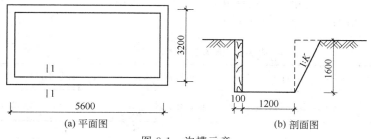

(a) 平面图　　　　　　　　(b) 剖面图

图8-1　沟槽示意

【解】　放坡宽度为：$1.6 \times 0.33 = 0.528$（m）

挖沟槽清单工程量：

$V = 1.2 \times 1.6 \times (5.6 + 3.2) \times 2 = 33.79$（m³）

清单工程量计算见表8-1。

表8-1　清单工程量计算表（一）

项目编码	项目名称	项目特征描述	计量单位	工程量
010101003001	挖沟槽土方	三类土，条形基础，1.6m	m³	33.79

【例8-2】　某矩形游泳池尺寸如图8-2所示，求挖土方清单工程量。

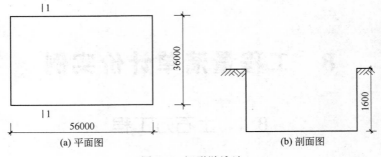

图 8-2 矩形游泳池

【解】 按设计图示尺寸以体积计算。

挖土方清单工程量 $=56 \times 36 \times 1.6 = 3225.6$（$m^3$）

清单工程量计算见表 8-2。

表 8-2 清单工程量计算表（二）

项目编码	项目名称	项目特征描述	计量单位	工程量
010101002001	挖一般土方	一至四类土，挖土深 1.6m	m^3	3225.6

【例 8-3】 某建筑物基础沟槽如图 8-3 所示，已知该建筑场地回填土平均厚度为 400mm，土质类别为三类土，沟槽采用放坡人工开挖，基础类型为砖基础。计算该场地回填土清单工程量。

【解】 场地回填土工程量按回填面积乘以平均回填厚度以体积计算。

（1）场地回填面积：

$S = (3.2 \times 2 + 3.5 \times 3 + 1.0) \times (2.6 + 3.5 + 1.0) -$

$(3.5 \times 3 - 1.0) \times 2.6 = 102.39$（$m^2$）

（2）场地回填工程量 = 场地回填面积 × 平均回填厚度

$= 102.39 \times 0.4 = 40.96$（$m^3$）

清单工程量计算见表 8-3。

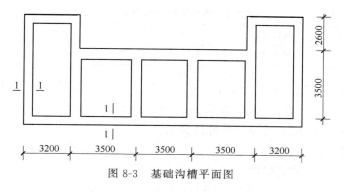

图 8-3　基础沟槽平面图

表 8-3　清单工程量计算表（三）

项目编码	项目名称	项目特征描述	计量单位	工程量
010103001001	回填方	三类土,夯填	m³	40.96

【**例 8-4**】　某学校的环形跑道如图 8-4 所示。计算平整场地清单工程量（三类土）。

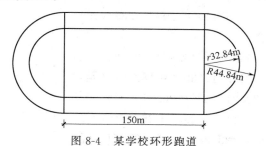

图 8-4　某学校环形跑道

【**解**】　按设计图示尺寸以建筑物首层面积计算。

图 8-4 中矩形部分平整场地清单工程量：

$S = 150 \times (89.68 - 65.68) = 3600$（m²）

图 8-4 中圆形部分平整场地清单工程量：

$S = \pi R^2 - \pi r^2 = 3.1416 \times (44.84^2 - 32.84^2)$

$\quad = 3.1416 \times (2010.63 - 1078.47) = 2928.47$（m²）

平整场地清单工程量 = 3600 + 2928.47 = 6528.47（m²）

清单工程量计算见表 8-4。

表 8-4 清单工程量计算表（四）

项目编码	项目名称	项目特征描述	计量单位	工程量
010101001001	平整场地	三类土	m²	6528.47

【例 8-5】 某工程基础开挖过程中出现淤泥流砂现象，其尺寸为长 4.0m、宽 2.6m、深 2.0m，淤泥、流砂外运 60m。试编制工程量清单计价表及综合单价计算表。

【解】 依据某省建筑工程消耗量定额价目表计取有关费用。

（1）清单工程量

$$V=4.0\times2.6\times2.0=20.8\ (m^3)$$

（2）消耗量定额工程量

$$V=4.0\times2.6\times2.0=20.8\ (m^3)$$

（3）挖淤泥流砂

人工费：$20.8/10\times242=503.36$ （元）

（4）流砂外运

人工费：$20.8/10\times8.10=16.85$ （元）

（5）综合

直接费：$503.36+16.85=520.21$ （元）

管理费：$520.21\times35\%=182.07$ （元）

利润：$520.21\times5\%=26.01$ （元）

合价：$520.21+182.07+26.01=728.29$ （元）

综合单价：$728.29\div20.8=35.01$ （元）

结果见表 8-5 和表 8-6。

表 8-5 分部分项工程量清单计价表（一）

序号	项目编码	项目名称	项目特征描述	计量单位	工程数量	金额/元 综合单价	金额/元 合价	金额/元 其中 直接费
1	010101006001	挖淤泥、流砂	1. 挖掘深度 2. 弃淤泥、流砂距离	m³	20.8	35.01	728.29	520.21

表 8-6 分部分项工程量清单综合单价计算表（一）

项目编码	010101006001	项目名称	挖淤泥、流砂	计量单位	m³	工程量	20.8

清单综合单价组成明细

定额 编号	定额项 目名称	定额 单位	数量	单价/元			合价/元			
				人工 费	材料 费	机械 费	人工 费	材料 费	机械 费	管理费 和利润
1-2-7	挖淤泥流砂	10m³	2.08	242	—	—	503.36	—	—	201.34
1-2-29	流砂外运	10m³	2.08	8.10	—	—	16.85	—	—	6.74
人工单价			小计				520.21			208.08
元/工日			未计价材料费				—			
清单项目综合单价/元							35.01			

【**例 8-6**】 已知某混凝土管工程，管直径 1.0m，沟深 1.8m，设计沟底宽 2.0m，总长 1600m，土质为坚硬土，余土外运 50m。计算该工程土方清单合价。

【**解**】 依据某省建筑工程消耗量定额价目表计取有关费用。

（1）清单工程量：按设计图示以管道中心线长度计算。

$$V = 1600m$$

（2）消耗量定额工程量

挖沟槽：$V = 1.8 \times 2.0 \times 1600 = 5760$（m³）

外运土方：$V = 3.14 \times 0.5^2 \times 1600 = 1256$（m³）

回填土：$V = 5760 - 1256 = 4504$（m³）

（3）挖沟槽

人工费：$5760 \times 139.7/10 = 80467.2$（元）

机械费：$5760 \times 0.43/10 = 247.68$（元）

（4）外运土方

人工费：$1256 \times 9.68/10 = 1215.81$（元）

（5）回填土

人工费：$4504 \times 44/10 = 19817.6$（元）

材料费：$4504 \times 0.26/10 = 117.1$（元）

（6）综合。直接费合计：

80467.2＋247.68＋1215.81＋19817.6＋117.1＝101865.39（元）

管理费：101865.39×35％＝35652.89（元）

利润：101865.39×5％＝5093.27（元）

合价：101865.39＋35652.89＋5093.27＝142611.55（元）

综合单价：142611.55÷1600＝89.13（元）

结果见表 8-7 和表 8-8。

表 8-7　分部分项工程量清单计价表（二）

序号	项目编码	项目名称	项目特征描述	计算单位	工程数量	金额/元		
						综合单价	合价	其中直接费
1	010101007001	管沟土方	挖沟槽 外运土方 回填土	m	1600	89.13	142611.55	101865.39

表 8-8　分部分项工程量清单综合单价计算表（二）

项目编号	010101007001	项目名称	管沟土方	计量单位	m³	工程量	1600

清单综合单价组成明细

定额编号	定额项目名称	定额单位	数量	单价/元			合价/元			
				人工费	材料费	机械费	人工费	材料费	机械费	管理费和利润
1-2-12	人工挖沟槽坚土深 4m 内	10m³	576	139.7	—	0.43	80467.2	—	247.68	32285.95
1-2-44	人工运土方 200m 内增运 20m	10m³	125.6	9.68	—	—	1215.81	—	—	486.32
1-4-12	人工槽坑夯填土	10m³	450.4	44	0.26	—	19817.6	117.10	—	7973.88
人工单价		小　计					101500.61	117.10	247.68	40746.15
28 元/工日		未计价材料费					—			
清单项目综合单价/元							89.13			

284

【例 8-7】 某养鱼池工程，长 250m，宽 120m，自然地坪以下平均深 2.1m，土壤类别为二类土，所挖土方全部运至 4.2km 以外，边坡坡度为 1∶2。试编制工程量清单计价表及综合单价计算表。

【解】 依据某省建筑工程消耗量定额价目表计取有关费用。

（1）清单工程量

$$V = \frac{1}{3} K^2 h^3 + (a + Kh)(b + Kh)h$$

$$= \frac{1}{3} \times 2^2 \times 2.1^3 + (250 + 2 \times 2.1) \times (120 + 2 \times 2.1) \times 2.1$$

$$= 66312.79 \ （m^3）$$

（2）消耗量定额工程量

土方开挖：66312.79m³

土方增运：66312.79×4＝265251.16（m³）

（3）土方开挖

① 人工费：1.98×66312.79/10＝13129.93（元）

② 材料费：0.2×66312.79/10＝1326.26（元）

③ 机械费：61.4×66312.79/10＝407160.53（元）

合价：421616.72 元

（4）土方增运

机械费：11.29×265251.16/10＝299468.56（元）

（5）综合

直接费：421616.72＋299468.56＝721085.28（元）

管理费：721085.28×35％＝252379.85（元）

利润：721085.28×5％＝36054.26（元）

合价：1009519.39 元

综合单价：1009519.39÷66312.79＝15.22（元）

结果见表 8-9 和表 8-10。

表 8-9   分部分项工程量清单计价表（三）

序号	项目编码	项目名称	项目特征描述	计量单位	工程数量	综合单价	合价	其中直接费
							金额/元	
1	010101002001	挖土方	土壤类别：二类土；挖土平均厚度2.1m；弃土运距4.2km	m³	66312.79	15.22	1009519.4	721085.28

表 8-10   分部分项工程量清单综合单价计算表（三）

项目编号	010101002001	项目名称	挖土方	计量单位	m³	工程量	66312.79

清单综合单价组成明细

定额编号	定额项目名称	定额单位	数量	人工费	材料费	机械费	人工费	材料费	机械费	管理费和利润
				单价/元			合价/元			
1-1-13	土方开挖	10m³	6631.279	1.98	0.20	61.40	13129.93	1326.26	407160.53	168646.69
1-1-15	土方增运	10m³	265251.16	—	—	11.29	—	—	299468.56	11978.42
人工单价		小　计					13129.93	1326.26	706629.09	288434.11
28 元/工日		未计价材料费					—			
清单项目综合单价/元							15.22			

【例 8-8】   某工程地槽开挖如图 8-5 所示，不放坡，不设工作面，土壤类别为三类土。计算其清单工程量。

【解】   外墙地槽工程量＝1.05×1.4×（22.7＋7.2）×2

＝87.91（m³）

内墙地槽工程量＝0.9×1.4×（7.2－1.05）×3＝23.25（m³）

附垛地槽工程量＝0.125×1.4×1.2×6＝1.26（m³）

合计＝87.91＋23.25＋1.26＝112.42（m³）

清单工程量计算见表 8-11。

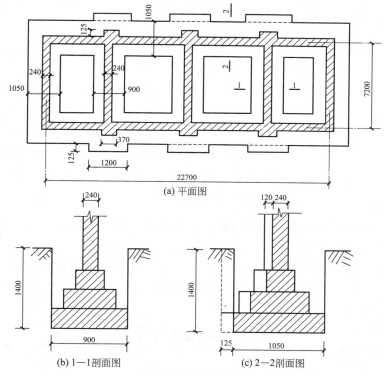

图 8-5　挖地槽工程

表 8-11　清单工程量计算表（五）

项目编码	项目名称	项目特征描述	计量单位	工程量
010101003001	挖沟槽土方	三类土,条形基础,垫层底宽 1.05m,挖土深度1.4m	m³	87.91
010101003002	挖沟槽土方	三类土,条形基础,垫层底宽 0.9m,挖土深度1.4m	m³	23.25

【例 8-9】 某构筑物基础为满堂基础，基坑如图 8-6 所示。基础垫层为素混凝土，长宽方向的外边线尺寸为 9.0m 和 6.5m，垫层厚 20cm，垫层顶面标高为 −4.55m，室外地面标高为 −0.65m，

地下常水位标高为-3.50m，此处土壤为三类土，人工挖土。计算挖土方清单工程量。

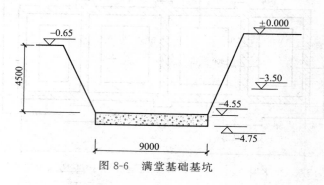

图 8-6　满堂基础基坑

【解】　基础埋至地下常水位以下，坑内有干、湿土。

挖干湿土量$=9.0\times4.5\times6.5=263.25$（$m^3$）

挖湿土量$=9.0\times6.5\times（4.55-3.50）=61.43$（$m^3$）

挖干土量$=263.25-61.43=201.82$（m^3）

清单工程量计算见表 8-12。

表 8-12　清单工程量计算表（六）

项目编码	项目名称	项目特征描述	计量单位	工程量
010101004001	挖基坑土方	三类土，满堂基础，垫层底宽9.0m，湿土挖土深度 1.05m	m^3	61.43
010101004002	挖基坑土方	三类土，满堂基础，垫层底宽9.0m，干土挖土深度 2.85m	m^3	201.82

【例 8-10】　某构筑物人工场地如图 8-7 所示，土壤类别为三类土。计算人工场地平整清单工程量。

【解】　平整场地工程量$=3.5\times2\times3.5\times2-3.5\times3.5/2\times2=36.75$（$m^2$）

清单工程量计算见表 8-13。

288

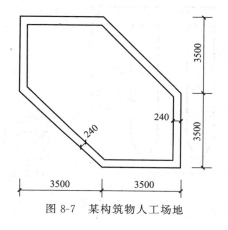

图 8-7　某构筑物人工场地

表 8-13　清单工程量计算表（七）

项目编码	项目名称	项目特征描述	计量单位	工程量
010101001001	平整场地	三类土	m²	36.75

8.2　桩与地基基础工程

【**例 8-11**】　某工程桩基如图 8-8 所示，计算其桩清单工程量。

【**解**】　清单工程量＝9000×2＝18000（mm）＝18（m）

清单工程量计算见表 8-14。

表 8-14　清单工程量计算表（八）

项目编码	项目名称	项目特征描述	计量单位	工程量
010301001001	预制钢筋混凝土桩	单桩长 9.6m，共 2 根，桩截面为 400mm×400mm 的方形截面	m	18

【**例 8-12**】　某工程需要进行预制混凝土桩的送桩、接桩工作，桩形状如图 8-9 所示，每根桩长 6m，设计桩全长 18m，共需 50 根桩。计算桩的清单工程量。

【**解**】　清单工程量＝18×50＝900（m）

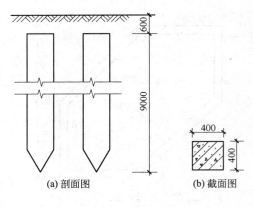

(a) 剖面图 (b) 截面图

图 8-8 桩基

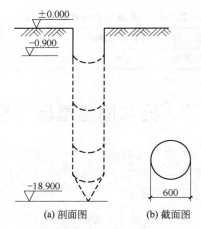

(a) 剖面图 (b) 截面图

图 8-9 桩示意

清单工程量计算见表 8-15。

表 8-15 清单工程量计算表（九）

项目编码	项目名称	项目特征描述	计量单位	工程量
010301002001	预制混凝土桩	桩截面为 $R=0.3\text{m}$ 的圆形截面	m	900

【例 8-13】 某工程打预制混凝土桩，其尺寸如图 8-10 所示，桩长 24m，分别由桩长 8m 的 3 根桩接成，硫黄胶泥接头，每个承

台下有 4 根桩，共有 20 个承台。求其桩工程量。

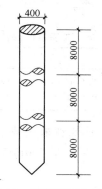

图 8-10　预制混凝土桩示意

【解】　打桩工程量＝24×4×20＝1920（m）

清单工程量计算见表 8-16。

表 8-16　清单工程量计算表（十）

项目编码	项目名称	项目特征描述	计量单位	工程量
010301002001	预制钢筋混凝土桩	单桩长 24m，共 120 根，桩截面为 $R=$ 0.2m 的圆形截面	m	1920

【例 8-14】　某工程采用灰土挤密桩，如图 8-11 所示，$D=$ 500mm，共需打桩 50 根。计算桩清单工程量。

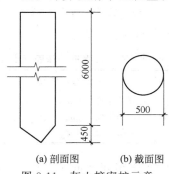

(a) 剖面图　　　(b) 截面图

图 8-11　灰土挤密桩示意

【解】　工程量按设计图示尺寸以桩长（包括桩尖）计算，则：

工程量＝（6＋0.45）×50＝322.5（m）

清单工程量计算见表 8-17。

表 8-17　清单工程量计算表（十一）

项目编码	项目名称	项目特征描述	计量单位	工程量
010201014001	灰土挤密桩	桩长 6.45m，桩截面为 $R=0.25$m 的圆形截面	m	322.5

【例 8-15】　某工程地基处理采用地下连续墙形式，地下连续墙平面图如图 8-12 所示，墙体厚 300mm，埋深 5.2m，土质为二类土。计算其工程量。

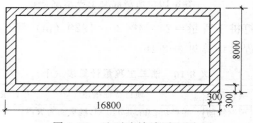

图 8-12　地下连续墙平面图

【解】　据工程量清单规则得，按设计图示墙中心线长乘以厚度乘以槽深以体积计算。

工程量＝[（16.8－0.3）＋（8.0－0.3）]×2×0.3×5.2＝75.5（m³）

清单工程量计算见表 8-18。

表 8-18　清单工程量计算表（十二）

项目编码	项目名称	项目特征描述	计量单位	工程量
010202001001	地下连续墙	(1)墙体厚度 300mm (2)成槽深度 5.2m (3)混凝土强度等级 C30	m³	75.5

【例 8-16】　图 8-13 所示为一混凝土灌注桩，螺旋钻钻机钻孔灌注混凝土桩共 15 根。根据图示尺寸，试编制工程量清单计价表及综合单价计算表。

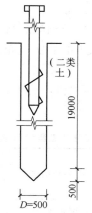

图 8-13　螺旋钻钻机钻孔

【解】　依据某省建筑工程消耗量定额价目表计取有关费用。

（1）清单工程量：

$$V = 3.14 \times 0.25 \times 0.25 \times (19 + 0.5) \times 15$$
$$= 57.40 \ (\text{m}^3)$$

（2）消耗量定额工程量

螺旋钻钻孔：$V = 3.14 \times 0.25 \times 0.25 \times (19 + 0.5 + 0.5) \times 15 = 58.88$（$\text{m}^3$）

混凝土灌注桩：$V = 58.88 \text{m}^3$

（3）螺旋钻钻孔

人工费：$58.88 \times 219.56/10 = 1292.77$（元）

机械费：$58.88 \times 81.02/10 = 477.05$（元）

合价：1769.82 元

（4）混凝土灌注桩

人工费：$58.88 \times 98.12/10 = 577.73$（元）

材料费：$58.88 \times 1836.6/10 = 10813.90$（元）

机械费：$58.88 \times 17.42/10 = 102.57$（元）

合价：11494.2 元

（5）综合

直接费合计：13264.02 元

管理费：13264.02×35％＝4642.41（元）

利润：13264.02×5％＝663.20（元）

合价：18569.63 元

综合单价：18569.63÷57.40＝323.51（元）

结果见表 8-19 和表 8-20。

表 8-19　分部分项工程量清单计价表（四）

序号	项目编码	项目名称	项目特征描述	计量单位	工程数量	金额/元		
						综合单价	合价	其中 直接费
1	010302006001	钻孔压浆桩	土壤级别为二级土；单根桩长度为 17.4m，共 15 根；截面积：ϕ400；混凝土强度等级 C25；泥浆运输：4km；成孔方法：螺旋钻	m³	57.40	323.51	18569.63	13264.02

表 8-20　分部分项工程量清单综合单价计算表（四）

项目编号	010302006001	项目名称		钻孔压浆桩	计量单位		m³	工程量	57.40

清单综合单价组成明细

定额编号	定额项目名称	定额单位	数量	单价/元			合价/元			
				人工费	材料费	机械费	人工费	材料费	机械费	管理费和利润
2-3-22	螺旋钻钻孔	10m³	5.888	219.56	—	81.02	1292.77	—	477.05	707.93
4-4-7	混凝土灌注桩	10m³	5.888	98.12	1836.60	17.42	577.73	10813.90	102.57	4597.68
人工单价		小　计					1870.5	10813.90	579.62	5305.61
28 元/工日		未计价材料费					—			
清单项目综合单价/元							323.51			

294

【例 8-17】 某工程采用钢筋混凝土方桩基础，三类土，用柴油打桩机打预制钢筋混凝土方桩 180 根（图 8-14）。计算打桩工程量。

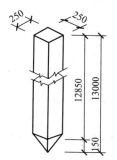

图 8-14 预制钢筋混凝土方桩

【解】 需用柴油打桩机打预制钢筋混凝土方桩 180 根。
清单工程量计算见表 8-21。

表 8-21 清单工程量计算表（十三）

项目编码	项目名称	项目特征描述	计量单位	工程量
010301001001	预制钢筋混凝土方桩	三类土，单桩长度 12m，180 根，桩截面尺寸 250mm × 250mm	根	180

【例 8-18】 某单根人工挖孔扩底混凝土灌注桩如图 8-15 所示（图示尺寸均为扩壁内侧尺寸），土壤类别为二类土，计算该桩的清单工程量。

【解】 桩长＝8400＋1600＋500＋600＝11100（mm）＝11.1m
清单工程量计算见表 8-22。

表 8-22 清单工程量计算表（十四）

项目编码	项目名称	项目特征描述	计量单位	工程量
010302005001	人工挖孔灌注桩	二类土，桩长 11.1m	根	1

【例 8-19】 某现场灌注砂桩共 500 根，如图 8-16 所示。土壤

类别为二类土，采用柴油打桩机打孔。计算砂桩清单工程量。

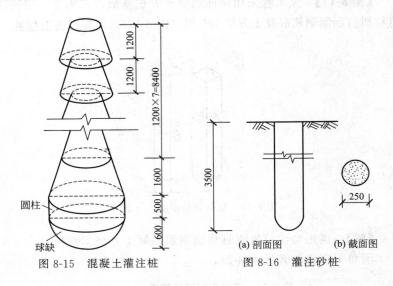

图 8-15　混凝土灌注桩　　图 8-16　灌注砂桩
圆柱
球缺
(a) 剖面图　(b) 截面图

【解】　清单工程量＝500×3.5＝1750（m）

清单工程量计算见表 8-23。

表 8-23　清单工程量计算表（十五）

项目编码	项目名称	项目特征描述	计量单位	工程量
010201007001	砂石桩	二类土，桩长 3.5m，桩外径 250mm，柴油打桩机打孔，500 根	m	1750

8.3　砌　筑　工　程

【例 8-20】　某基础平面图和剖面图如图 8-17 所示。试计算其砖基础清单工程量。

【解】　砖基础清单工程量计算如下：

$L_{外}$＝(5.0×2－0.24＋5.0×2－0.24)×2＝39.04（m）

$L_{内}$＝5.0－0.36＋5.0－0.36＝9.28（m）

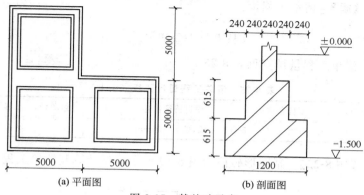

图 8-17　某基础示意

(a) 平面图　　　(b) 剖面图

$V_{砖基}$＝(外墙中心线长度＋内墙净长度)×砖基础断面面积

＝39.04＋9.28× (1.2×0.615＋0.72×0.615＋

0.27×0.24)

＝48.32×1.2456＝60.19 (m³)

清单工程量计算见表 8-24。

表 8-24　清单工程量计算表 (十六)

项目编码	项目名称	项目特征描述	计量单位	工程量
010401001001	砖基础	条形基础,基础深 1.5m	m³	60.19

【例 8-21】　毛石挡土墙工程量以 m³ 计算,如图 8-18 所示,用 1:1.5 水泥砂浆砌筑毛石挡土墙 100m。计算其毛石挡土墙的工程量。

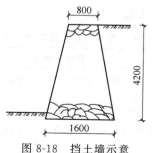

图 8-18　挡土墙示意

【解】 清单工程量：

$$\frac{(0.8+1.6)\times4.2}{2}\times100=504 \text{（m}^3\text{）}$$

清单工程量计算见表 8-25。

表 8-25　清单工程量计算表（十七）

项目编码	项目名称	项目特征描述	计量单位	工程量
010403004001	石挡土墙	毛石挡土墙,墙厚 800mm	m³	504.00

【例 8-22】　某圆形砖柱如图 8-19 所示。试计算其清单工程量。

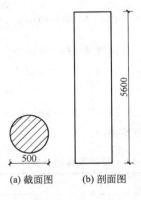

(a) 截面图　　　(b) 剖面图

图 8-19　圆形砖柱示意

【解】　圆形砖柱清单工程量：

$V_{圆形}$ ＝ 截面积 × 高度 ＝ $3.1416\times0.25^2\times5.6=1.1$ （m³）

清单工程量计算见表 8-26。

表 8-26　清单工程量计算表（十八）

项目编码	项目名称	项目特征描述	计量单位	工程量
010401009001	实心砖柱	独立柱,圆形截面 $R=0.25$m,柱高 5.6m	m³	1.1

【例 8-23】　某围墙的空花墙如图 8-20 所示，试计算其砖基础工程量。

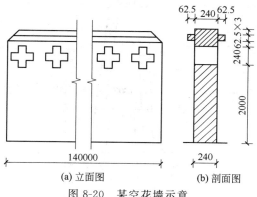

(a) 立面图　　(b) 剖面图

图 8-20　某空花墙示意

【解】（1）实砌砖墙工程量

$V_{实砌} = (2.0 \times 0.24 + 0.0625 \times 2 \times 0.24 + 0.0625 \times 0.365) \times 140 = 74.59$（$m^3$）

（2）空花墙部分工程量

$V_{空花墙} = 0.24 \times 0.24 \times 140 = 8.06$（$m^3$）

清单工程量计算见表 8-27。

表 8-27　清单工程量计算表（十九）

项目编码	项目名称	项目特征描述	计量单位	工程量
010401003001	实心砖墙	实心砖墙，外墙厚 365mm，内墙厚 240mm	m^3	74.59
010401007001	空花墙	空花墙，墙厚 240mm，墙高 240mm	m^3	8.06

【例 8-24】　如图 8-21 所示砖烟囱，烟囱高 26m，烟囱下口直径为 3m。试计算其工程量。

【解】　清单工程量：

$$V = \sum HC\pi D$$

式中　V——筒身体积；

H——每段筒身垂直高度；

C——每段筒壁厚度；

D——每段筒壁中心线的平均直径。

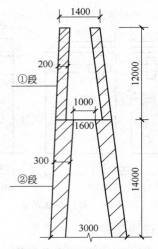

图 8-21 砖烟囱剖面示意

①段：$D_1 = (1.2 + 1.4)/2 = 1.3$ （m）

②段：$D_2 = (1.3 + 2.7)/2 = 2$ （m）

则　$V_1 = 12 \times 0.2 \times 1.3 \times 3.1416 = 9.8$ （m³）

$V_2 = 14 \times 0.3 \times 2 \times 3.1416 = 26.39$ （m³）

$V_{总} = V_1 + V_2 = 9.8 + 26.39 = 36.19$ （m³）

清单工程量计算见表 8-28。

表 8-28　清单工程量计算表（二十）

项目编码	项目名称	项目特征描述	计量单位	工程量
010401012001	砖烟囱	筒身高 26m	m³	36.19

【例 8-25】　如图 8-22 所示砖水池，水池长 20m。试计算砖砌水池清单工程量。

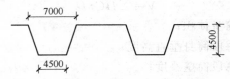

图 8-22　砖砌水池剖面示意

300

【解】 砖砌水池清单工程量：2 座

清单工程量计算见表 8-29。

表 8-29　清单工程量计算表（二十一）

项目编码	项目名称	项目特征描述	计量单位	工程量
010401012001	砖水池	池截面上口宽 7000mm，下口宽 4500mm，高 4500mm	座	2

【例 8-26】 某工程等高式标准砖大放脚基础如图 8-23，基础墙高 $h = 2.0$m、基础长 $l = 34.81$m。计算砖基础工程量。

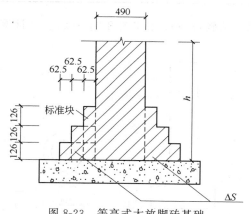

图 8-23　等高式大放脚砖基础

【解】 $V_{砖基} = （基础墙厚×基础墙高＋大放脚增加面积）×$
基础长

$$= (dh + \Delta S)l$$

$$= [dh + 0.126 \times 0.0625n(n+1)]l$$

$$= [dh + 0.007875n(n+1)]l$$

$$= (0.49 \times 2.0 + 0.007875 \times 3 \times 4) \times 34.81$$

$$= 37.40(\text{m}^3)$$

式中　　　0.007875——标准砖大放脚一个标准块的面积；

　0.007875$n(n+1)$ ——全部大放脚的面积；

　　　　　n——大放脚层数；

ΔS——大放脚增加面积；

d——基础墙厚，m；

h——基础墙高，m；

l——砖基础长，m。

清单工程量见表 8-30。

表 8-30　清单工程量计算表（二十二）

项目编码	项目名称	项目特征描述	计量单位	工程量
010401001001	砖基础	等高式标准砖大放脚基础，墙高 2.0m，基础长 34.81m	m^3	37.40

【**例 8-27**】　某砌块柱尺寸如图 8-24 所示。试计算该砌块柱清单工程量。

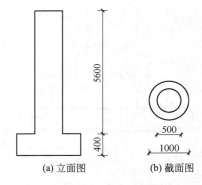

(a) 立面图　　(b) 截面图

图 8-24　砌块柱

【**解**】　（1）柱大放脚工程量：

$$V_1 = \frac{1}{4} \times 3.1416 \times 1.0^2 \times 0.4 = 0.31 \ (m^3)$$

（2）柱身工程量：

$$V_2 = \frac{1}{4} \times 3.1416 \times 0.5^2 \times 5.6 = 1.1 \ (m^3)$$

（3）该砌块柱工程量：

$$V = V_1 + V_2 = 0.31 + 1.1 = 1.41 \ (m^3)$$

清单工程量见表 8-31。

表 8-31　清单工程量计算表（二十三）

项目编码	项目名称	项目特征描述	计量单位	工程量
010402002001	砌块柱	柱高 5.6m 柱截面 $R=0.5$m 的圆形截面	m³	1.41

【例 8-28】　如图 8-25 所示，该砌体基础为某建筑外墙基础，其外墙中心线长 120m。试计算该基础砌体工程量。

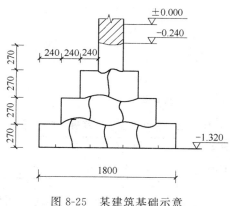

图 8-25　某建筑基础示意

【解】　根据清单中基础与墙身的划分，当基础与墙身使用不同材料时，位于设计地面±300mm 以内时，以不同材料为分界线；超过±300mm 时，以设计室内地面为分界线。据此，该基础高度为 1.08m。则有：

$$V_{基础} = 砌体基础断面面积 \times 外墙中心线长度$$
$$= (1.80 \times 1.08 - 0.24 \times 0.27 \times 12) \times 120$$
$$= 139.97 \ (m^3)$$

清单工程量计算见表 8-32。

表 8-32　清单工程量计算表（二十四）

项目编码	项目名称	项目特征描述	计量单位	工程量
010403001001	石基础	基础深 1.08m，条形基础	m³	139.97

【**例 8-29**】 已知某石墙如图 8-26 所示，计算其石墙清单工程量。

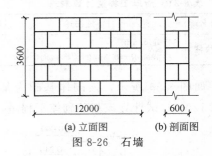

(a) 立面图   (b) 剖面图

图 8-26　石墙

【**解**】 清单工程量：

$12 \times 3.6 \times 0.6 = 25.92$（$m^3$）

清单工程量计算见表 8-33。

表 8-33　清单工程量计算表（二十五）

项目编码	项目名称	项目特征描述	计量单位	工程量
010403003001	石墙	墙厚 600mm	m^3	25.92

【**例 8-30**】 如图 8-27 所示，某车棚用 MU25 混合砂浆砌筑砖柱 50 个，基础采用 MU50 水泥砂浆砌筑毛石。试编制工程量清单计价表及综合单价计算表。

【**解**】 依据某省建筑工程消耗量定额价目表计取有关费用。

（1）清单工程量计算

基础：$V = (1.45 \times 1.45 + 0.97 \times 0.97) \times 0.24 \times 50$

$\qquad = 36.52$（m^3）

砖柱：$V = 0.49 \times 0.49 \times 3.6 \times 50 = 43.22$（$m^3$）

（2）消耗量定额工程量

原土夯实：$V = 1.45 \times 1.45 \times 50 = 105.13$（$m^3$）

毛石基础：$V = (1.45 \times 1.45 + 0.97 \times 0.97) \times 0.24 \times 50$

$\qquad = 36.52$（m^3）

矩形砖柱：$V = 0.49 \times 0.49 \times 3.6 \times 50 = 43.22$（$m^3$）

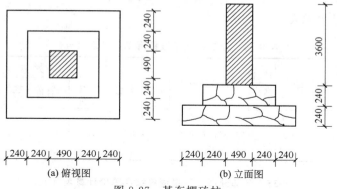

| 240 | 240 | 490 | 240 | 240 |

(a) 俯视图

| 240 | 240 | 490 | 240 | 240 |

(b) 立面图

图 8-27　某车棚砖柱

（3）石砌基础

① 原土夯实

人工费：$3.52 \times 105.13/10 = 37.01$（元）

材料费：无

机械费：无

② 毛石基础

人工费：$259.82 \times 36.52/10 = 948.86$（元）

材料费：$807.88 \times 36.52/10 = 2950.38$（元）

机械费：$24.56 \times 36.52/10 = 89.69$（元）

（4）矩形砖柱

人工费：$441.54 \times 43.22/10 = 1908.34$（元）

材料费：$1144.73 \times 43.22/10 = 4947.52$（元）

机械费：$14.26 \times 43.22/10 = 61.63$（元）

（5）综合

① 石砌基础

直接费合计：4025.94 元

管理费：$4025.94 \times 35\% = 1409.08$（元）

利润：$4025.94 \times 5\% = 201.3$（元）

合价：$4025.94 + 1409.08 + 201.30 = 5636.32$（元）

综合单价：5636.32÷36.52＝154.34（元）

结果见表 8-34 和表 8-35。

表 8-34　分部分项工程量清单计价表（五）

序号	项目编码	项目名称	项目特征描述	计量单位	工程数量	金额/元		
						综合单价	合价	其中直接费
1	010403001001	石砌基础	毛石砌筑基础，M5.0 砂浆，MU20 毛石	m³	36.52	154.34	5636.32	4025.94

表 8-35　分部分项工程量清单综合单价计算表（五）

| 项目编号 | 010403001001 | | 项目名称 | 石砌基础 | 计量单位 | m³ | 工程量 | 36.52 |

清单综合单价组成明细

定额编号	定额项目名称	定额单位	数量	单价/元			合价/元			
				人工费	材料费	机械费	人工费	材料费	机械费	管理费和利润
1-3-5	原土夯实	10m²	10.513	3.52	—	—	37.01	—	—	14.80
3-2-1	毛石基础	10m³	3.652	259.82	807.88	24.56	948.86	2950.38	89.69	1595.57
人工单价		小　　计					985.87	2950.38	89.69	1610.37
28 元/工日		未计价材料费						—		
清单项目综合单价/元							154.34			

② 矩形砖柱

直接费合计：6917.49 元

管理费：6917.49×35％＝2421.12（元）

利润：6917.49×5％＝345.87（元）

合价：6917.49＋2421.12＋345.87＝9684.48（元）

综合单价：9684.48÷43.22＝224.07（元）

结果见表 8-36 和表 8-37。

306

表 8-36　分部分项工程量清单计价表 （六）

序号	项目编码	项目名称	项目特征描述	计量单位	工程数量	金额/元		
						综合单价	合价	其中 直接费
1	010401009001	矩形砖柱	实心砖柱，M2.5 砂浆，MU10 烧结 实心砖	m³	43.22	224.07	9684.48	6917.49

表 8-37　分部分项工程量清单综合单价计算表 （六）

项目编号	010401009001	项目名称		矩形砖柱	计量单位		m³		工程量	43.22
清单综合单价组成明细										

定额编号	定额项目名称	定额单位	数量	单价/元			合价/元			
				人工费	材料费	机械费	人工费	材料费	机械费	管理费和利润
3-1-4	矩形砖柱	10m³	4.322	441.54	1144.73	14.26	1908.34	4947.52	61.63	2766.99
人工单价		小　计					1908.34	4947.52	61.63	2766.99
28 元/工日		未计价材料费					—			
清单项目综合单价/元							224.07			

【例 8-31】　某框架结构间砌多孔砖墙如图 8-28 所示，墙厚为 240mm，净空面积为 4.0m×2.3m。计算框架间砌砖工程量。

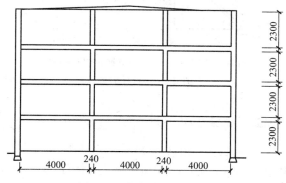

图 8-28　框架结构间砌体

【解】 框架间砌砖工程量＝4.0×2.3×0.24×12＝26.50（m³）

清单工程量计算见表 8-38。

表 8-38 清单工程量计算表（二十六）

项目编码	项目名称	项目特征描述	计量单位	工程量
010401004001	多孔砖墙	多孔砌砖墙,墙体厚 240mm	m³	26.50

【例 8-32】 某砌毛石护坡如图 8-29 所示，计算其清单工程量。

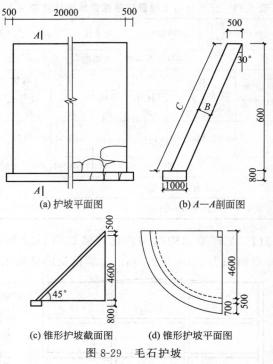

(a) 护坡平面图   (b) A—A 剖面图

(c) 锥形护坡截面图   (d) 锥形护坡平面图

图 8-29 毛石护坡

【解】 护坡工程量＝$BC \times 20 = 0.5 \times \cos30° \times 6 \times \dfrac{1}{\cos30°} \times 20$

$$= 60 \ (\text{m}^3)$$

护坡基础工程量＝0.8×1×（20＋0.5×2）＝16.8（m³）

锥形护坡工程量＝外锥体积－内锥体积

308

外锥体积＝$(4.6+0.5)^2 \times 3.14 \times 5.1 \times \dfrac{1}{3} \times \dfrac{1}{4} = 34.71$（m³）

内锥体积＝$4.6^2 \times 3.14 \times 4.6 \times \dfrac{1}{3} \times \dfrac{1}{4} = 25.47$（m³）

锥形护坡工程量＝$34.71 - 25.47 = 9.24$（m³）

护坡基础工程量＝$(0.5+0.7) \times 0.8 \times \left(4.6 + \dfrac{0.5+0.7}{2}\right) \times 2 \times$

$$3.14 \times \dfrac{1}{4} = 7.84 \text{（m}^3\text{）}$$

清单工程量计算见表 8-39。

表 8-39　清单工程量计算表（二十七）

项目编码	项目名称	项目特征描述	计量单位	工程量
010401001001	砖基础	毛石,基础深 800mm	m³	16.8
010403007001	石护坡	护坡高 6m	m³	60
010403001001	石基础	毛石,基础深 800mm	m³	7.84
010403007002	石护坡	护坡高 6m	m³	9.24

【例 8-33】　某砖台阶如图 8-30 所示，计算其清单工程量。

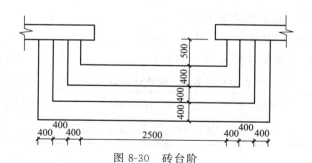

图 8-30　砖台阶

【解】　砖砌台阶工程量＝$(2.5+0.4 \times 6) \times (0.5+0.4 \times 3)$
　　　　　　　　　　＝8.33（m²）

清单工程量计算见表 8-40。

表 8-40　清单工程量计算表（二十八）

项目编码	项目名称	项目特征描述	计量单位	工程量
010401012001	零星砌砖	砖台阶	m²	8.33

8.4　混凝土及钢筋混凝土工程

【例 8-34】　计算如图 8-31 所示地基梁的清单工程量（用组合钢模板、钢支撑）。

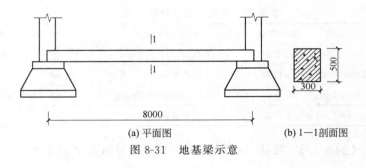

(a) 平面图　　　　　　(b) 1—1剖面图

图 8-31　地基梁示意

【解】　地基梁清单工程量：

$V = 8.0 \times 0.3 \times 0.5 = 1.2$（m³）

清单工程量计算见表 8-41。

表 8-41　清单工程量计算表（二十九）

项目编码	项目名称	项目特征描述	计量单位	工程量
010503001001	基础梁	地基梁断面为 300mm×500mm	m³	1.20

【例 8-35】　如图 8-32 所示，混凝土强度等级为 C25，计算独立承台的清单工程量。

【解】　清单工程量：

$V = 3.1416 \times 6^2 \times 1 = 113.1$（m³）

清单工程量计算见表 8-42。

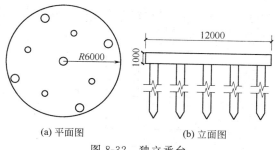

(a) 平面图   (b) 立面图

图 8-32 独立承台

表 8-42 清单工程量计算表（三十）

项目编码	项目名称	项目特征描述	计量单位	工程量
010501005001	桩承台基础	混凝土强度等级为 C25	m³	113.10

【**例 8-36**】 已知如图 8-33 所示，预制混凝土矩形柱。计算其清单工程量。

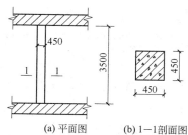

(a) 平面图   (b) 1—1剖面图

图 8-33 预制混凝土矩形柱示意

【**解**】 按设计图示尺寸以体积计算。不扣除构件内钢筋、预埋铁件所占体积。

矩形柱工程量：$V = 0.45 \times 0.45 \times 3.5 = 0.71$（m³）

清单工程量计算见表 8-43。

表 8-43 清单工程量计算表（三十一）

项目编码	项目名称	项目特征描述	计量单位	工程量
010509001001	矩形柱	矩形柱尺寸如图 8-33 所示	m³	0.71

【**例 8-37**】 图 8-34 所示为某混凝土构造柱。已知柱高 4.0m，

断面尺寸 400mm×400mm，与砖墙咬接 60mm。试计算其清单工程量。

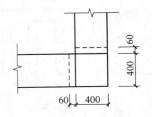

图 8-34 混凝土构造柱平面图

【解】 混凝土构造柱清单工程量：

$(0.4×0.4+0.06×0.4)×4.0=0.74$ （m^3）

清单工程量计算见表 8-44。

表 8-44 清单工程量计算表 （三十二）

项目编码	项目名称	项目特征描述	计量单位	工程量
010502002001	构造柱	柱高 4.0m，断面尺寸为 400mm× 400mm，与砖墙咬接 60mm	m^3	0.74

【例 8-38】 如图 8-35 所示，组合钢模板、钢支撑挡土墙，长 25m。计算其清单工程量。

【解】 挡土墙清单工程量：

$25×0.5×2.1=26.25$ （m^3）

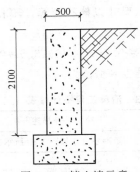

图 8-35 挡土墙示意

清单工程量计算见表 8-45。

表 8-45　清单工程量计算表（三十三）

项目编码	项目名称	项目特征描述	计量单位	工程量
010504001001	直形墙	挡土墙墙厚 500mm	m³	26.25

【例 8-39】　某矩形过梁钢筋如图 8-36 所示，采用组合钢模板木支撑，混凝土保护层厚度为 30mm。计算其工程量。

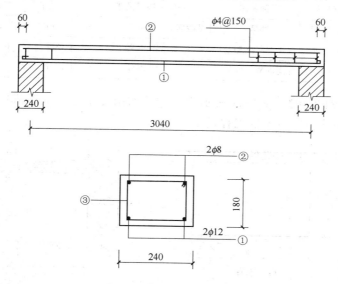

图 8-36　矩形过梁钢筋示意

【解】　（1）混凝土工程量

$V = 0.24 \times 0.18 \times (3.04 + 0.24) = 0.14$（m³）

（2）钢筋工程量

①号 $\phi 12$：

$(3.04 + 0.24 - 0.03 \times 2 + 2 \times 6.25 \times 0.012) \times 2 \times 0.888 = 5.99$（kg）$= 0.006$（t）

②号 $\phi 8$：

$(3.04+0.24-0.03\times2)\times2\times0.395=2.54(\mathrm{kg})=0.003(\mathrm{t})$

箍筋③号 $\phi4$：$\dfrac{3.04+0.24-0.06\times2}{0.15}+1=23$（个）

$[(0.24+0.18)\times2-8\times0.03+2\times12.89\times0.04]\times23\times0.099=$ 3.71（kg）$=0.004$（t）

清单工程量计算见表 8-46。

表 8-46　清单工程量计算表（三十四）

项目编码	项目名称	项目特征描述	计量单位	工程量
010503005001	过梁	过梁截面为 240mm×180mm	m³	0.14
010515001001	现浇混凝土钢筋	$\phi10$ 以内	t	0.007
010515001002	现浇混凝土钢筋	$\phi10$ 以外	t	0.006

【例 8-40】　图 8-37 所示为某建筑物雨篷示意。试用清单的方法计算出其混凝土的工程量。

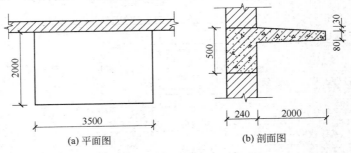

(a) 平面图　　　　(b) 剖面图

图 8-37　某建筑物雨篷示意

【解】　清单工程量：

$$V=\frac{1}{2}\times(0.08+0.11)\times2.0\times3.5=0.67（\mathrm{m}^3）$$

清单工程量计算见表 8-47。

表 8-47　清单工程量计算表（三十五）

项目编码	项目名称	项目特征描述	计量单位	工程量
010505008001	雨篷	雨篷,C20 混凝土	m³	0.67

【例 8-41】 如图 8-38 所示的钢筋混凝土檩条，计算其清单工程量。

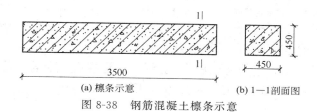

(a) 檩条示意

(b) 1—1剖面图

图 8-38　钢筋混凝土檩条示意

【解】 清单工程量：

$V = 3.5 \times 0.45 \times 0.45 = 0.71$ （m^3）

清单工程量计算见表 8-48。

表 8-48　清单工程量计算表 （三十六）

项目编码	项目名称	项目特征描述	计量单位	工程量
010507007001	檩条	檩条单体体积为 0.71m³	m³	0.71

【例 8-42】 如图 8-39 所示独立桩承台基础，试计算该基础的清单工程量。

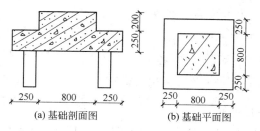

(a) 基础剖面图

(b) 基础平面图

图 8-39　独立桩承台基础示意

【解】 清单工程量：

$1.3 \times 1.3 \times 0.25 + 0.8 \times 0.8 \times 0.2 = 0.55$ （m^3）

清单工程量计算见表 8-49。

表 8-49　清单工程量计算表（三十七）

项目编码	项目名称	项目特征描述	计量单位	工程量
010501005001	桩承台基础	混凝土强度等级为 C30	m³	0.55

【例 8-43】　图 8-40 所示为现浇钢筋混凝土的后浇带示意，混凝土采用 C20，钢筋为 HPB235。计算现浇板后浇带的清单工程量（板的长度为 6.5m，宽度为 3.2m，厚度为 100mm）。

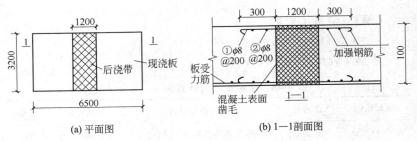

(a) 平面图　　　　(b) 1—1剖面图

图 8-40　现浇板后浇带示意

【解】　（1）后浇带的混凝土工程量

$V = 1.2 \times 3.2 \times 0.1 = 0.38$（m³）

（2）后浇带的钢筋工程量

① 号加强钢筋：

长度 $= 1200 + 300 \times 2 + 4.9 \times 8 \times 2 = 1878.4$（mm）

根数：$\left(\dfrac{3200}{200} - 1 \right) \times 2 = 30$（根）

② 号加强钢筋：

长度 $= 3200 - 2 \times 15 + 4.9 \times 8 \times 2 = 3248.4$（mm）

根数：$\left(\dfrac{1200 + 300 \times 2}{200} - 1 \right) \times 2 = 16$（根）

钢筋总工程量 $= (1.8784 \times 30 + 3.2484 \times 16) \times 0.395$

$\qquad\qquad = 42.79$（kg）$= 0.042$（t）

清单工程量计算见表 8-50。

表 8-50　清单工程量计算表（三十八）

项目编码	项目名称	项目特征描述	计量单位	工程量
010508001001	后浇带	现浇板后浇带,混凝土强度等级为 C20	m³	0.38
010515001001	现浇混凝土钢筋	$\phi8$,HPB235	t	0.042

【例 8-44】　已知如图 8-41 所示，预制混凝土 T 形吊车梁、木模板。计算其清单工程量。

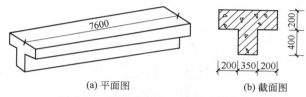

(a) 平面图　　　　(b) 截面图

图 8-41　预制混凝土 T 形吊车梁示意

【解】　吊车梁工程量：

$V=(0.2\times0.75+0.4\times0.35)\times7.6=2.2$（m³）

清单工程量计算见表 8-51。

表 8-51　清单工程量计算表（三十九）

项目编码	项目名称	项目特征描述	计量单位	工程量
010510002001	异形梁	T 形吊车梁	m³	2.2

【例 8-45】　用清单方法计算如图 8-42、图 8-43 所示的混凝土工程量。

【解】　清单工程量：

$V=1.6\times3.2\times0.1=0.51$（m³）

清单工程量计算见表 8-52。

表 8-52　清单工程量计算表（四十）

项目编码	项目名称	项目特征描述	计量单位	工程量
010505008001	阳台板	阳台板如图 8-42、图 8-43 所示	m³	0.51

【例 8-46】　预制过梁及配筋如图 8-44 所示，计算其清单工程量。

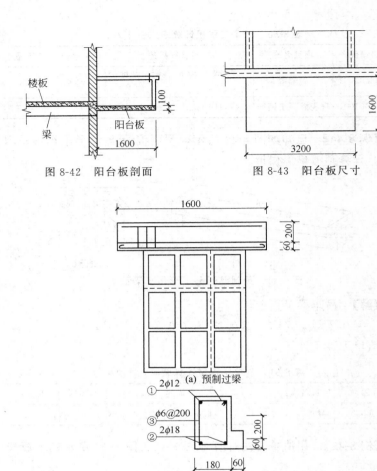

图 8-42 阳台板剖面

图 8-43 阳台板尺寸

(a) 预制过梁

(b) 配筋

图 8-44 预制过梁及配筋示意

【解】 （1）混凝土工程量

$V=(0.18\times0.26+0.06\times0.06)\times1.6=0.08$（$m^3$）

（2）钢筋用量

$\phi6$：$\rho=0.222kg/m$

$\phi12$：$\rho=0.888kg/m$

$\phi18$：$\rho=1.998kg/m$

① $\phi 6$：

$[(1.6-0.05)\div 0.2+1]\times 0.904\times 0.222=1.76(kg)=0.002$（t）

② $\phi 12$：

$(1.6-0.05)\times 2\times 0.888=2.75(kg)=0.003$（t）

③ $\phi 18$：

$(1.6-0.05+6.25\times 0.018\times 2)\times 2\times 1.998=7.09(kg)=0.007$（t）

清单工程量计算见表 8-53。

表 8-53　清单工程量计算表（四十一）

项目编码	项目名称	项目特征描述	计量单位	工程量
010510003001	过梁	过梁如图 8-44 所示	m³	0.08
010515002001	预制构件钢筋	$\phi 6$	t	0.002
010515002002	预制构件钢筋	$\phi 12$	t	0.003
010515002003	预制构件钢筋	$\phi 18$	t	0.007

【例 8-47】　已知如图 8-45 所示，预制门式钢架屋架。计算其清单工程量。

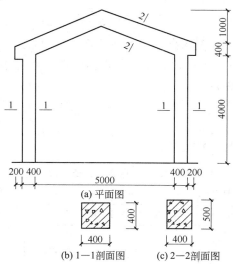

(a) 平面图

(b) 1—1剖面图　　(c) 2—2剖面图

图 8-45　预制门式钢架屋架示意

【解】 屋架工程量：

$V = 0.4 \times 0.4 \times 4.0 \times 2 + 3.32 \times 0.5 \times 0.4 \times 2 = 2.61$（$m^3$）

清单工程量计算见表 8-54。

表 8-54　清单工程量计算表（四十二）

项目编码	项目名称	项目特征描述	计量单位	工程量
010511004001	门式钢架屋架	门式钢架屋架如图 8-45 所示	m^3	2.61

【例 8-48】 预制槽形板如图 8-46 所示，计算其工程量。

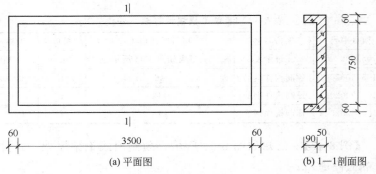

(a) 平面图　　　　　　　　　　　　(b) 1—1 剖面图

图 8-46　预制槽形板示意

【解】 按设计图示尺寸以体积计算。不扣除构件内钢筋、预埋铁件及单个尺寸 300mm×300mm 以内的孔洞所占体积。

槽形板工程量：

$V = 0.09 \times 0.06 \times (3.62 \times 2 + 0.75 \times 2) + 0.05 \times 0.87 \times 3.5$

$\quad = 0.2$（m^3）

清单工程量计算见表 8-55。

表 8-55　清单工程量计算表（四十三）

项目编码	项目名称	项目特征描述	计量单位	工程量
010512003001	槽形板	槽形板尺寸如图 8-46 所示	m^3	0.2

【例 8-49】 如图 8-47 所示，采用组合钢模板、钢支撑，计算水池的清单工程量。

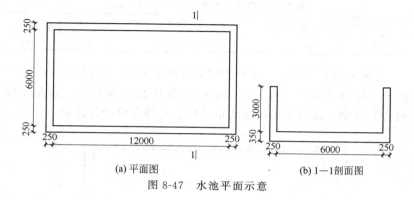

(a) 平面图　　　　　　　　(b) 1—1剖面图

图 8-47　水池平面示意

【解】　清单工程量：

池底工程量＝(6＋0.25×2)×(12＋0.25×2)×0.35
　　　　　　＝28.44（m³）

池壁工程量＝(12＋0.25＋6＋0.25)×2×3.0×0.25
　　　　　　＝27.75（m³）

总工程量＝28.44＋27.75＝56.19（m³）

清单工程量计算见表 8-56。

表 8-56　清单工程量计算表（四十四）

项目编码	项目名称	项目特征描述	计量单位	工程量
010514002001	贮水池	贮水池尺寸如图 8-47 所示	m³	56.19

【例 8-50】　如图 8-48 所示，某框剪结构一段剪力墙板，墙厚 240mm，组合钢模板、钢支撑。计算该现浇混凝土墙清单工程量。

【解】　清单工程量：

墙工程量＝(4.5×8.6－1.6×2.4×2)×0.24＝7.44（m³）

清单工程量计算见表 8-57。

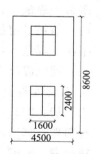

图 8-48　剪力墙板示意

表 8-57 清单工程量计算表 （四十五）

项目编码	项目名称	项目特征描述	计量单位	工程量
010504001001	直形墙	剪力墙墙厚 240mm	m³	7.44

【例 8-51】 图 8-49 所示为现浇混凝土平板，板厚 240mm，混凝土强度等级 C25 （石子＜20mm），现场搅拌混凝土，钢筋及模板计算从略。试编制工程量清单计价表及综合单价计算表。

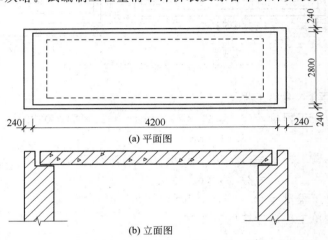

(a) 平面图

(b) 立面图

图 8-49 现浇混凝土平板

【解】 依据某省建筑工程消耗量定额价目表计取有关费用。

（1）清单工程量

平板工程量＝4.2×2.8×0.24＝2.82 （m³）

（2）消耗量定额工程量

平板工程量＝4.2×2.8×0.24＝2.82 （m³）

（3）现浇混凝土平板

① 现浇混凝土平板 C25

人工费：242.44×2.82/10＝68.37 （元）

材料费：1691.50×2.82/10＝477.00 （元）

机械费：8.07×2.82/10＝2.28 （元）

② 现场搅拌混凝土

人工费：$50.38 \times 2.82/10 = 14.21$（元）

材料费：$13.91 \times 2.82/10 = 3.92$（元）

机械费：$56.52 \times 2.82/10 = 15.94$（元）

（4）综合

直接费合计：581.72 元

管理费：$581.72 \times 35\% = 203.60$（元）

利润：$581.72 \times 5\% = 29.09$（元）

合价：$581.72 + 203.60 + 29.09 = 814.41$（元）

综合单价：$814.41 \div 2.82 = 288.80$（元）

结果见表 8-58 和表 8-59。

表 8-58　分部分项工程量清单计价表（七）

序号	项目编码	项目名称	项目特征描述	计量单位	工程数量	综合单价	合价	其中直接费
1	010505003001	现浇混凝土平板	板厚 240mm，混凝土强度等级 C25（石子＜20mm），现场搅拌混凝土	m³	2.82	288.80	814.41	581.72

表 8-59　分部分项工程量清单综合单价计算表（七）

项目编号	010505003001		项目名称	现浇混凝土平板	计量单位	m³	工程量	2.82

清单综合单价组成明细

定额编号	定额项目名称	定额单位	数量	单价/元			合价/元			
				人工费	材料费	机械费	人工费	材料费	机械费	管理费和利润
3-2-38	现浇混凝土平板 C25	10m³	0.282	242.44	1691.50	8.07	68.37	477.00	2.28	219.06
3-3-16	现场搅拌混凝土	10m³	0.282	50.38	13.91	56.52	14.21	3.92	15.94	13.63
人工单价		小　计					82.58	480.92	18.22	232.69
28 元/工日		未计价材料费					—			
清单项目综合单价/元							288.80			

【例 8-52】 图 8-50 所示现浇混凝土矩形柱，混凝土强度等级 C25，现场搅拌混凝土，钢筋及模板计算从略。编制其工程量清单计价表及综合单价计算表。

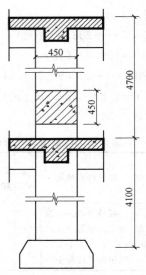

图 8-50 现浇钢筋混凝土矩形柱

【解】 依据某省建筑工程消耗量定额价目表计取有关费用。

（1）清单工程量：

矩形柱混凝土工程量＝0.45×0.45×(4.7＋4.1)＝1.78（m³）

（2）消耗量定额工程量：

矩形柱混凝土工程量＝0.45×0.45×(4.7＋4.1)＝1.78（m³）

（3）现浇混凝土矩形柱

① C25 现浇混凝土矩形柱

人工费：421.52×1.78/10＝75.03（元）

材料费：1524.39×1.78/10＝271.34（元）

机械费：9.01×1.78/10＝1.60（元）

② 现场搅拌混凝土

人工费：50.38×1.78/10＝8.97（元）

材料费：$13.91 \times 1.78 / 10 = 2.48$（元）

机械费：$56.52 \times 1.78 / 10 = 10.06$（元）

（4）综合

直接费合计：369.48 元

管理费：$369.48 \times 34\% = 125.62$（元）

利润：$369.48 \times 8\% = 29.56$（元）

合价：$369.48 + 125.62 + 29.56 = 524.66$（元）

综合单价：$524.66 \div 1.78 = 294.75$（元）

结果见表 8-60 和表 8-61。

表 8-60　分部分项工程量清单计价表（八）

序号	项目编码	项目名称	项目特征描述	计量单位	工程数量	金额/元		
						综合单价	合价	其中 直接费
1	010502001001	现浇混凝土矩形柱	混凝土强度等级 C25,现场搅拌混凝土	m³	1.78	294.75	524.66	369.48

表 8-61　分部分项工程量清单综合单价计算表（八）

项目编号	010502001001		项目名称	现浇混凝土矩形柱	计量单位	m³	工程量	1.78

清单综合单价组成明细

定额编号	定额项目名称	定额单位	数量	单价/元			合价/元			
				人工费	材料费	机械费	人工费	材料费	机械费	管理费和利润
4-2-17	C25 现浇混凝土矩形柱	10m³	0.178	421.52	1524.39	9.01	75.03	271.34	1.60	146.15
4-4-16	现场搅拌混凝土	10m³	0.178	50.38	13.91	56.52	8.97	2.48	10.06	9.03
人工单价	小　计						84	273.82	11.66	155.18
28 元/工日	未计价材料费						—			
清单项目综合单价/元							294.75			

325

8.5 木结构工程

【例 8-53】 某钢木屋架尺寸如图 8-51 所示,上弦、斜撑采用木材,下弦、中柱采用钢材,跨度 8m,共 10 榀,屋架刷调和漆两遍。计算钢木屋架工程量。

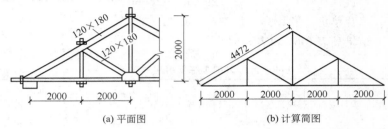

(a) 平面图   (b) 计算简图

图 8-51 某钢木屋架示意

【解】 清单工程量:工程量为 10 榀。

因钢木屋架制作安装对应建筑工程综合定额子目计量单位为"m^3",刷油漆对应装饰装修工程综合定额子目计量单位为"$100m^2$",因此,在进行综合单价计算时,先按定额工程量计算规则计算工程量,再按清单计量单位折合成每榀综合计价。

每榀工程量:

上弦工程量 $=4.472×0.12×0.18×2=0.19$(m³)

斜撑工程量 $=\sqrt{2.0^2+\left(\dfrac{2.0}{2}\right)^2}×0.1×0.18×2=0.08$(m³)

刷油漆工程量 $=\dfrac{1}{2}×8×2.0×1.79=14.32$(m²)

清单工程量计算见表 8-62。

表 8-62 清单工程量计算表(四十六)

项目编码	项目名称	项目特征描述	计量单位	工程量
010701002001	钢木屋架	跨度 8m,上弦木材截面 120mm×180mm,斜撑木材截面 120mm×180mm,刷底调和漆两遍	榀	10

【例 8-54】 如图 8-52 所示木基层，木基层厚度为 1.5mm。计算屋面板的清单工程量。

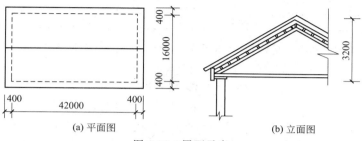

(a) 平面图 　　　　　　　　(b) 立面图

图 8-52　屋面示意

【解】 清单工程量：

$V=(42+0.4\times2)\times(16+0.4\times2)\times0.0015=1.08$（m³）

清单工程量计算见表 8-63。

表 8-63　清单工程量计算表（四十七）

项目编码	项目名称	项目特征描述	计量单位	工程量
010702005001	其他木构件	桐木,底漆一遍,调和漆两遍	m³	1.08

【例 8-55】 某屋顶如图 8-53 所示，试计算其木基层的椽子、挂瓦条工程量。

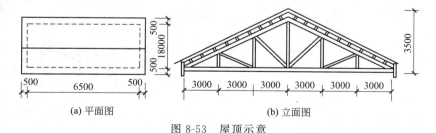

(a) 平面图 　　　　　　　　(b) 立面图

图 8-53　屋顶示意

【解】 清单工程量：

椽子、挂瓦条工程量＝[(65+0.5×2)+(18+0.5×2)]×2＝170（m²）

327

清单工程量计算见表 8-64。

表 8-64　清单工程量计算表（四十八）

项目编码	项目名称	项目特征描述	计量单位	工程量
010702005001	其他木构件	椽子、挂瓦条,刷底漆一遍、调和漆两遍	m	170

【例 8-56】　某木屋架如图 8-54 所示,计算其清单工程量。

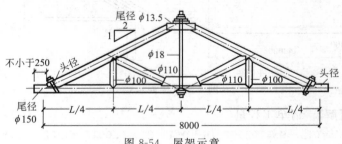

图 8-54　屋架示意

【解】　工程量＝1 榀

清单工程量计算见表 8-65。

表 8-65　清单工程量计算表（四十九）

项目编码	项目名称	项目特征描述	计量单位	工程量
010701001001	木屋架	跨度 8.0m	榀	1

【例 8-57】　某钢木屋架如图 8-55 所示,试编制工程量清单计价表及综合单价计算表。

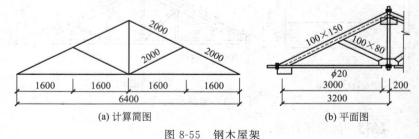

(a) 计算简图　　　　　　(b) 平面图

图 8-55　钢木屋架

【解】　(1) 清单工程量:1 榀

（2）消耗量定额工程量

上弦：$(2.0+2.0) \times 0.1 \times 0.15 \times 2 = 0.12$（m³）

斜撑：$(2.0+2.0) \times 0.1 \times 0.08 = 0.032$（m³）

合计：$0.12 + 0.032 = 0.152$（m³）

（3）钢木屋架制作、安装

① 钢木屋架制作

人工费：$291.7 \times 0.152 = 44.34$（元）

材料费：$2656.7 \times 0.152 = 403.82$（元）

机械费：$96.22 \times 0.152 = 14.63$（元）

② 钢木屋架安装

人工费：$72.73 \times 0.152 = 11.05$（元）

机械费：$222.53 \times 0.152 = 33.82$（元）

（4）钢木屋架

人工费：$55.39 \times 1 = 55.39$（元）

材料费：$403.82 \times 1 = 403.82$（元）

机械费：$48.45 \times 1 = 48.45$（元）

（5）综合

直接费：507.66 元

管理费：$507.66 \times 35\% = 177.68$（元）

利润：$507.66 \times 5\% = 25.38$（元）

合价：$507.66 + 177.68 + 25.38 = 710.72$（元）

综合单价：$710.72 \div 1 = 710.72$（元/榀）

分部分项工程量清单计价表见表 8-66。

表 8-66　分部分项工程量清单计价表（九）

项目编号	项目名称	项目特征描述	计算单位	工程数量	金额/元		
					综合单价	合价	其中直接费
010701002001	钢木屋架	跨度：6400mm 材料品种：φ20	榀	1	710.72	710.72	507.66

分部分项工程量清单综合单价计算表见表 8-67。

表 8-67　分部分项工程量清单综合单价计算表（九）

项目编号	010701002001	项目名称	钢木屋架			计量单位	榀	工程量	1
清单综合单价组成明细									
定额编号	定额项目名称	定额单位	数量	单价/元			合价/元		
				人工费	材料费	机械费	人工费	材料费	机械费	管理费和利润
一	钢木屋架	榀	1	55.39	403.82	48.45	55.39	403.82	48.45	203.06
人工单价			小计				55.39	403.82	48.45	203.06
28 元/工日			未计价材料费				—			
清单项目综合单价/（元/榀）							710.72			

8.6　金属结构工程

【例 8-58】　如图 8-56 所示的金属网，试计算该金属网的清单工程量。

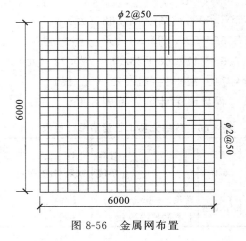

图 8-56　金属网布置

【解】　清单工程量：

工程量＝6×6＝36（m²）

清单工程量计算见表 8-68。

表 8-68　清单工程量计算表（五十）

项目编码	项目名称	项目特征描述	计量单位	工程量
010607004001	金属网	φ2 钢丝	m²	36

【例 8-59】　计算如图 8-57 所示钢屋架制作的清单工程量。

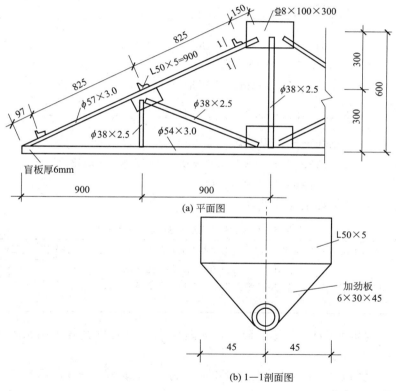

图 8-57　钢屋架示意

【解】　（1）上弦杆（φ57×3.0 钢管）工程量：

（0.097＋0.825×2＋0.15）×2×4＝15.18（kg）

（2）下弦杆工程量（$\phi 54 \times 3.0$ 钢管）：

$(0.9+0.9) \times 2 \times 3.77 = 13.57$（kg）

（3）腹杆（$\phi 38 \times 2.5$ 钢管）工程量：

$(0.3 \times 2 + \sqrt{0.3^2 + 0.9^2} \times 2 + 0.6) \times 2.19 = 6.78$（kg）

（4）连接板（厚 8mm）工程量：

$(0.1 \times 0.3 \times 4) \times 62.8 = 7.54$（kg）

（5）盲板（厚 6mm）工程量：

$\left(\dfrac{\pi \times 0.054^2}{4} \right) \times 2 \times 47.1 = 0.22$（kg）

（6）角钢（$\llcorner 50 \times 5$）工程量：

$0.9 \times 6 \times 3.7 = 19.98$（kg）

（7）加劲板（厚 6mm）工程量：

$0.03 \times 0.045 \times \dfrac{1}{2} \times 2 \times 6 \times 47.1 = 0.38$（kg）

（8）总的预算工程量：

$15.18 + 13.57 + 6.78 + 7.54 + 0.22 + 19.98 + 0.38$

$= 63.65$（kg）$= 0.064$（t）

清单工程量计算见表 8-69。

表 8-69　清单工程量计算表（五十一）

项目编码	项目名称	项目特征描述	计量单位	工程量
010602001001	钢屋架	$\phi 57 \times 3.0$ 钢管，$\phi 54 \times 3.0$ 钢管，$\phi 38 \times$ 2.5 钢管，8mm 和 6mm 厚钢板，$\llcorner 50 \times 5$ 角钢	t	0.064

【例 8-60】　H 形实腹柱，如图 8-58 所示，则其施工图预算工程量为多少？

【解】　6mm 厚钢板的理论质量为 $47.1 \mathrm{kg/m^2}$，8mm 厚钢板的理论质量为 $62.8 \mathrm{kg/m^2}$。

（1）翼缘板工程量：

$62.8 \times (0.12 \times 5) \times 2 = 75.36$（kg）$= 0.075$（t）

（2）腹翼板工程量：

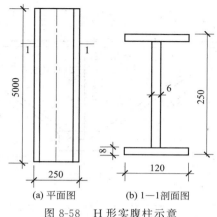

(a) 平面图　　(b) 1—1剖面图

图 8-58　H 形实腹柱示意

$47.1 \times 5 \times (0.25-0.008 \times 2) = 55.11(\text{kg}) = 0.055$（t）

（3）总的预算工程量：

$0.075 + 0.055 = 0.13$（t）

清单工程量计算见表 8-70。

表 8-70　清单工程量计算表（五十二）

项目编码	项目名称	项目特征描述	计量单位	工程量
010603001001	实腹柱	6mm 厚钢板,8mm 厚钢板	t	0.13

【例 8-61】　如图 8-59 所示的钢托架，计算该钢托架的清单工程量。

【解】　（1）上弦杆的工程量

∟ 125×10 的理论质量是 19.133kg/m。

$19.133 \times 6.0 \times 2 = 229.60(\text{kg}) = 0.23$（t）

（2）斜向支撑杆的工程量

∟ 110×10 的理论质量是 16.69kg/m。

$16.69 \times 4.243 \times 4 = 283.26$（kg）$= 0.283$（t）

（3）竖向支撑杆的工程量

∟ 110×8 的理论质量是 13.532kg/m。

$13.532 \times 3.0 \times 2 = 81.19$（kg）$= 0.081$（t）

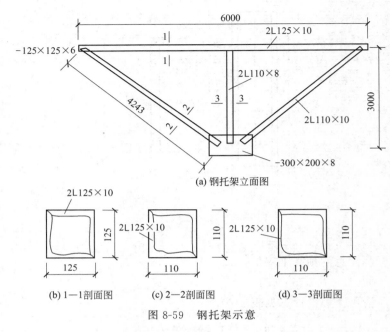

(a) 钢托架立面图

(b) 1—1剖面图　　(c) 2—2剖面图　　(d) 3—3剖面图

图 8-59　钢托架示意

（4）连接板的工程量

8mm 厚钢板的理论质量为 $62.8\mathrm{kg/m^2}$。

$62.8\times0.2\times0.3=3.77$（kg）$=0.004$（t）

（5）塞板的工程量

6mm 厚钢板的理论质量为 $47.1\mathrm{kg/m^2}$。

$47.1\times0.125\times0.125\times2=1.47$（kg）$=0.001$（t）

（6）总的预算工程量：

$0.23+0.283+0.081+0.004+0.001=0.599$（t）

清单工程量计算见表 8-71。

表 8-71　清单工程量计算表（五十三）

项目编码	项目名称	项目特征描述	计量单位	工程量
010602002001	钢托架	∟125×10、∟110×10、∟110×8角钢,8mm、6mm 厚钢板	t	0.599

【例 8-62】 如图 8-60 所示的压型钢板墙板，计算其清单工程量。

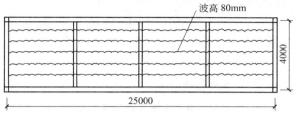

图 8-60 墙板布置

【解】 清单工程量：$25 \times 4 = 100$（m²）

清单工程量计算见表 8-72。

表 8-72 清单工程量计算表（五十四）

项目编码	项目名称	项目特征描述	计量单位	工程量
010605002001	压型钢板墙板	波高 80mm 的压型钢板	m²	100

【例 8-63】 如图 8-61 所示，计算制作钢直梯的清单工程量。

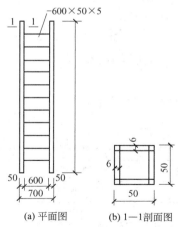

(a) 平面图　　(b) 1—1剖面图

图 8-61 钢梯示意

【解】 （1）扶手工程量

6mm 厚钢板的理论质量为 47.1kg/m²。

$47.1 \times (0.05 \times 2 + 0.038 \times 2) \times 4.2 \times 2 = 69.63$（kg）$= 0.070$（t）

（2）梯板工程量

5mm 厚钢板的理论质量为 $39.2kg/m^2$。

$39.2 \times 0.6 \times 0.05 \times 11 = 12.94(kg) = 0.013$（t）

（3）总的预算工程量：

$0.070 + 0.013 = 0.083$（t）

清单工程量计算见表 8-73。

表 8-73　清单工程量计算表（五十五）

项目编码	项目名称	项目特征描述	计量单位	工程量
010606008001	钢梯	5mm 厚钢板,6mm 厚钢板,钢直梯	t	0.083

【例 8-64】　如图 8-62 所示的槽形钢梁，试计算其清单工程量。

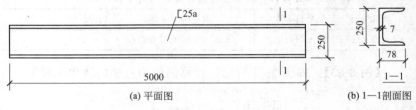

(a) 平面图　　　　　　　　　　　　　　　　(b) 1—1 剖面图

图 8-62　钢梁立面图

【解】　〔25a 的理论质量为 $27.4kg/m$。

清单工程量：

$27.4 \times 5.0 = 137(kg) = 0.137$（t）

清单工程量计算见表 8-74。

表 8-74　清单工程量计算表（五十六）

项目编码	项目名称	项目特征描述	计量单位	工程量
010604001001	钢梁	〔25a 槽钢	t	0.137

【例 8-65】　某工程钢支撑如图 8-63 所示，钢屋架刷一遍防锈漆，一遍防火漆。试编制工程量清单计价表及综合单价计算表。

【解】　（1）工程量

角钢（∟ 140×12）：$3.6 \times 2 \times 2 \times 25.552 = 367.95$（kg）

钢板（$\delta 10$）：$0.8 \times 0.28 \times 78.5 = 17.58$（kg）

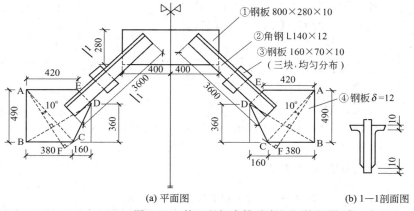

(a) 平面图　　　　　　　　　　(b) 1—1剖面图

图 8-63　某工程钢支撑示意

钢板（δ10）：$0.16 \times 0.07 \times 3 \times 2 \times 78.5 = 5.28$（kg）

钢板（δ12）：$(0.16+0.38) \times 0.49 \times 2 \times 94.2 = 49.85$（kg）

工程量合计：440.66（kg）$=0.441$（t）

（2）钢支撑

① 钢屋架支撑制作安装

人工费：$165.19 \times 0.441 = 72.85$（元）

材料费：$4716.47 \times 0.441 = 2079.96$（元）

机械费：$181.84 \times 0.441 = 80.19$（元）

② 钢支撑刷一遍防锈漆

人工费：$26.34 \times 0.441 = 11.62$（元）

材料费：$69.11 \times 0.441 = 30.48$（元）

机械费：$2.86 \times 0.441 = 1.26$（元）

③ 钢屋架支撑刷两遍防火漆

人工费：$49.23 \times 0.441 = 21.71$（元）

材料费：$133.64 \times 0.441 = 58.94$（元）

机械费：$5.59 \times 0.441 = 2.47$（元）

④ 钢屋架支撑刷防火漆减一遍

人工费：$25.48 \times 0.441 = 11.24$（元）

材料费：67.71×0.441＝29.86（元）

机械费：2.85×0.441＝1.26（元）

（3）综合

直接费合计：2317.12元

管理费：2317.12×35％＝810.99（元）

利润：2317.12×5％＝115.86（元）

总计：2317.12＋810.99＋115.86＝3243.97（元）

综合单价：3243.97÷0.441＝7355.94（元）

结果见表8-75和表8-76。

表 8-75　分部分项工程量清单计价表（十）

序号	项目编码	项目名称	项目特征描述	计算单位	工程数量	金额/元		
						综合单价	合价	其中 直接费
1	010606001001	钢支撑	钢材品种,规格为：角钢∟140×12;钢板厚10mm；0.80×0.28;钢板厚10mm;0.16×0.07;钢板厚12mm;(0.16+0.38)×0.49;钢支撑刷一遍防锈漆、防火漆	t	0.441	7355.94	3243.97	2317.12

表 8-76　分部分项工程量清单综合单价计算表（十）

项目编号	010606001001		项目名称	钢支撑	计量单位		t	工程量	0.441

清单综合单价组成明细

定额编号	定额项目名称	定额单位	数量	单价/元			合价/元			
				人工费	材料费	机械费	人工费	材料费	机械费	管理费和利润
—	钢屋架支承制作安装	t	0.441	165.19	4716.47	181.84	72.85	2079.96	80.19	893.2

定额编号	定额项目名称	定额单位	数量	单价/元			合价/元			
				人工费	材料费	机械费	人工费	材料费	机械费	管理费和利润
—	钢支撑刷一遍防锈漆	t	0.441	26.34	69.11	2.86	11.62	30.48	1.26	17.34
—	钢屋架支承刷两遍防火漆	t	0.441	49.23	133.64	5.59	21.71	58.94	2.47	33.25
—	钢屋架支承刷防火漆减一遍	t	0.441	−25.48	−67.71	−2.85	−11.24	−29.86	−1.26	−16.94
人工单价		小计					94.94	2139.52	82.66	926.85
元/工日		未计价材料费					—			
清单项目综合单价/元							7355.94			

8.7 屋面及防水工程

【例 8-66】 某工程在如图 8-64 所示位置处设置一通北面伸缩缝。用油浸麻丝填缝。试计算伸缩缝的清单工程量。

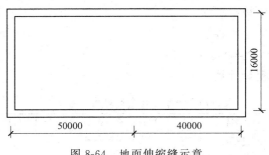

图 8-64 地面伸缩缝示意

【解】 清单工程量：

地面伸缩缝油浸麻丝工程量＝16－0.24＝15.76 （m）

清单工程量计算见表 8-77。

表 8-77　清单工程量计算表（五十七）

项目编码	项目名称	项目特征描述	计量单位	工程量
010904004001	变形缝	油浸麻丝填缝	m	15.76

【例 8-67】　图 8-65 所示为一金属压型板屋面，檩距为 6m。计算其清单工程量。

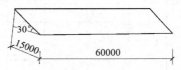

图 8-65　金属压型板单坡屋面示意

【解】 清单工程量：

$$S = 60 \times \sqrt{15^2 + (15 \times \tan30°)^2} = 1039.23 \text{ （m}^2\text{）}$$

清单工程量计算见表 8-78。

表 8-78　清单工程量计算表（五十八）

项目编码	项目名称	项目特征描述	计量单位	工程量
010901002001	型板屋面	金属压型板，檩距 6m	m²	1039.23

【例 8-68】　如图 8-66 所示，屋面采用屋面刚性防水，采用 40mm 厚 1：2 防水砂浆，油膏嵌缝，50mm 厚 C30 细石混凝土。计算其清单工程量。

【解】 清单工程量：

$$S = 13 \times 72 = 936 \text{ （m}^2\text{）}$$

清单工程量计算见表 8-79。

表 8-79　清单工程量计算表（五十九）

项目编码	项目名称	项目特征描述	计量单位	工程量
010902003001	屋面刚性防水	40mm 厚 1：2 防水砂浆，油膏嵌缝，50mm 厚 C30 细石混凝土	m²	936

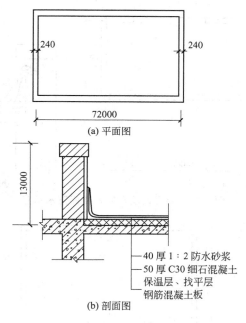

(a) 平面图

40 厚 1 : 2 防水砂浆
50 厚 C30 细石混凝土
保温层、找平层
钢筋混凝土板

(b) 剖面图

图 8-66　刚性防水屋面平面图

【例 8-69】　沥青玻璃布卷材楼面防水如图 8-67 所示，计算其工程量。

【解】　清单工程量：

$S = (14 - 0.24) \times (5 - 0.24) + 14 \times (7 - 0.24) + [(14 - 0.24) \times 2 + (19 - 0.24) \times 2] \times 0.4 = 186.15(\text{m}^2)$

清单工程量计算见表 8-80。

表 8-80　清单工程量计算表（六十）

项目编码	项目名称	项目特征描述	计量单位	工程量
010904001001	卷材防水	沥青玻璃布卷材楼面防水	m²	186.15

【例 8-70】　一屋面采用屋面刚性防水，如图 8-68 所示。计算其清单工程量。

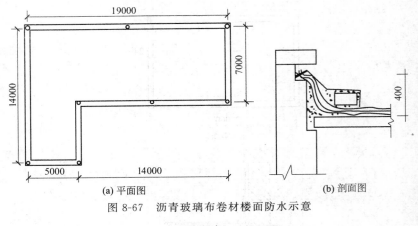

(a) 平面图　　　　　　　　　　　　(b) 剖面图

图 8-67　沥青玻璃布卷材楼面防水示意

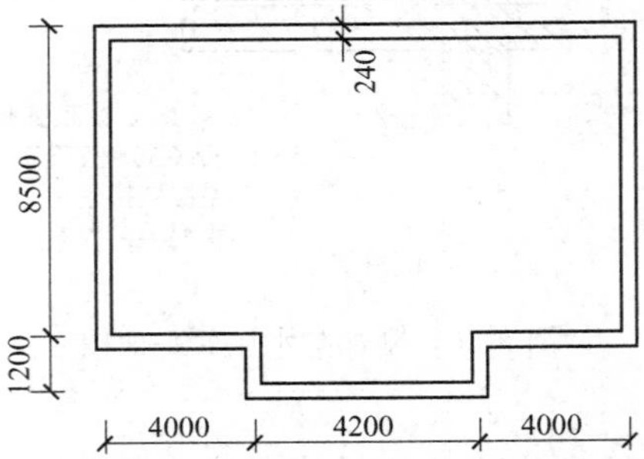

图 8-68　刚性防水屋面平面图

【解】　清单工程量：

$(4.0+4.2+4.0)\times8.5+1.2\times4.2=108.74$（$m^2$）

清单工程量计算见表 8-81。

表 8-81　清单工程量计算表（六十一）

项目编码	项目名称	项目特征描述	计量单位	工程量
010902003001	屋面刚性防水	40mm 厚 1：2 防水砂浆防水	m^2	108.74

【例 8-71】　地面防水（二毡三油）如图 8-69 所示，不考虑找平层。试编制工程量清单计价表及综合单价计算表。

【解】　依据某省建筑工程消耗量定额价目表计取有关费用。

342

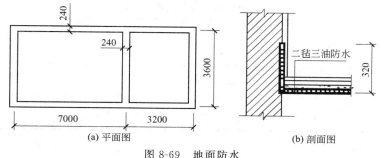

(a) 平面图 　　　　(b) 剖面图

图 8-69　地面防水

（1）编制分部分项清单工程量

① 二毡三油平面：

$(7.0-0.24)\times(3.6-0.24)+(3.2-0.24)\times(3.6-0.24)=$ 32.66 （m^2）

② 二毡三油立面：

$0.32\times[(7.0+3.2-0.48)\times2+(3.6-0.24)\times4]=10.52$ （m^2）

合计：$32.66+10.52=43.18$ （m^2）

（2）消耗量定额工程量

$32.66+10.52=43.18$ （m^2）

（3）平面二毡三油沥青油毡防水层

① 人工费：$17.38\times32.66/10=56.76$ （元）

② 材料费：$151.25\times32.66/10=493.98$ （元）

（4）立面二毡三油沥青油毡防水层

① 人工费：$25.08\times10.52/10=26.38$ （元）

② 材料费：$156.22\times10.52/10=164.34$ （元）

（5）综合

直接费合计：741.46 元

管理费：$741.46\times35\%=259.51$ （元）

利润：$741.46\times5\%=37.07$ （元）

合价：1038.04 元

综合单价：$1038.04\div43.18=24.04$ （元）

结果见表 8-82 和表 8-83。

表 8-82　分部分项工程量清单计价表（十一）

序号	项目编码	项目名称	项目特征描述	计量单位	工程数量	金额/元		
						综合单价	合价	其中直接费
1	010904001001	二毡三油防水	二毡三油防水	m²	43.18	24.04	1038.04	741.46

表 8-83　分部分项工程量清单综合单价计算表（十一）

项目编号	010904001001	项目名称	二毡三油防水	计量单位		m²	工程量	43.18

清单综合单价组成明细

定额编号	定额项目名称	定额单位	数量	单价/元			合价/元			
				人工费	材料费	机械费	人工费	材料费	机械费	管理费和利润
6-2-14	平面二毡三油沥青油毡防水层	10m²	3.266	17.38	151.25	—	56.76	493.98	—	220.30
6-2-15	立面二毡三油沥青油毡防水层	10m²	1.052	25.08	156.22	—	26.38	164.34	—	76.29
人工单价		小　计					83.14	658.32	—	296.59
28 元/工日		未计价材料费					—			
清单项目综合单价/元							24.04			

【**例 8-72**】　某带天窗的黏土瓦屋面如图 8-70 所示，设计天窗屋面坡度为 0.5，延迟系数为 1.118。计算该屋面清单工程量。

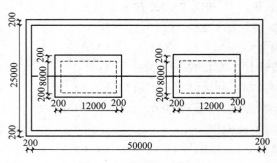

图 8-70　带天窗瓦屋面

【解】 工程量＝[(50＋0.4)×(25＋0.4)＋(12＋0.2×2)×0.2×
4＋8×0.2×4]×1.118
＝1449.46（m²）

清单工程量计算见表 8-84。

表 8-84　清单工程量计算表（六十二）

项目编码	项目名称	项目特征描述	计量单位	工程量
010901001001	瓦屋面	带天窗的黏土瓦屋面	m²	1449.46

【例 8-73】 某地下室底面如图 8-71 所示，防水层采用苯乙烯涂料二遍。计算防水层工程量。

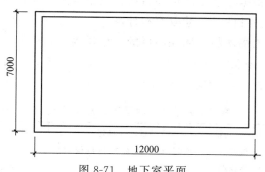

图 8-71　地下室平面

【解】 工程量＝12×7＝84（m²）

清单工程量计算见表 8-85。

表 8-85　清单工程量计算表（六十三）

项目编码	项目名称	项目特征描述	计量单位	工程量
010902002001	涂膜防水	底面，苯乙烯	m²	84

8.8　防腐、保温、隔热工程

【例 8-74】 如图 8-72 所示，顶棚采用聚苯乙烯塑料板保温层，厚 80mm，根据图示尺寸计算保温层的清单工程量。

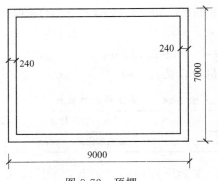

图 8-72 顶棚

【解】 根据工程量清单项目设置及工程量计算规则可知，保温隔热顶棚按设计图示尺寸以面积计算。

则聚苯乙烯塑料顶棚保温层的工程量为：

$$S=(9.0-0.24\times2)\times(7.0-0.24\times2)=55.55 \ (\mathrm{m}^3)$$

清单工程量计算见表 8-86。

表 8-86 清单工程量计算表（六十四）

项目编码	项目名称	项目特征描述	计量单位	工程量
011001002001	保温隔热顶棚	顶棚，聚苯乙烯塑料板保温层（80mm 厚）	m²	55.55

【例 8-75】 如图 8-73 所示，根据图示尺寸计算重晶石混凝土台阶的清单工程量。

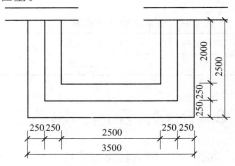

图 8-73 重晶石混凝土台阶示意

【解】 根据工程量清单项目的设置及工程量计算规则可知，防腐混凝土面层的工程量是按设计图示尺寸以面积计算的。

则，重晶石混凝土台阶面层的工程量为：$3.5 \times 2.5 = 8.75$（m²）

清单工程量计算见表 8-87。

表 8-87　清单工程量计算表（六十五）

项目编码	项目名称	项目特征描述	计量单位	工程量
011002001001	防腐混凝土面层	台阶,重晶石防腐混凝土	m²	8.75

【例 8-76】 某地面如图 8-74 所示，地面采用双层耐酸沥青胶泥粘青石板（180mm×110mm×30mm），踢脚板高 150mm，厚度为 20mm。计算其工程量。

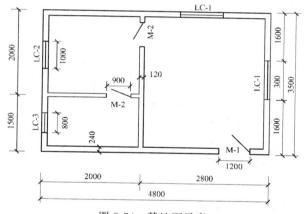

图 8-74　某地面示意

【解】 根据工程量清单项目设置及工程量的计算规则可知，块料防腐面层按设计图示尺寸以"m²"计算，在平面防腐中扣除突出地面的构筑物、设备基础等所占面积。

地面面积 $= (2.0-0.18) \times (1.5-0.18) + (2.0-0.18) \times (2.0-0.18) + (2.8-0.18) \times (3.5-0.24) + 0.9 \times 0.12 \times 2 + 1.2 \times 0.24$

$= 14.76$（m²）

踢脚板防腐是按设计图示尺寸以"m²"计算的，应扣除门洞所占面积并相应增加侧壁展开面积。

踢脚板长度：

$$L = (4.8 - 0.24 - 0.12) \times 2 + (3.5 - 0.24) \times 2 +$$
$$[(3.5 - 0.24 - 0.12) + (2.0 - 0.18)] \times 2$$
$$= 25.32 \ (m)$$

应扣除的面积：

门洞口所占面积 $= (1.2 + 0.9 \times 4) \times 0.15 = 0.72 (m^2)$

应增加的面积：

侧壁展开面积 $= (0.12 \times 0.15 \times 2 + 0.12 \times 0.15 \times 4)$
$$= 0.11 \ (m^2)$$

则，踢脚板的工程量 $= 25.32 \times 0.15 + 0.11 - 0.72 = 3.19 \ (m^2)$

清单工程量计算见表 8-88。

表 8-88　清单工程量计算表（六十六）

项目编码	项目名称	项目特征描述	计量单位	工程量
011002006001	块料防腐面层	双层耐酸沥青胶泥粘青石板地面,厚度为 20mm	m²	14.76
011002006002	块料防腐面层	双层耐酸沥青胶泥粘青石板踢脚板,高 150mm	m²	3.19

【例 8-77】　如图 8-75 所示，墙面是用过氯乙烯漆耐酸防腐涂料抹灰 25mm 厚，其中底漆一遍。计算其清单工程量。

【解】　根据工程量清单项目设置及工程量计算规则可知，防腐涂料是按设计图示尺寸以"m²"计算的，平面防腐扣除突出地面的构筑物、设备基础等所占面积，立面防腐砖垛等突出部分按展开面积并入墙面积内。由图 8-75 可知，墙高为 3m。

墙面长度 $= (4.5 - 0.24) \times 4 + (3.0 - 0.24) \times 2 + (2.0 - 0.24) \times$
$$2 + (3.0 - 0.24) \times 2 + (3.5 - 0.24) \times 2$$
$$= 38.12 \ (m)$$

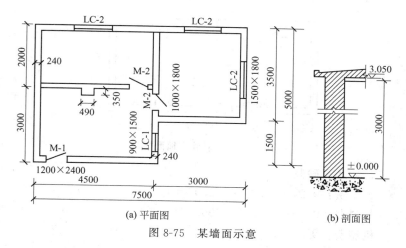

(a) 平面图　　　　　　　　　　(b) 剖面图

图 8-75　某墙面示意

应扣除的面积：

门窗洞口面积 $=1.2\times2.4+0.9\times1.5\times1+1.8\times4+1.5\times$

$1.8\times3=19.53$（m^2）

应增加的面积：

砖垛展开面积 $=0.35\times2\times3=2.1$（m^2）

墙面工程量 $=38.12\times3+2.1-19.53=96.93$（$m^2$）

清单工程量计算见表 8-89。

表 8-89　清单工程量计算表（六十七）

项目编码	项目名称	项目特征描述	计量单位	工程量
011003003001	防腐涂料	墙面,过氯乙烯漆耐酸防腐涂料抹灰 25mm 厚	m^2	96.93

【例 8-78】　环氧砂浆地面面层如图 8-76 所示，环氧砂浆 6mm 厚。试编制工程量清单计价表及综合单价计算表。

【解】（1）清单工程量

地面面积：工程量 $=(9.8-0.24)\times(4.6-0.24)-0.24\times$

$0.47\times4+0.98\times0.12=41.35$（$m^2$）

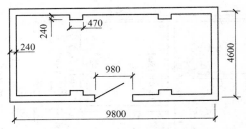

图 8-76 环氧砂浆地面面层

（2）环氧砂浆

人工费：$9.24 \times 41.35 = 382.07$（元）

材料费：$95.98 \times 41.35 = 3968.77$（元）

机械费：无

（3）综合

直接费：4350.84 元

管理费：$4350.84 \times 35\% = 1522.79$（元）

利润：$4350.84 \times 5\% = 217.54$（元）

总计：6091.17 元

综合单价：$6091.17 \div 41.35 = 147.31$（元）

结果见表 8-90 和表 8-91。

表 8-90　分部分项工程量清单计价表（十二）

序号	项目编码	项目名称	项目特征描述	计算单位	工程数量	金额/元		
						综合单价	合价	其中直接费
1	011002002001	环氧砂浆地面	防腐部位面层厚度 6mm 砂浆、混凝土、胶泥种类	m²	41.35	147.31	6091.17	4350.84

表 8-91　分部分项工程量清单综合单价计算表（十二）

项目编号	011002002001		项目名称	环氧砂浆地面		计量单位	m²	工程量	41.35

清单综合单价组成明细

定额编号	定额项目名称	定额单位	数量	单价/元			合价/元			
				人工费	材料费	机械费	人工费	材料费	机械费	管理费和利润
—	环氧砂浆	m²	41.35	9.24	95.98	—	382.07	3968.77	—	1740.33
人工单价			小计				382.07	3968.77	—	1740.33
元/工日			未计价材料费				—			
清单项目综合单价/元							147.31			

【例 8-79】　某工程地面防腐采用 70mm 厚耐酸沥青混凝土，如图 8-77 所示。计算耐酸沥青混凝土面层工程量。

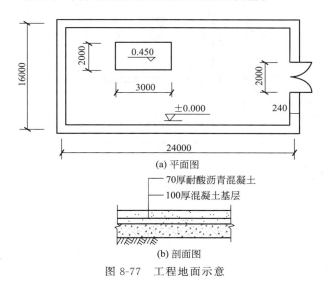

图 8-77　工程地面示意

【解】　工程量＝（24－0.24）×（16－0.24）－3×2＋0.12×2＝368.70（m²）

清单工程量计算见表 8-92。

表 8-92　清单工程量计算表（六十八）

项目编码	项目名称	项目特征描述	计量单位	工程量
011002001001	防腐混凝土面层	地面防腐,70 厚耐酸沥青混凝土,100 厚混凝土基层	m²	368.70

【例 8-80】　某冷藏工程室内（含栏杆）均用石油沥青粘贴 120mm 厚的聚氯乙烯泡沫型塑料板，如图 8-78 所示。保温门为 900mm×2800mm，柱高 3.3m，先铺顶棚、地面，后铺墙、栏面、保温门室内安装，洞口周围下需另铺保温材料。计算保温工程的清单工程量。

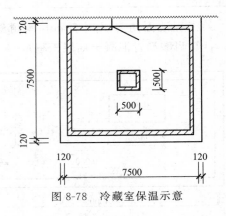

图 8-78　冷藏室保温示意

【解】　地面隔热层工程量 =（7.5 - 0.24）×（7.5 - 0.24）= 52.71 （m²）

墙面工程量 =（7.5 - 0.24 - 0.12 + 7.5 - 0.24 - 0.12）× 2 ×（3.3 - 0.12 × 2）- 0.9 × 2.8 = 84.87 （m²）

柱面隔热工程量 =（0.5 × 4 - 0.12 × 4）×（3.3 - 0.12 × 2）= 4.65 （m²）

顶棚保温工程量 =（7.5 - 0.24）×（7.5 - 0.24）= 52.71 （m²）

清单工程量计算见表 8-93。

表 8-93　清单工程量计算表（六十九）

项目编码	项目名称	项目特征描述	计量单位	工程量
011001005001	隔热楼地面	地面保温，内保温，聚氯乙烯泡沫塑料板	m²	52.71
011001003001	保温隔热墙	墙体保温隔热，内保温，聚氯乙烯泡沫塑料板	m²	84.87
011001004001	保温柱	柱保温，内保温，聚氯乙烯泡沫塑料板	m²	4.65
011001002001	保温隔热天棚	天棚保温隔热，内保温，聚氯乙烯泡沫塑料板	m²	52.71

【**例 8-81**】　某储水池采用水玻璃胶泥瓷砖（230mm×113mm×65mm），如图 8-79 所示。计算池底防腐面层工程量。

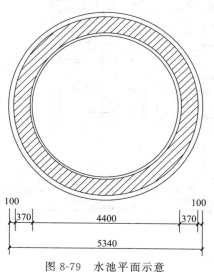

图 8-79　水池平面示意

【**解**】　工程量＝3.14×2.2²＝15.20（m²）

清单工程量计算见表 8-94。

353

表 8-94 清单工程量计算表（七十）

项目编码	项目名称	项目特征描述	计量单位	工程量
011002007001	块料防腐池底	池底，水玻璃胶泥瓷砖（230mm × 113mm × 65mm)水玻璃胶泥结合层	m²	15.20

8.9 楼地面装饰工程

【例8-82】 某卫生间地面做法为：清理基层，刷素水泥浆，1：3水泥砂浆粘贴马赛克面层，如图8-80所示。编制工程量清单计价表及综合单价计算表（墙厚为240mm，门洞口宽度均为900mm）。

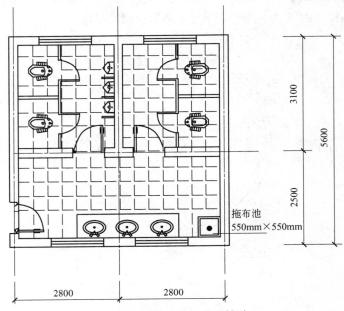

图8-80 某卫生间地面铺贴

【解】 （1）清单工程量

$(3.1-0.12\times2)\times(2.8-0.12\times2)\times2+(2.5-0.12\times2)\times$

$(2.8 \times 2 - 0.12 \times 2) + 0.9 \times 0.24 \times 2 - 0.55 \times 0.55 = 26.89$（$m^2$）

（2）陶瓷锦砖楼地面

① 人工费：$11.48 \times 26.89 = 308.70$（元）

② 材料费：$21.03 \times 26.89 = 565.50$（元）

③ 机械费：$0.15 \times 26.89 = 4.03$（元）

（3）综合

直接费：$308.70 + 565.50 + 4.03 = 878.23$（元）

管理费：$878.23 \times 35\% = 307.38$（元）

利润：$878.23 \times 5\% = 43.91$（元）

合价：$878.23 + 307.38 + 43.91 = 1229.52$（元）

综合单价：$1229.52 \div 26.89 = 45.72$（元）

结果见表 8-95 和表 8-96。

表 8-95　分部分项工程量清单计价表（十三）

序号	项目编码	项目名称	项目特征描述	计算单位	工程数量	金额/元		
						综合单价	合价	其中直接费
1	011102003001	块料楼地面	面层材料品种、规格：陶瓷锦砖；结合层材料种类：水泥砂浆 1：3	m^2	26.89	45.72	1229.52	878.23

表 8-96　分部分项工程量清单综合单价计算表（十三）

项目编号	011102003001		项目名称	块料楼地面	计量单位		m^2	工程量	26.89
清单综合单价组成明细									

定额编号	定额项目名称	定额单位	数量	单价/元			合价/元			
				人工费	材料费	机械费	人工费	材料费	机械费	管理费和利润
—	陶瓷锦砖铺贴	m^2	26.89	11.48	21.03	0.15	308.70	565.50	4.03	351.29
人工单价		小计					308.70	565.50	4.03	351.29
元/工日		未计价材料费					—			
清单项目综合单价(元)							45.72			

355

【例 8-83】 某歌厅地面圆舞池铺贴 600mm×600mm 花岗岩板，石材表面刷保护液，舞池中心及条带贴 10mm 厚 600mm×600mm 单层钢化镭射玻璃砖，圆舞池以外地面铺贴带胶垫羊毛地毯，如图 8-81 所示。编制工程量清单计价表及综合单价计算表。

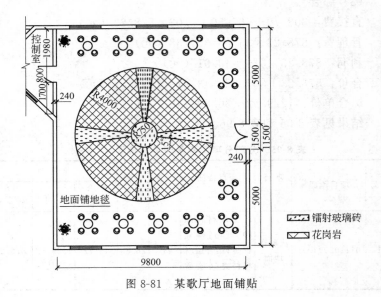

图 8-81 某歌厅地面铺贴

【解】 （1）清单工程量

钢化镭射玻璃砖清单工程量：

$3.14×0.75^2+(15÷360)×3.14×(4^2-0.75^2)=3.79$（m²）

花岗岩楼地面清单工程量：$3.14×4^2-3.79=46.45$（m²）

楼地面地毯清单工程量：

$11.5×9.8+0.12×(1.5+0.8)-3.14×4^2=62.74$（m²）

（2）单层钢化镭射玻璃砖

① 人工费：$9×3.79=34.11$（元）

② 材料费：$298×3.79=1129.42$（元）

③ 综合

直接费：34.11＋1129.42＝1163.53（元）

管理费：1163.53×35％＝407.24（元）

利润：1163.53×5％＝58.18（元）

合价：1163.53＋407.24＋58.18＝1628.95（元）

综合单价：1628.95÷3.79＝429.80（元）

（3）花岗岩铺贴、石材表面刷保护液

① 花岗岩铺贴

a. 人工费：6.33×46.45＝294.03（元）

b. 材料费：218×46.45＝10126.10（元）

c. 机械费：0.55×46.45＝25.55（元）

② 石材表面刷保护液

a. 人工费：1.25×46.45＝58.06（元）

b. 材料费：21×46.45＝975.45（元）

③ 综合

直接费：294.03 ＋ 10126.10 ＋ 25.55 ＋ 58.06 ＋ 975.45 ＝ 11479.19（元）

管理费：11479.19×35％＝4017.72（元）

利润：11479.19×5％＝573.96（元）

合价：11479.19＋4017.72＋573.96＝16070.87（元）

综合单价：16070.87÷46.45＝345.98（元）

（4）羊毛地毯铺贴

① 人工费：16.18×62.74＝1015.13（元）

② 材料费：255×62.74＝15998.7（元）

③ 综合

直接费：1015.13＋15998.7＝17013.83（元）

管理费：17013.83×35％＝5954.84（元）

利润：17013.83×5％＝850.69（元）

合价：17013.83＋5954.84＋850.69＝23819.36（元）

综合单价：23819.36÷62.74＝379.65（元）

结果见表8-97～表8-100。

表 8-97　分部分项工程量清单计价表（十四）

序号	项目编码	项目名称	项目特征描述	计算单位	工程数量	综合单价	合价	其中直接费
1	011102003001	块料楼地面	面层材料品种、规格：10mm 厚 600mm×600mm 单层钢化镭射玻璃砖；黏结层材料种类：玻璃胶	m²	3.79	429.80	1628.95	1163.53
2	011102001001	石材楼地面	面层材料品种、规格：600mm×600mm 花岗岩板；结合层材料种类：黏结层水泥砂浆 1∶3；酸洗、打蜡要求：石材表面刷保护液	m²	46.45	345.98	16070.87	11479.19
3	011104001001	楼地面地毯	面层材料品种、规格：羊毛地毯；黏结材料种类：地毯胶垫固定安装	m²	62.74	379.65	23819.36	17013.83

表 8-98　分部分项工程量清单综合单价计算表（十四 A）

项目编号	011102003001	项目名称	块料楼地面	计量单位	m²	工程量	3.79

清单综合单价组成明细

定额编号	定额项目名称	定额单位	数量	单价/元			合价/元			
				人工费	材料费	机械费	人工费	材料费	机械费	管理费和利润
—	镭射玻璃砖	m²	3.79	9	298	—	34.11	1129.42	—	465.41
人工单价		小计					34.11	1129.42	—	465.41
元/工日		未计价材料费					—			
清单项目综合单价/元							429.80			

358

表 8-99 分部分项工程量清单综合单价计算表（十四 B）

项目编号	011102001001		项目名称	石材楼地面	计量单位	m²	工程量	46.45

<table>
<tr><td colspan="11" align="center">清单综合单价组成明细</td></tr>
<tr><td rowspan="2">定额编号</td><td rowspan="2">定额项目名称</td><td rowspan="2">定额单位</td><td rowspan="2">数量</td><td colspan="3">单价/元</td><td colspan="4">合价/元</td></tr>
<tr><td>人工费</td><td>材料费</td><td>机械费</td><td>人工费</td><td>材料费</td><td>机械费</td><td>管理费和利润</td></tr>
<tr><td>—</td><td>花岗岩铺贴</td><td>m²</td><td>46.45</td><td>6.33</td><td>218</td><td>0.55</td><td>294.03</td><td>10126.10</td><td>25.55</td><td>4178.27</td></tr>
<tr><td>—</td><td>石材表面刷保护液</td><td>m²</td><td>46.45</td><td>1.25</td><td>21</td><td>—</td><td>58.06</td><td>975.45</td><td>—</td><td>413.40</td></tr>
<tr><td>人工单价</td><td colspan="3" align="center">小计</td><td colspan="3"></td><td>352.09</td><td>11101.55</td><td>25.55</td><td>4591.67</td></tr>
<tr><td>元/工日</td><td colspan="3" align="center">未计价材料费</td><td colspan="7" align="center">—</td></tr>
<tr><td colspan="4" align="center">清单项目综合单价/元</td><td colspan="7" align="center">345.98</td></tr>
</table>

表 8-100 分部分项工程量清单综合单价计算表（十四 C）

项目编号	011104001001		项目名称	楼地面地毯	计量单位	m²	工程量	62.74

<table>
<tr><td colspan="11" align="center">清单综合单价组成明细</td></tr>
<tr><td rowspan="2">定额编号</td><td rowspan="2">定额项目名称</td><td rowspan="2">定额单位</td><td rowspan="2">数量</td><td colspan="3">单价/元</td><td colspan="4">合价/元</td></tr>
<tr><td>人工费</td><td>材料费</td><td>机械费</td><td>人工费</td><td>材料费</td><td>机械费</td><td>管理费和利润</td></tr>
<tr><td>—</td><td>羊毛地毯铺贴</td><td>m²</td><td>62.74</td><td>16.18</td><td>255</td><td>—</td><td>1015.13</td><td>15998.70</td><td>—</td><td>6805.53</td></tr>
<tr><td>人工单价</td><td colspan="3" align="center">小计</td><td colspan="3"></td><td>1015.13</td><td>15998.70</td><td></td><td>6805.53</td></tr>
<tr><td>元/工日</td><td colspan="3" align="center">未计价材料费</td><td colspan="7" align="center">—</td></tr>
<tr><td colspan="4" align="center">清单项目综合单价/元</td><td colspan="7" align="center">379.65</td></tr>
</table>

【例 8-84】 某工程地面如图 8-82 所示，地面为水磨石面层，踢脚线为 150mm 高水磨石。计算地面各项清单工程量。

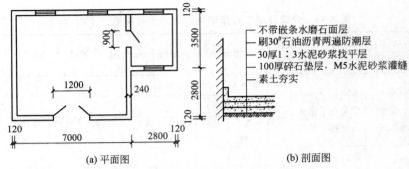

(a) 平面图　　　　　　　　　　(b) 剖面图

图 8-82　某工程地面示意

【解】　水磨石地面工程量 $=(7-0.24)\times(6.3-0.24)+(2.8-$
$\qquad 0.24)\times(3.5-0.24)$
$\qquad =49.31\ (\text{m}^2)$

水磨石地面踢脚线工程量 $=[(6.3-0.24+7-0.24)\times2+(2.8-$
$\qquad 0.24+3.5-0.24)\times2]\times0.15$
$\qquad =5.59\ (\text{m}^2)$

垫层工程量 $=49.31\times0.10=4.93\ (\text{m}^3)$

清单工程量计算见表 8-101。

表 8-101　清单工程量计算表（七十一）

项目编码	项目名称	项目特征描述	计量单位	工程量
011101002001	现浇水磨石楼地面	30 厚 1：3 水泥砂浆找平层	m²	49.31
011105002001	现浇水磨石踢脚线	踢脚线高 150mm，1：3 水泥砂浆厚 30mm	m²	5.59
010404001001	垫层	碎石，厚 100mm	m³	4.93

【例 8-85】　某门卫室平面如图 8-83 所示，计算地面清单工程量。

【解】　水泥砂浆面层工程量 $=(4.5-0.24)\times(2.8-0.24)$
$\qquad =10.91\ (\text{m}^2)$

清单工程量计算见表 8-102。

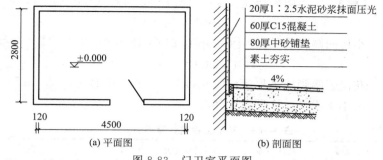

(a) 平面图   (b) 剖面图

图 8-83　门卫室平面图

表 8-102　　清单工程量计算表（七十二）

项目编码	项目名称	项目特征描述	计量单位	工程量
011101001001	水泥砂浆楼地面	80mm 厚中砂铺垫，60mm 厚 C15 混凝土，20mm 厚 1∶2.5 水泥砂浆面层	m²	10.91

【例 8-86】　某住宅建筑平面如图 8-84 所示，花岗岩踢脚线为非成品，120mm 高。计算踢脚线的清单工程量。

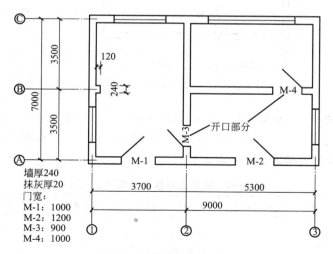

图 8-84　某住宅建筑平面

361

【解】 大房间踢脚线长度＝[（3.7－0.24）＋（7.0－0.24）]×2

＝20.44（m）

小房间踢脚线长度＝[（5.3－0.24）＋（3.5－0.24）]×2×2

＝33.28（m）

花岗岩踢脚线工程量＝（20.44＋33.28）×0.12＝6.45（m²）

清单工程量计算见表 8-103。

表 8-103　清单工程量计算表（七十三）

项目编码	项目名称	项目特征描述	计量单位	工程量
011105002001	石材踢脚线	踢脚线高 120mm	m²	6.45

【例 8-87】 某办公室地面铺企口木地板如图 8-85 所示，做法：铺在楞木上，大楞木 50mm×60mm，中距为 500mm，小楞木 50mm×50mm，中距为 1000mm。计算地板工程量。

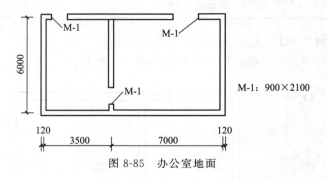

图 8-85　办公室地面

【解】 工程量＝（7.0－0.24）×（6.0－0.24）＋（3.5－0.24）×

（6.0－0.24）＋0.9×0.24×3＝58.36（m²）

清单工程量计算见表 8-104。

表 8-104　清单工程量计算表（七十四）

项目编码	项目名称	项目特征描述	计量单位	工程量
011104002001	竹木地板	大楞木 50mm×60mm 小楞木 50mm×50mm	m²	58.36

8.10 墙、柱面装饰与隔断、幕墙工程

【例8-88】 如图8-86所示一隔断,编制分部分项工程量清单计价表及综合单价计算表。

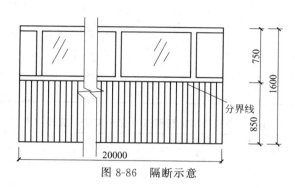

图8-86 隔断示意

【解】 (1) 清单工程量:$1.60 \times 20 = 32$ (m²)

(2) 消耗量定额工程量

铝合金玻璃隔断:$0.76 \times 20 = 15.2$ (m²)

铝合金板条隔断:$0.85 \times 20 = 17$ (m²)

(3) 铝合金玻璃隔断

① 人工费:$4.41 \times 15.2 = 67.03$ (元)

② 材料费:$68.6 \times 15.2 = 1042.72$ (元)

③ 机械费:$20.81 \times 15.2 = 316.31$ (元)

(4) 铝合金板条隔断

① 人工费:$3.91 \times 17 = 66.47$ (元)

② 材料费:$100.36 \times 17 = 1706.12$ (元)

③ 机械费:$1.06 \times 17 = 18.02$ (元)

(5) 综合

直接费:3216.67 元

管理费:$3216.67 \times 35\% = 1125.83$ (元)

利润：3216.67×5%＝160.83（元）

合计：3216.67＋1125.83＋160.83＝4503.33（元）

综合单价：4503.33÷32＝140.73（元）

结果见表 8-105 和表 8-106。

表 8-105　分部分项工程量清单计价表（十五）

序号	项目编码	项目名称	项目特征描述	计算单位	工程数量	金额/元		
						综合单价	合价	其中直接费
1	011210003001	隔断	定位弹线、下料、安装龙骨、安玻璃、嵌缝清理	m²	32	140.73	4503.33	3216.67

表 8-106　分部分项工程量清单综合单价计算表（十五）

项目编号	011210003001	项目名称	隔断	计量单位	m²	工程量	32

清单综合单价组成明细

定额编号	定额项目名称	定额单位	数量	单价/元			合价/元			
				人工费	材料费	机械费	人工费	材料费	机械费	管理费和利润
—	铝合金玻璃隔断	m²	15.2	4.41	68.6	20.81	67.03	1042.72	316.31	570.42
—	铝合金板条隔断	m²	17	3.91	100.36	1.06	66.47	1706.12	18.02	716.24
人工单价		小计					133.50	2748.84	334.33	1286.66
元/工日		未计价材料费					—			
清单项目综合单价/元							140.73			

【例 8-89】　某室外 4 个直径为 1.2m 的圆柱，高度为 3.8m，设计为斩假石柱面，如图 8-87 所示。编制分部分项工程量清单计价表及综合单价计算表。

【解】　（1）清单工程量计算：3.14×1.2×3.8×4＝57.27（m²）

（2）柱面装饰抹灰

364

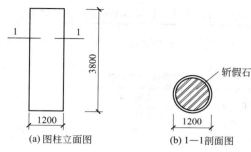

图 8-87　某室外圆柱

① 人工费：28.03×57.27＝1605.28（元）

② 材料费：7.32×57.27＝419.22（元）

③ 机械费：0.25×57.27＝14.32（元）

（3）综合

直接费：2038.82 元

管理费：2038.82×35％＝713.59（元）

利润：2038.82×5％＝101.94（元）

合计：2038.82＋713.59＋101.94＝2854.35（元）

综合单价：2854.35÷57.27＝49.84（元）

结果见表 8-107 和表 8-108。

表 8-107　分部分项工程量清单计价表（十六）

序号	项目编码	项目名称	项目特征描述	计算单位	工程数量	金额/元		
						综合单价	合价	其中直接费
1	011202002001	柱面装饰抹灰	柱体类型:砖混凝土柱体;材料种类,配合比,厚度:水泥砂浆,1：3,厚12mm;水泥白石子浆,1：1.5,厚10mm	m²	57.27	49.84	2854.35	2038.82

表 8-108　分部分项工程量清单综合单价计算表（十六）

项目编号	011202002001	项目名称	柱面装饰抹灰	计量单位	m²	工程量	57.27

清单综合单价组成明细

定额编号	定额项目名称	定额单位	数量	单价/元			合价/元			
				人工费	材料费	机械费	人工费	材料费	机械费	管理费和利润
—	柱面装饰抹灰	m²	57.27	28.03	7.32	0.25	1605.28	419.22	14.32	815.53
人工单价		小　计					1605.28	419.22	14.32	815.53
元/工日		未计价材料费					—			
清单项目综合单价/元							49.84			

【例 8-90】　如图 8-88 所示，室外地坪标高为 −0.2m，屋面板顶面高 6m，外墙上均有女儿墙，高 600mm，楼梯井宽 400mm，预制楼板厚度为 120mm，内墙面为石灰砂浆抹面，外墙面及女儿墙均为混合砂浆抹面，居室内墙做水泥踢脚线。计算内墙石灰砂浆抹面和外墙混合砂浆抹面清单工程量。

【解】　（1）内墙石灰砂浆抹面工程量

居室 1 抹面 = [(3−0.12)×(3.3−0.12×2+4.2+1.5−0.12× 2)×2−(1.5×1.2+0.9×2)]×2 = 90.95 （m²）

居室 2 抹面 = [(3−0.12)×(3.3−0.12×2+2.1+4.2−0.12× 2)×2−(1.5×1.2+0.9×2)]×2 = 97.86 （m²）

楼梯间及走廊抹面 = (3−0.12)×[(4.2+2.1−0.12×2+3+ 3.3−0.12×2)×2]×2−[(1.5×1.2+ 0.9×2×2)×2+1×2.1] = 126.72 （m²）

内墙石灰砂浆抹面总量 = 90.95+97.86+126.72 = 315.53 （m²）

（2）外墙混合砂浆抹面工程量

外墙外边线总长 = (3+3.3+3.3+0.12×2+2.1+4.2+1.5+ 0.12×2)×2 = 35.76 （m）

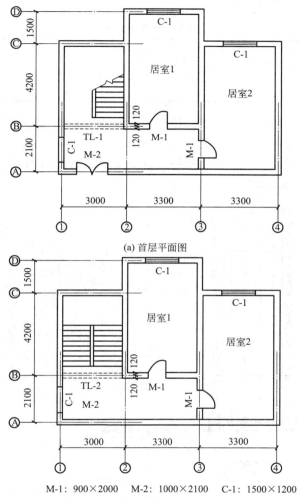

(a) 首层平面图

M-1：900×2000   M-2：1000×2100   C-1：1500×1200

(b) 二层平面图

图 8-88　建筑平面示意图

室外地坪至女儿墙顶面之间的高度＝0.2＋6＋0.6＝6.8（m）

外墙上门窗洞口面积＝1.2×1.5×6＋1×2.1＝12.9（m²）

外墙抹面面积＝35.76×6.8－12.9＝230.27（m²）

清单工程量计算见表 8-109。

表 8-109 清单工程量计算表（七十五）

项目编码	项目名称	项目特征描述	计量单位	工程量
011201001001	墙面一般抹灰	内墙,石灰砂浆	m²	315.53
011201001002	墙面一般抹灰	外墙,混合砂浆	m²	230.27

【例 8-91】 某图书馆门厅处一混凝土圆柱直径 D 为 700mm，柱帽、柱墩挂贴进口黑金砂，花岗石柱身挂贴四拼进口米黄花岗石，灌缝采用 1:2 水泥砂浆，50mm 厚，贴好后酸洗打蜡，如图 8-89 所示。计算圆柱清单工程量。

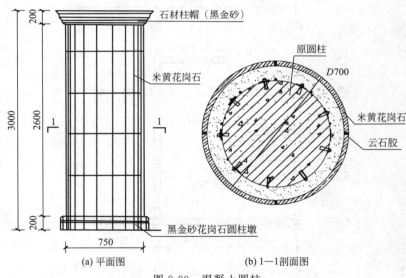

(a) 平面图　　　　　　　(b) 1—1剖面图

图 8-89　混凝土圆柱

【解】 四拼进口米黄花岗石柱身 $=0.7\times\pi\times(3.0-0.2\times2)=$ 5.71（m²）

黑金砂柱墩 $=(0.7+0.05)\times\pi\times0.2=0.47$（m²）

黑金砂柱帽 $=(0.7+0.05)\times\pi\times0.2=0.47$（m²）

清单工程量计算见表 8-110。

表 8-110 清单工程量计算表（七十六）

项目编码	项目名称	项目特征描述	计量单位	工程量
011205001001	石材柱面	进口米黄花岗石四拼横柱身	m²	5.71
011205001002	石材柱面	进口黑金砂柱墩	m²	0.47
011205001003	石材柱面	进口黑金砂柱帽	m²	0.47

【例 8-92】 某工程有 8 根混凝土柱，柱四面挂贴花岗石板，如图 8-90 所示。计算花岗石柱的清单工程量。

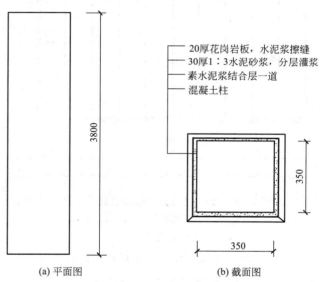

- 20厚花岗岩板，水泥浆擦缝
- 30厚1：3水泥砂浆，分层灌浆
- 素水泥浆结合层一道
- 混凝土柱

(a) 平面图　　　　(b) 截面图

图 8-90　花岗石柱

【解】 工程量＝0.35×4×3.8×8＝42.56（m²）

清单工程量计算见表 8-111。

表 8-111 清单工程量计算表（七十七）

项目编码	项目名称	项目特征描述	计量单位	工程量
011205003001	拼碎石材柱面	混凝土柱四面挂贴花岗石板	m²	42.56

8.11 天棚工程

【例 8-93】 某公司会议中心吊顶平面布置图如图 8-91 所示。编制其分部分项工程量清单计价表及综合单价计算表。

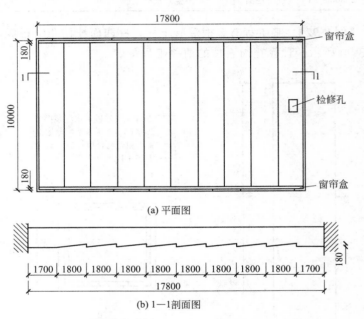

(a) 平面图

(b) 1—1剖面图

图 8-91 某会议中心吊顶平面布置

【解】 （1）清单工程量：$17.8 \times 10 = 178$（m^2）

（2）消耗量定额工程量

轻钢龙骨：$178 m^2$

三合板：$(1.7 \times 2 + \sqrt{1.8^2 + 0.18^2 \times 8}) \times (10 - 0.18 \times 1.8) + 0.18 \times 1.8 \times 17.8 = 56.77$（$m^2$）

石膏板：天棚装饰面层应扣除与天棚相连的窗帘盒所占的面积。

$(1.7 \times 2 + \sqrt{1.8^2 + 0.18^2 \times 8}) \times (10 - 0.18 \times 1.8) = 51.00$
（m²）

乳胶漆：51.00m²

基层板刷防火涂料：56.77m²

（3）轻钢龙骨

① 人工费：11.5×178＝2047（元）

② 材料费：43.31×178＝7709.18（元）

③ 机械费：0.12×178＝21.36（元）

（4）三合板基层

① 人工费：6.83×56.77＝387.74（元）

② 材料费：15.66×56.77＝889.02（元）

（5）石膏板面层

① 人工费：8.8×51.00＝448.8（元）

② 材料费：28.5×51.00＝1453.5（元）

（6）刷乳胶漆

① 人工费：2.98×51.00＝151.8（元）

② 材料费：5.89×51.00＝300.39（元）

（7）基层板刷防火涂料

① 人工费：2.27×56.77＝128.87（元）

② 材料费：3.75×56.77＝212.89（元）

（8）综合

直接费合计：13750.73 元

管理费：13750.73×35％＝4812.76（元）

利润：13750.73×5％＝687.54（元）

合计：13750.73＋4812.76＋687.54＝19251.03（元）

综合单价：19251.03÷178＝108.15（元）

结果见表 8-112、表 8-113。

表 8-112 分部分项工程量清单计价表（十七）

序号	项目编码	项目名称	项目特征描述	计算单位	工程数量	金额/元 综合单价	金额/元 合价	金额/元 其中 直接费
1	011302001001	天棚吊顶	吊顶形式:艺术造型天棚;龙骨材料类型、中距:锯齿直线型轻钢龙骨;基层材料:三合板;面层材料:石膏板刷乳胶漆;防护:基层板刷防火涂料两遍	m²	178	108.15	19251.03	13750.73

表 8-113 分部分项工程量清单综合单价计算表（十七）

项目编号	011302001001	项目名称	天棚吊顶	计量单位	m²	工程量	178

清单综合单价组成明细

定额编号	定额项目名称	定额单位	数量	单价/元 人工费	单价/元 材料费	单价/元 机械费	合价/元 人工费	合价/元 材料费	合价/元 机械费	合价/元 管理费和利润
—	吊件加工安装龙骨	m²	178	11.5	43.31	0.12	2047	7709.18	21.36	3911.02
—	安装三合板基层	m²	56.77	6.83	15.66	—	387.74	889.02	—	510.70
—	安装石膏板面层	m²	51.00	8.8	28.5	—	448.8	1453.25	—	760.92
—	刷乳胶漆	m²	51.00	2.98	5.89	—	151.98	300.39	—	180.95
—	基层板刷防火涂料	m²	56.77	2.27	3.75	—	128.87	212.89	—	136.70
人工单价			小计				3164.39	10564.98	21.36	5500.29
元/工日			未计价材料费				—			
清单项目综合单价/元							108.15			

【例 8-94】 图 8-92 所示为某豪华酒店接待室的吊顶平面布置。编制分部分项工程量清单计价表及综合单价计算表。

372

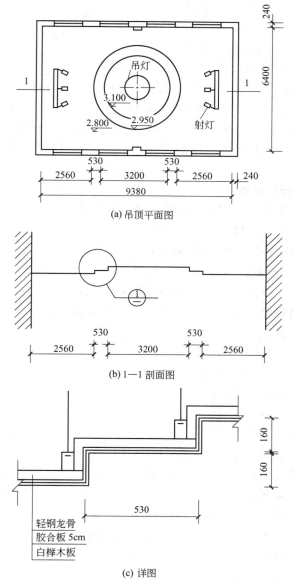

(a) 吊顶平面图

(b) 1—1 剖面图

(c) 详图

图 8-92　某酒店接待室吊顶平面布置

【解】 （1）清单工程量：

9.38×6.4＝60.03（m²）

（2）消耗量定额工程量

轻钢龙骨：9.38×6.4＝60.03（m²）

五合板：60.03＋0.16×（3.14×3＋3.14×4）＝63.55（m²）

白桦木板：60.03＋0.16×（3.14×3＋3.14×4）＝63.55（m²）

油漆：60.03＋0.16×（3.14×3＋3.14×4）＝63.55（m²）

木板面双面刷防火涂料：60.03＋0.16×（3.14×3＋3.14×4)＝63.55（m²）

（3）轻钢龙骨

① 人工费：12.75×60.03＝765.38（元）

② 材料费：41.61×60.03＝2497.85（元）

③ 机械费：0.12×60.03＝7.20（元）

（4）五合板

① 人工费：8.50×63.55＝540.18（元）

② 材料费：26.00×63.55＝1652.30（元）

③ 机械费：无

（5）白桦木板

① 人工费：10.89×63.55＝692.06（元）

② 材料费：45.61×63.55＝2898.52（元）

③ 机械费：无

（6）油漆

① 人工费：3.88×63.55＝246.57（元）

② 材料费：1.53×63.55＝97.23（元）

③ 机械费：无

（7）木板面双面刷防火涂料

① 人工费：3.10×63.55＝197.01（元）

② 材料费：7.70×63.55＝489.34（元）

③ 机械费：无

（8）综合

直接费合计：10083.64 元

管理费：10083.64×35％＝3529.27（元）

利润：10083.64×5％＝504.18（元）

合计：10083.64＋3529.27＋504.18＝14117.09（元）

综合单价：14117.09÷60.03＝235.17（元）

结果见表 8-114 和表 8-115。

表 8-114　分部分项工程量清单计价表（十八）

序号	项目编码	项目名称	项目特征描述	计量单位	工程量	金额/元		
						综合单价	合价	其中直接费
1	011302001001	天棚吊顶	（1）吊顶形式:艺术造型天棚 （2）龙骨类型、材料类型、中距:阶梯弧线型轻钢龙骨 （3）基层材料:五合板 （4）面层材料:白桦木板 （5）油漆、遍数:清漆,两遍 （6）防护:基层板刷防火涂料	m²	60.03	235.17	14117.09	10083.64

表 8-115　分部分项工程量清单综合单价计算表（十八）

项目编号	011302001001	项目名称	天棚吊顶	计量单位	m²	工程量	60.03

清单综合单价组成明细

定额编号	定额项目名称	定额单位	数量	单价/元			合价/元			
				人工费	材料费	机械费	人工费	材料费	机械费	管理费和利润
—	吊件加工安装龙骨	m²	60.03	12.75	41.61	0.12	765.38	2497.85	7.20	1308.17

定额编号	定额项目名称	定额单位	数量	单价/元			合价/元			
				人工费	材料费	机械费	人工费	材料费	机械费	管理费和利润
—	安装五合板基层	m²	63.55	8.50	26.00	—	540.18	1652.30	—	876.99
—	安装白榉木板面层	m²	63.55	10.89	45.61	—	692.06	2898.52	—	1436.23
—	吊顶面层刷清漆	m²	63.55	3.88	1.53	—	246.57	97.23	—	137.52
—	防护	m²	63.55	3.10	7.70	—	197.01	489.34	—	274.54
人工单价		小计					2441.20	7635.24	7.20	4033.45
元/工日		未计价材料费					—			
清单项目综合单价/元							235.17			

【例 8-95】 某井字梁天棚抹石灰砂浆如图 8-93 所示，计算其清单工程量。

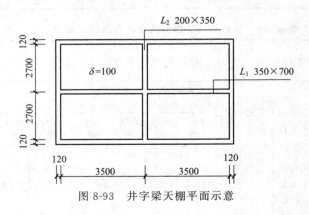

图 8-93　井字梁天棚平面示意

【解】 主墙间水平投影面积$=(7.0-0.24)\times(5.4-0.24)=$
34.88（m²）

主梁侧面展开面积$=(7.0-0.24-0.2)\times(0.7-0.1)\times2\times1+$
$$0.2\times(0.7-0.35)\times2=8.01\text{（m²）}$$

次梁侧面展开面积$=(5.4-0.24-0.35)\times(0.35-0.1)\times2\times1=$
2.41（m²）

合计$=34.88+8.01+2.41=45.30$（m²）

清单工程量计算见表8-116。

表8-116　清单工程量计算表（七十八）

项目编码	项目名称	项目特征描述	计量单位	工程量
011301001001	天棚抹灰	石灰砂浆	m²	45.30

【例8-96】 某展览大厅安装风口如图8-94所示，设计要求做铝合金送风口和回风口各8个。计算风口工程量。

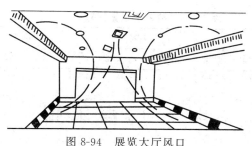

图8-94　展览大厅风口

【解】 工程量为：送风口8个，回风口8个。

清单工程量计算见表8-117。

表8-117　清单工程量计算表（七十九）

项目编码	项目名称	项目特征描述	计量单位	工程量
011304002001	送风口	铝合金	个	8
011304002002	回风口	铝合金	个	8

【例8-97】 某酒店为举办庆祝活动需安装铝合金灯带，如

图 8-95 所示。计算其清单工程量。

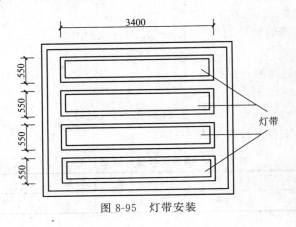

图 8-95 灯带安装

【解】 工程量＝0.55×3.4×4＝7.48（m²）

清单工程量计算见表 8-118。

表 8-118 清单工程量计算表（八十）

项目编码	项目名称	项目特征描述	计量单位	工程量
011304001001	灯带	铝合金灯带	m²	7.48

8.12 门 窗 工 程

【例 8-98】 某宾馆玻璃隔断带电子感应自动门，某隔断为 12mm 厚钢化玻璃，边框为不锈钢，12mm 厚钢化玻璃门，带有电磁感应装置一套（日本 ABA）。试编制分部分项工程量清单计价表及综合单价计算表。

【解】 （1）业主根据施工图计算

① 12mm 厚钢化玻璃隔断 10.8m²

② 电子感应门一樘

（2）投标人根据施工图及施工方案计算

① 玻璃隔断

a. 12mm 厚钢化玻璃隔断，工程量为 10.8m²

人工费：16.53×10.8＝178.52（元）

材料费：322.14×10.8＝3479.11（元）

机械费：17.08×10.8＝184.46（元）

b. 不锈钢边框，工程量为 1.26m²

人工费：28.57×1.26＝36.00（元）

材料费：434.58×1.26＝547.57（元）

机械费：19.18×1.26＝24.17（元）

c. 综合

直接费合计：4449.83 元

管理费：4449.83×35％＝1557.44（元）

利润：4449.83×5％＝222.49（元）

总计：4449.83＋1557.44＋222.49＝6229.76（元）

综合单价：6229.76÷10.8＝576.83（元）

② 电子感应门

a. 电子感应玻璃门电磁感应装置，一套

人工费：72.90×1＝72.90（元）

材料费：15012.26×1＝15012.26（元）

机械费：3.02×1＝3.02（元）

b. 12mm 厚钢化玻璃门，工程量为：9.6m²

人工费：45.58×9.6＝437.57（元）

材料费：909.95×9.6＝8735.52（元）

机械费：29.36×9.6＝281.86（元）

c. 综合

直接费合计：24543.13 元

管理费：24543.13×35％＝8590.10（元）

利润：24543.13×5％＝1227.16（元）

总计：24543.13＋8590.10＋1227.16＝34360.39（元）

综合单价：34360.39÷1＝34360.39（元）

结果见表 8-119～表 8-121。

表 8-119　分部分项工程量清单计价表（十九）

序号	项目编码	项目名称	项目特征描述	计量单位	工程数量	综合单价	合价	其中直接费
						金额/元		
1	011210003001	隔断	玻璃隔断 12mm 厚钢化玻璃 边框为不锈钢 0.8mm 厚 玻璃胶嵌缝	m²	10.8	576.83	6229.76	4449.83
2	010805001001	电子感应门	电磁感应器（日本 ABA）钢化玻璃门 12mm 厚	樘	1	34360.39	34360.39	24543.13

表 8-120　分部分项工程量清单综合单价计算表（十九 A）

项目编号	011210003001		项目名称	隔断	计量单位	m²	工程量	10.8

清单综合单价组成明细

定额编号	定额项目名称	定额单位	数量	人工费	材料费	机械费	人工费	材料费	机械费	管理费和利润
				单价/元			合价/元			
—	钢化玻璃隔断 12mm	m²	10.8	16.53	322.14	17.08	178.52	3479.11	184.46	1536.84
—	不锈钢玻璃边框	m²	1.26	28.57	434.58	19.18	36.00	547.57	24.17	243.10
人工单价		小计					214.52	4026.68	208.63	1779.94
元/工日		未计价材料费					—			
清单项目综合单价/元							576.83			

表 8-121　分部分项工程量清单综合单价计算表（十九 B）

项目编号	010805001001	项目名称	电子感应门	计量单位	樘	工程量	1

| | | | | 清单综合单价组成明细 | | | | | |

| 定额编号 | 定额项目名称 | 定额单位 | 数量 | 单价/元 | | | 合价/元 | | | |
				人工费	材料费	机械费	人工费	材料费	机械费	管理费和利润
—	电磁感应装置	套	1	72.90	15012.26	3.02	72.90	15012.26	3.02	6035.27
—	12mm厚钢化玻璃	m²	9.6	45.58	909.95	29.36	437.57	8735.52	281.86	3781.98
人工单价		小计					510.47	23747.78	284.88	9817.25
元/工日		未计价材料费					—			
清单项目综合单价/元							34360.39			

【例 8-99】　某工程有 20 个窗户，其窗帘盒为木制，如图 8-96
所示。试编制工程量清单计价表及综合单价计算表。

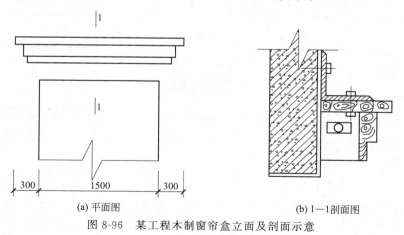

(a) 平面图　　　　　　　　　　(b) 1—1剖面图

图 8-96　某工程木制窗帘盒立面及剖面示意

【解】　(1) 业主根据施工图计算

窗帘盒的工程量为：$(1.5+0.3×2)×20=42$（m）

（2）投标人根据施工图及施工方案计算

① 明装硬木单轨窗帘盒

a. 人工费：$11.89×42=499.38$（元）

b. 材料费：$31.52×42=1323.84$（元）

c. 机械费：$3.61×42=151.62$（元）

② 综合

直接费合计：$499.38+1323.84+151.62=1974.84$（元）

管理费：$1974.84×35\%=691.19$（元）

利润：$1974.84×5\%=98.74$（元）

总计：$1974.84+691.19+98.74=2764.77$（元）

综合单价：$2764.77÷42=65.83$（元）

结果见表 8-122 和表 8-123。

表 8-122　分部分项工程量清单计价表（二十）

序号	项目编码	项目名称	项目特征描述	计算单位	工程数量	金额/元		
						综合单价	合价	其中直接费
1	010810002001	木窗帘盒	硬木、单轨道、明装	m	42	66.77	2804.28	1974.84

表 8-123　分部分项工程量清单综合单价计算表（二十）

| 项目编号 | 010810002001 | 项目名称 | 木窗帘盒 | 计量单位 | m | 工程量 | 42 |

清单综合单价组成明细

定额编号	定额项目名称	定额单位	数量	单价/元			合价/元			
				人工费	材料费	机械费	人工费	材料费	机械费	管理费和利润
—	明装硬木单轨道窗帘盒	m	42	11.89	31.52	3.61	499.38	1323.84	151.62	789.93
人工单价			小计				499.38	1323.84	151.62	789.93
元/工日			未计价材料费				—			
		清单项目综合单价/元					65.83			

382

【例 8-100】 某推拉式钢木大门如图 8-97 所示，两面板、两扇门，取定洞口尺寸为 3.2m×3.6m，共 10 樘，刷底油两遍、调和漆一遍。计算其工程量。

图 8-97　某推拉门示意

【解】　工程量＝3.2×3.6×10＝115.2（m²）

因门扇制作安装对应综合定额子目计量单位为"100m²"，刷油漆对应综合定额子目计量单位为"100m²"，因此，先按定额计算规则计算工程量，再折合成每樘的综合计价。

每樘工程量＝3.2×3.6＝11.52（m²）

清单工程量计算见表 8-124。

表 8-124　清单工程量计算表（八十一）

项目编码	项目名称	项目特征描述	计量单位	工程量
010804002001	钢木大门	推拉式，无框，两扇门，刷底油两遍，调和漆一遍	m²	115.2

【例 8-101】 冷藏库门尺寸如图 8-98 所示，保温层厚 120mm。试编制工程量清单计价表及综合单价计算表。

【解】（1）清单工程量：1 樘

（2）冷藏库门

人工费：98.87×1＝98.87（元）

材料费：616.44×1＝616.44（元）

机械费：无

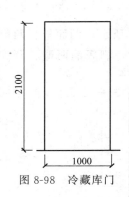

图 8-98　冷藏库门

（3）综合

直接费：715.31 元

管理费：715.31×35％＝250.36（元）

利润：715.31×5％＝35.77（元）

合价：715.31 ＋ 250.36 ＋ 35.77 ＝ 1001.44（元）

综合单价：1001.44÷1＝1001.44（元）

结果见表 8-125 和表 8-126。

表 8-125　分部分项工程量清单计价表（二十一）

项目编号	项目名称	项目特征描述	计算单位	工程数量	金额/元		
					综合单价	合价	其中 直接费
010804007001	冷藏库门	开启方式：推拉式 有框、一扇门	樘	1	1001.44	1001.44	715.31

表 8-126　分部分项工程量清单综合单价计算表（二十一）

项目编号	010804007001		项目名称	冷藏库门	计量单位	樘	工程量	1

清单综合单价组成明细

定额编号	定额项目名称	定额单位	数量	单价/元			合价/元			
				人工费	材料费	机械费	人工费	材料费	机械费	管理费和利润
—	冷藏库门	樘	1	98.87	616.44	—	98.87	616.44	—	286.13
人工单价		小计					98.87	616.44	—	286.13
元/工日		未计价材料费					—			
清单项目综合单价/元							1001.44			

【例 8-102】　某住宅套房平面如图 8-99 所示。门 M-1 为防盗门（居中立樘），门 M-2、门 M-5 的门扇为实木镶板门扇（凹凸型），

384

门 M-3、门 M-4 的门扇为实木全玻门扇（网格式）。M-1 尺寸为 800mm×2000mm；M-2 尺寸为 800mm×2000mm；M-5 尺寸为 750mm×2000mm。实木门框断面 50mm×100mm。计算门扇的清单工程量。

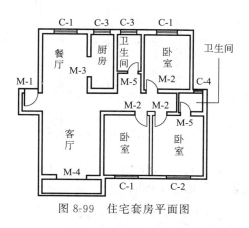

图 8-99 住宅套房平面图

【解】 防盗门 M-1 的工程量＝1 樘

门 M-2 的工程量＝3 樘

门 M-3 的工程量＝1 樘

门 M-4 的工程量＝1 樘

门 M-5 的工程量＝2 樘

清单工程量计算见表 8-127。

表 8-127 清单工程量计算表（八十二）

项目编码	项目名称	项目特征描述	计量单位	工程量
010802004001	防盗门	尺寸为 800mm×2000mm	樘	1
010801001001	镶板木门	尺寸为 800mm×2000mm，实木镶板门扇	樘	3
010801001002	全玻门	实木全玻门扇	樘	1
010801001003	全玻门	实木全玻门扇	樘	1
010801001004	镶板木门	尺寸为 750mm×2000mm，实木镶板门扇	樘	2

【例 8-103】 某双扇全玻璃地弹门如图 8-100 所示，计算其清

单工程量。

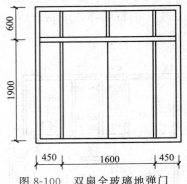

图 8-100 双扇全玻璃地弹门

【解】 工程量＝(1.6＋0.45＋0.45)×(1.9＋0.6)＝6.25（m²）

清单工程量计算见表 8-128。

表 8-128 清单工程量计算表 (八十三)

项目编码	项目名称	项目特征描述	计量单位	工程量
010802001001	塑钢门	双扇全玻璃地弹门	m²	6.25

【例 8-104】 某工厂安装遥控电动铝合金卷闸门（带卷筒罩）5 樘，如图 8-101 所示。计算卷闸门的清单工程量。

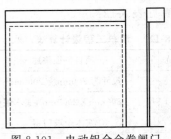

图 8-101 电动铝合金卷闸门

【解】 卷闸门清单工程量＝5 樘

清单工程量计算见表 8-129。

表 8-129　清单工程量计算表（八十四）

项目编码	项目名称	项目特征描述	计量单位	工程量
010803001001	金属卷闸门	遥控电动铝合金卷闸门	樘	5

【例 8-105】　某带亮子双扇铝合金推拉窗如图 8-102 所示，计算其清单工程量。

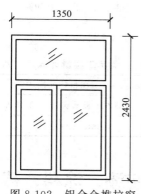

图 8-102　铝合金推拉窗

【解】　工程量＝2.43×1.35＝3.28（m²）

清单工程量计算见表 8-130。

表 8-130　清单工程量计算表（八十五）

项目编码	项目名称	项目特征描述	计量单位	工程量
010807001001	金属推拉窗	带亮子，双扇，铝合金	m²	3.28

【例 8-106】　某门套装饰筒子板及贴脸如图 8-103 所示。筒子板构造：细木工板基层，柚木装饰面层，厚 30mm。筒子板宽 300mm，贴脸构造为 80mm 宽柚木装饰线脚。计算筒子板和贴脸的工程量。

【解】　（1）筒子板工程量＝(1.84×2＋2.65＋0.08×2)×0.3＝1.95（m²）

（2）贴脸工程量＝(1.84×2＋2.65＋0.08×2)×0.08＝0.52（m²）

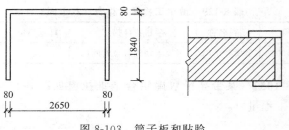

图 8-103 筒子板和贴脸

清单工程量计算见表 8-131。

表 8-131 清单工程量计算表（八十六）

项目编码	项目名称	项目特征描述	计量单位	工程量
010808002001	硬木筒子板	细木工板基层,柚木装饰面层	m²	1.95
010808006001	门窗木贴脸	80mm 宽柚木装饰线脚	m²	0.52

8.13 油漆、涂料、裱糊工程

【例 8-107】 如图 8-104 所示，某书房墙面裱糊金属墙纸，计算其工程量。

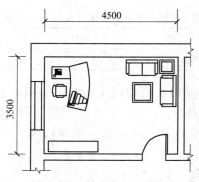

图 8-104 某书房平面布置

【解】 工程量：

$(3.5+4.5) \times 2 \times 2.5 - 1.6 \times 1.2 - 0.8 \times 1.8 = 36.64$ （m²）

清单工程量计算见表 8-132。

项目编码	项目名称	项目特征描述	计量单位	工程量
011408001001	墙纸裱糊	裱糊金属墙纸	m²	36.64

【**例 8-108**】　如图 8-105 所示，某房间墙裙高 1.2m，窗台高 0.8m，窗洞侧油漆宽 100mm。求墙裙油漆的工程量。

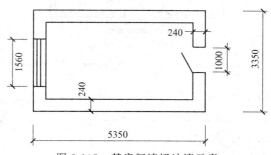

图 8-105　某房间墙裙油漆示意

【**解**】　墙裙油漆的工程量＝长×宽－∑应扣除面积＋
∑应增加面积

$$=[(5.35-0.24\times2)\times2+(3.35-0.24\times2)\times2]\times1.56-[1.56\times(1.56-1.0)+1.0\times1.56]+(1.56-1.0)\times0.10\times2$$

$$=(9.74+5.74)\times1.56-2.43+0.11$$

$$=21.83\ (m^2)$$

清单工程量计算见表 8-133。

表 8-133　清单工程量计算表（八十八）

项目编码	项目名称	项目特征描述	计量单位	工程量
011404001001	墙裙油漆	墙裙高 1.2m	m²	21.83

【**例 8-109**】　某房间平面如图 8-106 所示，门 M-1 和门 M-2

（均为单层木门）按设计要求刷底油一遍，调和漆两遍。计算门刷油漆的工程量。

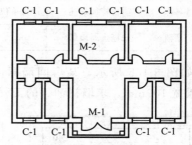

图 8-106　房间平面示意

注：C-1 1500mm×1800mm，M-1 2000mm×2700mm，M-2 1200mm×2600mm。

【解】　M-1 工程量＝2×2.7＝5.4（m²）

M-2 工程量＝1.2×2.6×10＝31.2（m²）

木门油漆工程量合计＝5.4＋31.2＝36.6（m²）

清单工程量计算见表 8-134。

表 8-134　清单工程量计算表（八十九）

项目编码	项目名称	项目特征描述	计量单位	工程量
011401001001	门油漆	木门，底油一遍，调和漆两遍	m²	36.6

【例 8-110】　某住宅平面如图 8-107 所示，硬木窗涂刷调和漆两遍，窗洞口尺寸均为 900mm×1500mm。计算硬木窗涂刷油漆的工程量。

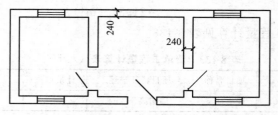

图 8-107　某住宅平面示意

【解】 该住宅为单层玻璃硬木窗，其油漆工程量应按洞口面积乘系数 1.00 计算。

油漆工程量＝0.9×1.5×4×1.00＝5.40（m²）

清单工程量计算见表 8-135。

表 8-135　清单工程量计算表（九十）

项目编码	项目名称	项目特征描述	计量单位	工程量
011402001001	窗油漆	硬木窗,调和漆两遍	m²	5.40

【例 8-111】 某学校黑板框刷调和漆两遍，如图 8-108 所示，计算其清单工程量。

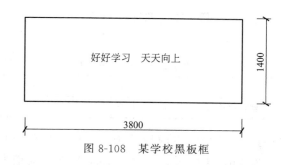

图 8-108　某学校黑板框

【解】 调和漆工程量＝（3.8＋1.4）×2＝10.4（m）

清单工程量计算见表 8-136。

表 8-136　清单工程量计算表（九十一）

项目编码	项目名称	项目特征描述	计量单位	工程量
011403004001	黑板框油漆	黑板框刷调和漆两遍	m	10.4

【例 8-112】 某建筑平面布置如图 8-109 所示，踢脚板的高度为 300mm，门洞侧面宽 100mm，踢脚板刷涂料。计算踢脚板涂料的清单工程量。

【解】 踢脚板涂料工程量＝（3.8－0.24）×2×3＋（5.5－0.24）×2×3－1×3＋0.1×6＝50.52（m）

清单工程量计算见表 8-137。

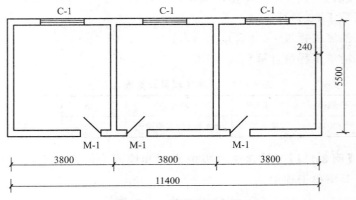

图 8-109　建筑平面布置

注：C-1 1800mm×2100mm，M-1 1000mm×2700mm。

表 8-137　清单工程量计算表（九十二）

项目编码	项目名称	项目特征描述	计量单位	工程量
011407004001	线条刷涂料	踢脚板刷涂料,高 300mm	m	50.52

【例 8-113】　某博物馆室内设计为墙面贴织锦缎（图 8-110），吊平顶标高为 3.3m，木墙裙高度为 1.2m，窗洞口侧壁为 100mm，窗口高度为 1100mm。计算织锦缎的清单工程量。

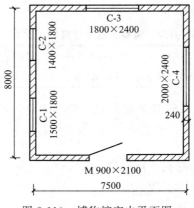

图 8-110　博物馆室内平面图

【解】 织锦缎工程量＝[(8－0.24)＋(7.50－0.24)]×2×(3.3－
　　　　1.2)－0.9×(2.1－1.2)－1.5×(1.8－
　　　　0.1)－1.4×(1.8－0.1)－1.8×(2.4－
　　　　0.1)－2.0×(2.4－0.1)＋1.8×2×0.1＋
　　　　1.8×2×0.1＋2.4×2×0.1＋2.4×2×
　　　　0.1＝50.28（m²）

清单工程量计算见表 8-138。

表 8-138　清单工程量计算表（九十三）

项目编码	项目名称	项目特征描述	计量单位	工程量
011408002001	织锦缎裱糊	墙面贴锦缎	m²	50.28

8.14　电气设备安装工程

【例 8-114】　图 8-111 所示为一办公楼，该办公楼的配电是由临近的变电所提供的，另外在工厂内部还有一套供紧急停电情况下使用的发电系统。试计算该配电工程所用仪器的工程量。

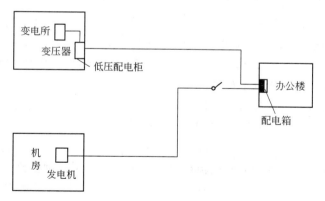

图 8-111　某办公楼的配电图

【解】　（1）基本工程量

由图 8-111 可以看出所用仪器的工程量如下。

① 整流变压器：1台

② 低压配电柜：1台

③ 发电机：1台

④ 配电箱：1台

（2）清单工程量

清单工程量计算见表 8-139。

表 8-139　清单工程量计算表（九十四）

序号	项目编码	项目名称	项目特征描述	计量单位	工程量
1	030401003001	整流变压器	容量 100kV·A 以下	台	1
2	030406001001	发电机	空冷式发电机，容量 1500kW 以下	台	1
3	030404017001	配电箱	悬挂嵌入式，周长 2m	台	1
4	030404004001	低压配电柜	重 30kg 以下	台	1

【例 8-115】　某工程的工程内容包括动力配电箱两台，其中，一台挂墙安装，型号为 XLX（箱高 0.6m、宽 0.5m、深 0.3m），电源进线为 VV22-1KV4×25（G50），出线为 BV-5×10（G32），共四个回路；另一台落地安装，型号为 XL（F）-15（箱高 1.8m、宽 0.9m、深 0.7m），电源进线为 VV22-1KV4×95（G80），出线为 BV-5×16（G32），共五个回路。配电箱基础采用 10 号槽钢制作。试计算其清单工程量。

【解】　（1）基本工程量

① 基础槽钢制作、安装（10 号）

$(0.9+0.7)×2=3.2m$

因为有一台动力配电箱是落地安装，需安装基础槽钢。而落地安装的动力配电箱的宽和深为 0.9m 和 0.7m，所以基础槽钢的工程量为 $2×(0.9+0.7)=3.2m$。

② 压铜接线端子（10mm²）

$5×4=20$ 个

因为挂墙安装的配电箱有四个回路。

③ 压铜接线端子（16mm²）

5×5＝25（个）

落地安装的配电箱有五个回路。

（2）清单工程量

清单工程量见表8-140。

表8-140　清单工程量计算表（九十五）

序号	项目编码	项目名称	项目特征描述	计量单位	工程量
1	030404017001	动力配电箱	型号：XLX　规格：高0.6m、宽0.5m、深0.3m (1)箱体安装 (2)压铜接线端子	台	1
2	030404017002	动力配电箱	型号：XL(F)-15　规格：高1.8m、宽0.9m、深0.7m (1)基础槽钢(10号)制作、安装 (2)箱体安装 (3)压铜接线端子	台	1

【例8-116】　××工程设计安装3台控制屏，该屏为成品，内部配线已做好。设计要求需做基础槽钢和进出的接线。试编制控制屏的工程量清单。

【解】　控制屏的工程量清单见表8-141。

表8-141　分部分项工程量清单（一）

工程名称：××工程　　　　　　　　　　　　　　第　页　共　页

项目编码	项目名称	项目特征描述	计量单位	工程量
030404001001	控制屏安装	基础槽钢制作、安装；焊、压接线端子	台	3

【例8-117】　某配电工程如图8-112所示，层高4.0m，配电箱安装高度1.9m。计算管线工程清单工程量。

【解】　（1）基本工程量

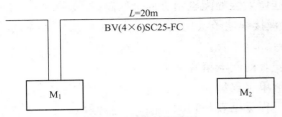

图 8-112　配电工程图

配电箱 M_1 有进出两根立管，垂直部分有 3 根管，层高 4.0m，配电箱为 1.9m，所以垂直部分为 $4.0-1.9=2.1$（m）

$20+(4.0-1.9)\times3=26.3$（m）

$BV6=26.3\times4=105.2$（m）

（2）清单工程量

清单工程量计算见表 8-142。

表 8-142　清单工程量计算表（九十六）

项目编码	项目名称	项目特征描述	计量单位	工程量
030404017001	配电箱	安装高度 1.9m	台	2
030411004001	电气配线	BV(4×6)SC25-FC	m	105.2

【例 8-118】　已知如图 8-113 所示为某工程的闭路电视系统图，该工程为 7 层楼建筑，层高为 3m。①控制中心设在第 1 层，设备均安装在第 1 层，为落地安装，出线从地沟，然后引到线槽处，且垂直到每层楼的电气元件。②由地区电视干线引出弱电中心前端箱，然后由地沟分支电缆通过垂直竖线槽到各住户。

【解】　（1）基本工程量

前端箱　　　　　　1 台

电视插座　　　　　7 个　　　1×7，每层一个

干线放大器　　　　2 个　　　1+1，3 层、6 层各一个

二分支器　　　　　10 个　　　1×10，每层一个

闭路同轴电缆　　　69m　　　（21+6+6×7）m（垂直＋第 1 层出线＋7 层平面）

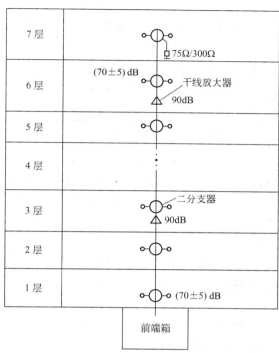

图 8-113　闭路电视系统图

线槽 200×75　　　21m　　　垂直高度

管子敷设　　　　56m　　　8×7m　8m 为每层无线长度

（2）清单工程量

清单工程量计算见表 8-143。

表 8-143　清单工程量计算表（九十七）

序号	项目编码	项目名称	项目特征描述	计量单位	工程量
1	030505007001	前端射频设备	前端箱	套	1
2	030505005001	射频同轴电缆	同轴电缆	m	69
3	030505013001	分配网络设备	二分支器	个	7
4	030505012001	干线设备	干线放大器	个	2

【例 8-119】 某工程设计安装蓄电池 20 个，试编制蓄电池的工程量清单。

【解】 蓄电池的工程量清单见表 8-144。

表 8-144 分部分项工程量清单（二）

工程名称：××工程 　　　　　　　　　　　　　　　　　第 页 共 页

项目编码	项目名称	项目特征描述	计量单位	工程量
030405001001	蓄电池	名称、型号；容量	个	20

【例 8-120】 某电缆工程采用电缆沟敷设，沟长 400m，共 24 根电缆 VV29（3×120+2×35），分四层，双边，支架镀锌。试列出项目和工程量。

【解】 （1）基本工程量

电缆沟支架制作安装工程量：400×2＝800（m）

电缆敷设工程量：（400+1.5+1.5×2+0.5×2+3）×24＝9804（m）

（2）清单工程量

清单工程量计算见表 8-145。

表 8-145 清单工程量计算表（九十八）

项目编码	项目名称	项目特征描述	计量单位	工程量
030408001001	电力电缆	采用电缆沟敷设，共 24 根 VV29（3×120+2×35）	m	9804

【例 8-121】 某建筑防雷及接地装置如图 8-114～图 8-117 所示。试计算其工程量，并列出工程量清单。

【解】 （1）基本工程量

① 避雷带线路长度：15×2+12×2＝54（m）

注：避雷网除沿着屋顶周围装设外，在屋顶上还用圆钢或扁钢纵横连成网。在房屋的沉降处应多留 100～200mm。

② 避雷引下线：（18+1）×2-2×4＝30（m）

③ 接地极挖土方：（3.0×2+6×4）×0.36＝10.8（m³）

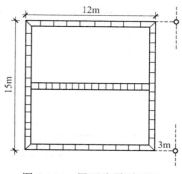

图 8-114 屋面防雷平面图

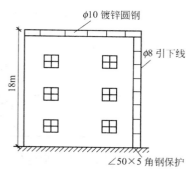

图 8-115 引下线安装

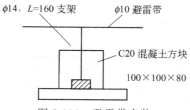

图 8-116 避雷带安装

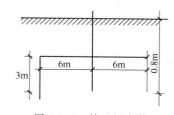

图 8-117 接地极安装

④ 接地极制作安装：2 根（$\phi 50$，$l=25$m 钢管）

⑤ 接地母线埋设：$3.0\times2+6\times4+0.8\times2+4\times0.5=33.6$（m）

⑥ 断接卡子制作安装：$2\times1=2$（个）

⑦ 断接卡子引线：$2\times1.5=3$（m）

⑧ 混凝土块制作：

避雷带线路总长÷1(混凝土块间隔)=$54\div1=54$（个）

⑨ 接地电阻测试：2 次

（2）清单工程量

清单工程量计算见表 8-146。

表 8-146　清单工程量计算表（九十九）

项目编码	项目名称	项目特征描述	计量单位	工程量
030409005001	避雷带	避雷网沿屋顶周围敷设，圆钢或扁钢连成网	m	54

项目编码	项目名称	项目特征描述	计量单位	工程量
030409003001	引下线	避雷引下线敷设	m	30
030409001001	接地极	接地极制作安装，$\phi 50$，$l = 25m$ 钢管	根	2
030409002001	接地母线	接地母线埋设	m	33.6
030414011001	接地极测试	接地电阻测试	系统	2

【例 8-122】 已知某电气工程中的电气调整试验，试编制电气调整试验的工程量清单。

【解】 电气调整试验的工程量清单见表 8-147。

表 8-147 分部分项工程量清单（三）

工程名称：××电气工程　　　　　　　　　　　第　页　共　页

项目编码	项目名称	项目特征描述	计量单位	工程内容
030414002001	送配电装置系统	型号；电压等级（kV）	系统	系统调试

【例 8-123】 图 8-118 所示为某房间照明系统中 1 回路。图例见表 8-148。试编制分部分项工程量清单。

说明：

（1）照明配电箱 AZM 电源由本层总配电箱引来，配电箱为嵌入式安装。

（2）管路均为镀锌钢管 $\phi 20mm$ 沿墙、顶板暗配，顶管敷管标高 4.60m。管内穿阻燃绝缘导线 2RBVV-500 1.5mm^2。

（3）开关控制装饰灯 FZS-164 为隔一控一。

（4）配管工程长度见图示上的数字，单位为 m。

表 8-148 图例

序号	图例	名称、型号、规格	备注
1	○	装饰灯 XDCZ-50　8×100W	吸顶
2	○	装饰灯 FZS-164　1×100W	

序号	图例	名称、型号、规格	备注
3		单联单控开关（暗装）　10A；250V	安装高度 1.5m
4		三联单控开关（暗装）　10A；250V	
5		排风扇 300×300　1×60W	吸顶
6		照明配电箱 AZM 300mm×200mm×120mm	箱底标高 1.8m

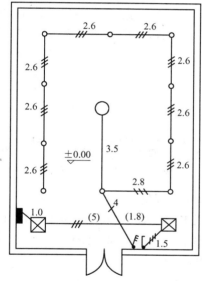

图 8-118　照明系统 1 回路示意（单位：m）

【解】　清单工程量计算见表 8-149。

表 8-149　清单工程量计算表（一百）

项目编码	项目名称	项目特征描述	计量单位	工程量
030412004001	装饰灯	XDCZ-50　8×100W	套	1
030412004002	装饰灯	FZS-164　1×100W	套	10
030404017001	配电箱	AZM　300×200×120	台	1

项目编码	项目名称	项目特征描述	计量单位	工程量
030404031001	小电器	单联单控开关 10A;250V	个(套)	1
030404031002	小电器	三联单控开关 10A;250V	个(套)	1
030404031003	小电器	排风扇 300×300,1×60W	个(套)	2
030411004001	电气配线	2RBVV-500 1.5mm²	m	124.1
030411001001	电气配管	镀锌钢管 φ20	m	45.2

【例 8-124】 图 8-119 所示为一架空线路图，混凝土电杆高 15m，间距 50m，属于丘陵地区架设施工，选用 BLX-(3×70+1×35)，室外杆上变压器容量为 320kVA，变压器台杆高 18m。试计算清单工程量。

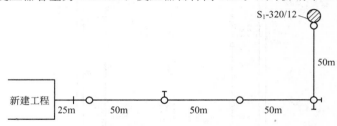

图 8-119 外线工程平面图

【解】 （1）基本工程量

70mm² 的导线长度：(50×4+25)×3=675 （m）

35mm² 的导线长度：(50×4+25)×1=225 （m）

普通拉线制作：4 组

立混凝土电杆：4 根

杆上变压器 320kV·A：1 台

进户线铁横担安装：1 组

（2）清单工程量见表 8-150。

表 8-150 清单工程量计算表 （一百零一）

项目编码	项目名称	项目特征描述	计量单位	工程量
030410001001	电杆组立	混凝土电杆,丘陵山区架设	根	4
030410003001	导线架设	选用 BLX-(3×70+1×35)	km	0.9

【例 8-125】 安装油浸式电力变压器，型号 SL_1-500kV·A/10kV，四台，基础型钢制作安装。试编制工程量清单计价表及综合单价计算表。

【解】（1）油浸式电力变压器安装，SL_1-500kV·A/10kV。

套用《全国统一安装工程预算定额（第二册）》（GYD-202—2000）2-2。

① 人工费：$274.92 \times 4 = 1099.68$（元）

② 材料费：$188.65 \times 4 = 754.6$（元）

③ 机械费：$273.16 \times 4 = 1092.64$（元）

（2）铁梯、扶手等构件制作、安装，4.4kg。

套用《全国统一安装工程预算定额（第二册）》（GYD-202—2000）2-358、2-359。

① 人工费：$(2.51 + 1.63) \times 4.4 = 18.22$（元）

② 材料费：$(1.32 + 0.24) \times 4.4 = 6.86$（元）

③ 机械费：$(0.41 + 0.25) \times 4.4 = 2.90$（元）

（3）综合

直接费合计：2974.9 元

管理费：$2974.9 \times 35\% = 1041.22$（元）

利润：$2974.9 \times 5\% = 148.75$（元）

总计：$2974.9 + 1041.22 + 148.75 = 4164.87$（元）

综合单价：$4164.87 \div 4 = 1041.22$（元）

结果见表 8-151 和表 8-152。

表 8-151　分部分项工程量清单计价表（二十二）

序号	项目编码	项目名称	项目特征描述	计量单位	工程数量	金额/元		
						综合单价	合价	其中直接费
1	030401001001	油浸式电力变压器安装	SL_1-500kV·A/10kV,基础型钢制作安装	台	4	1041.22	4164.87	2974.9

403

表 8-152 分部分项工程量清单综合单价计算表（二十二）

项目编号	030401001001	项目名称	油浸式电力变压器安装	计量单位	台	工程量	4

清单综合单价组成明细

定额编号	定额项目名称	定额单位	数量	单价/元			合价/元			
				人工费	材料费	机械费	人工费	材料费	机械费	管理费和利润
2-2	油浸式电力变压器安装 SL$_1$-500	台	4	274.92	188.65	273.16	1099.68	754.6	1092.64	1178.78
2-358 2-359	铁梯、扶手等构件制作、安装	kg	4.4	4.14	1.56	0.66	18.22	6.86	2.90	11.19
人工单价		小　计					1117.9	761.46	1095.54	1189.97
23 元/工日		未计价材料费					—			
清单项目综合单价/元							1041.22			

（4）编制分部分项工程量清单合价表（见表 8-153）

表 8-153 分部分项工程量清单合价（一）

项目编码	项目名称	项目特征描述	计量单位	工程数量	金额/元	
					综合单价	合价
030406006	低压交流异步电动机	名称、型号、类别控制保护方式	台	5	—	
030406006001	防爆电机 3kW 以下	防爆、3kW 以下	台	5	175.56	877.8
本页小计			台	5		877.8
合计			台	5		877.8

【例 8-126】 某工程需安装电机检查接线及调试，如图 8-120 所示。计算其工程量综合单价、合价及编制相应表格。

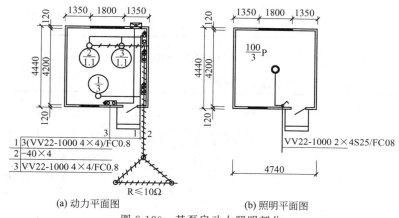

(a) 动力平面图　　　　　　(b) 照明平面图

图 8-120　某泵房动力照明部分

防爆照明开关 SW-10　　防爆操作柱 LBZ-10ZD
防爆灯具 DB53-1001G/D

说明：

（1）泵房电源引自维修间配电箱，户外电缆直埋敷设，户内电缆穿 $DN25mm$ 钢管埋地 0.2m 敷设，户外接地母线埋深 0.8m，接地装置安装参见国标图集 03D501-4，电气设备正常不带电的金属外壳均应可靠接地。

（2）房间为防爆照明，配线采用 BV-750 2.5mm^2，导线 2 根穿 $DN20mm$ 镀锌钢管沿墙面或顶板明敷，照明开关墙上明装，中心装高 1.3m；进线为电缆，过开关后换为 BV 导线，风机配线进线为电缆，过操作柱后采用 BV-750 4mm^2，导线 4 根穿 $DN20mm$ 钢管沿地面暗敷，沿墙面明敷，操作柱均落地式安装。

【解】 （1）编制分部分项清单工程量（见表 8-154）

电机检查接线　　　3kW，1 台；1.1kW，2 台

电机调试　　　　　　　　　　3 台

表 8-154　分部分项工程量清单（四）

序号	项目编码	项目名称	项目特征描述	计量单位	工程数量
1	030406006	低压交流异步电动机	名称、型号、类别；控制保护方式	台	3
	030406006001	防爆电机 3kW 以下	防爆、3kW 以下	台	3

（2）编制分部分项工程量清单综合单价表（见表 8-155）

表 8-155　分部分项工程量清单综合单价计算表（二十三）

项目编号	030406006001	项目名称	防爆电机 3kW 以下	计量单位	台	工程量	3

清单综合单价组成明细

定额编号	定额项目名称	定额单位	数量	单价/元			合价/元			
				人工费	材料费	机械费	人工费	材料费	机械费	管理费和利润
2-448	防爆电机 3kW 以下	台	3	81.73	34.32	9.45	245.19	102.96	28.35	150.6
人工单价		小计					245.19	102.96	28.35	150.6
23 元/工日		未计价材料费					—			
清单项目综合单价/元							175.7			

注：管理费率 35％，利润率 5％。

（3）编制分部分项工程量清单合价表（见表 8-156）

表 8-156　分部分项工程量清单合价（二）

序号	项目编码	项目名称	项目特征描述	计量单位	工程数量	金额/元	
						综合单价	合价
1	030406006	低压交流异步电动机	名称、型号、类别控制保护方式	台	3		
	030406006001	防爆电机 3kW 以下	防爆、3kW 以下	台	3	175.7	527.1
本页小计				台	3	527.1	
合计				台	3	527.1	

【例 8-127】　吸顶式荧光灯具，组装型，单管，30 套。试计算清单工程量。

【解】（1）吸顶式荧光灯具安装

① 人工费：55.73/10×30＝167.19（元）

② 材料费：42.69/10×30＝128.07（元）

（2）主材

吸顶式荧光灯：35×1.01×30＝1060.5（元）

（3）综合

直接费合计：1355.76 元

管理费：1355.76×35％＝474.52（元）

利润：1355.76×5％＝67.79（元）

总计：1355.76＋474.52＋67.79＝1898.07（元）

综合单价：1898.07÷30＝63.27（元）

结果见表 8-157 和表 8-158。

表 8-157　分部分项工程量清单计价表（二十三）

项目编码	项目名称	项目特征描述	计量单位	工程数量	金额/元		
					综合单价	合价	其中直接费
030412005001	吸顶式荧光灯灯具	组装型、单管	套	30	63.27	1898.07	1355.76

表 8-158　分部分项工程量清单综合单价计算表（二十四）

项目编号	030412005001		项目名称	吸顶式荧光灯灯具		计量单位	套	工程量	30

清单综合单价组成明细

定额编号	定额项目名称	定额单位	数量	单价/元			合价/元			
				人工费	材料费	机械费	人工费	材料费	机械费	管理费和利润
2-1585	吸顶式荧光灯灯具（组装型）单管	10套	3.0	55.73	42.69	—	167.19	128.07		542.31
人工单价		小计					167.19	128.07		542.31
23元/工日		未计价材料费					—			
清单项目综合单价/元							63.27			

407

	主要材料名称、规格、型号	单位	数量	单价/元	合价/元	暂估单价/元	暂估合价/元
材料费明细	吸顶式荧光灯	套	30.3	35	1060.5		
	其他材料费			—	—	—	—
	材料费小计			—	1060.5	—	

【例 8-128】 塑料槽板配线，砖混结构，三线，BVV-2.5mm²，长 900m。试计算清单工程量。

【解】（1）塑料槽板配线（三线），砖混结构，BVV-2.5mm²。

套用《全国统一安装工程预算定额（第二册）》（GYD-202-2000）2-1311。

① 人工费：406.12/100×（900÷3）＝1218.36（元）

② 材料费：79.70/100×（900÷3）＝239.1（元）

（2）主材

① 绝缘导线 BVV-2.5mm²：0.8×2.26×300＝542.4（元）

② 塑料槽板 38-63：21×1.05×300＝6615（元）

（3）综合

直接费合计：8614.86 元

管理费：8614.86×35％＝3015.20（元）

利润：8614.86×5％＝430.74（元）

总计：8614.86＋3015.20＋430.74＝12060.8（元）

综合单价：12060.8÷900＝13.40（元）

结果见表 8-159 和表 8-160。

表 8-159 分部分项工程量清单计价表（二十四）

序号	项目编码	项目名称	项目特征描述	计量单位	工程数量	金额/元		
						综合单价	合价	其中 直接费
1	030411002015	塑料槽板配线	砖混结构，三线，BVV-2.5mm²	m	900	13.40	12060.8	8614.86

表 8-160　分部分项工程量清单综合单价计算表（二十五）

项目编号	030411002015	项目名称	塑料槽板配线	计量单位	m	工程量	900

清单综合单价组成明细

定额编号	定额项目名称	定额单位	数量	单价/元			合价/元			
				人工费	材料费	机械费	人工费	材料费	机械费	管理费和利润
2-1311	塑料槽板(三线)配线BVV-2.5mm² 砖混	100m	9.0	406.12	79.70	—	1218.36	239.1	—	3445.94
人工单价			小　计				1218.36	239.1		3445.94
23 元/工日			未计价材料费				—			
清单项目综合单价/元							13.40			

材料费明细	主要材料名称、规格、型号	单位	数量	单价/元	合价/元	暂估单价/元	暂估合价/元
	绝缘导线 BVV-2.5mm²	m	678	0.8	542.4		
	塑料槽板38-63	m	315	21	6615		
	其他材料费			—		—	
	材料费小计			—	7157.4	—	

8.15　给水排水、采暖、燃气工程

【例 8-129】　图 8-121 所示为某住宅的排水系统部分管道，管道采用承插铸铁管，水泥接口。试对其中承插铸铁管进行工程量计算。

【解】　承插铸铁管 $DN50$mm：

0.9m(从节点 0 到节点 1 处)＋0.8m(从节点 1 到节点 2 处)＝1.7（m）

$DN100$mm：1.3m(从节点 3 至节点 2 处)＝1.3（m）

$DN150$mm：3.6m(从节点 2 到节点 4 处)＝3.6（m）

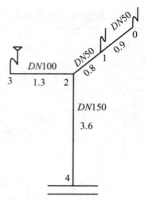

图 8-121　某住宅排水系统部分管道（单位：m）

清单工程量见表 8-161。

表 8-161　清单工程量计算表（一百零二）

项目编码	项目名称	项目特征描述	单位	数量
031001005001	承插铸铁管	$DN50mm$、排水	m	1.7
031001005002	承插铸铁管	$DN100mm$、排水	m	1.3
031001005003	承插铸铁管	$DN150mm$、排水	m	3.6

【例 8-130】　图 8-122 所示为室内给水镀锌钢管，规格型号有 $DN50mm$、$DN25mm$，连接方式为锌镀钢管丝接。试计算其工程量。

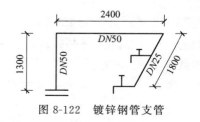

图 8-122　镀锌钢管支管

【解】　清单工程量计算如下。

410

（1）$DN50mm$：1.3m（给水立管楼层以上部分）＋2.4m（横支管长度）＝3.7（m）。

（2）$DN25mm$：1.8m（接水龙头的支管长度）。

（3）刷防锈漆一道，银粉两道。

其工程量计算：$3.14 \times (3.7 \times 0.060 + 1.8 \times 0.034) = 0.89$（m²）

（注：$DN50mm$ 的外径为 0.060，$DN25mm$ 的外径为 0.034。）

水龙头 2 个。

其清单工程量见表 8-162。

表 8-162　清单工程量计算表（一百零三）

项目编码	项目名称	项目特征描述	单位	数量
031001001001	镀锌钢管	室内给水 $DN40mm$	m	3.7
031001001002	镀锌钢管	室内给水 $DN25mm$	m	1.8
031004014001	水龙头	$DN25mm$	个	2

【例 8-131】　某两层住宅给水系统如图 8-123 所示，立管、支管均采用塑料管 PVC 管，给水设备有 3 个水龙头，一个自闭式冲洗阀。试计算其工程量。

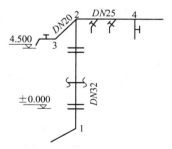

图 8-123　塑料管给水管道

【解】　塑料管清单工程量如下。

$DN32mm$　6.3m（节点 1 至节点 2 的长度）

411

$DN25\text{mm}$ 3.0m（节点 2 至节点 4 的长度）$\times 2 = 6$（m）

$DN20\text{mm}$ 1.6m（节点 2 至节点 3 的长度）$\times 2 = 3.2$（m）

清单工程量计算见表 8-163。

表 8-163   清单工程量计算表（一百零四）

项目编码	项目名称	项目特征描述	单位	工程量
031001006001		给水管 $DN32\text{mm}$ 室内	m	6.3
031001006002	塑料管	给水管 $DN25\text{mm}$ 室内	m	6.0
031001006003		给水管 $DN20\text{mm}$ 室内	m	3.2

【例 8-132】   图 8-124 所示为水箱安装示意，计算其工程量。水箱制作用去钢板 700kg，面积 25m^2。计算其清单工程量。

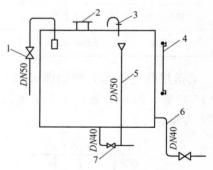

图 8-124   水箱安装示意

1—水位控制阀；2—人孔；3—通气管；4—液位计；
5—溢水管；6—出水管；7—泄水管

【解】

水箱	1 套	制作钢板	700kg
$DN50\text{mm}$ 镀锌钢管	5.6m	$DN50$ 阀门	1 个
$DN40\text{mm}$ 镀锌钢管	3.2m	$DN40$ 阀门	2 个
液位计	1 个	刷油刷漆量	25m²

清单工程量计算见表 8-164。

表 8-164　　清单工程量计算表（一百零五）

项目编码	项目名称	项目特征描述	计量单位	工程量
031004013001	水箱制作安装	钢板制作	套	1
031001001001	镀锌钢管	$DN50mm$	m	5.6
031001001002		$DN40mm$	m	3.2
031003001001	螺纹阀门	$DN50mm$	个	1
031003001002		$DN40mm$	个	2

【例 8-133】　消防系统工程量计算，其给水平面图及系统图如图 8-125 和图 8-126 所示。计算其清单工程量。

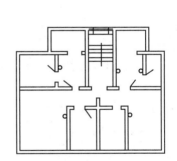

图 8-125　某住宅消防给水平面图

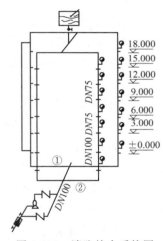

图 8-126　消防给水系统图

【解】　（1）消防给水管为镀锌钢管，二层以上管道为 $DN75mm$，二层以下管道为 $DN100mm$。

① $DN100mm$ 镀锌钢管

[3(二层至一层高度)+1.2(水喷头距地面高度)+1.0(消防给水立管埋深)]×4+8(消防埋地横管①)+7.2(消防埋地横管②)+7.2(横管连接管长度)+3.2(消防给水管旁通管部分)+3.6(与旁通管并列的水泵给水管部分长度)+7(水表井至户外部分长度)=57（m）

413

② $DN75\mathrm{mm}$ 镀锌钢管

3(楼层高度)×5(七层至二层)×4+2.0(七层水喷头至七层顶部长度)×4+15.2(消防上部横管长度)+4.6(上部两横管连接管)+2.8(消防水箱入水口至上部横管连接管长度)=90.6（m）

（2）消防给水系统附件及附属设备

① 消防水箱安装 1 个。

② 给水泵 1 台。

③ 止回阀 1×2=2（个）。

④ 消火栓 7×4=28（套）。

⑤ 水表 1 组。

（3）防腐

消防给水管全部为镀锌钢管，明装部分刷防锈漆一道，银粉两道，埋地部分刷沥青油两道，冷底子油一道。

其工程量计算如下。

① 明装部分：$DN75\mathrm{mm}$　90.6m

　　　　　　　$DN100\mathrm{mm}$　（3+1.2）×4=16.8（m）

换算为面积：3.14×（0.085×90.6+0.11×16.8）=29.98（m²）

② 埋地部分：$DN100\mathrm{mm}$　57-16.8=40.2（m）

换算为面积：3.14×0.11×40.2=13.89（m²）

清单工程量计算见表 8-165。

表 8-165　清单工程量计算表（一百零六）

项目编码	项目名称	项目特征描述	计量单位	工程量
030901002001	消火栓镀锌钢管	室内,$DN100\mathrm{mm}$,给水	m	57.00
030901002002	消火栓镀锌钢管	室内,$DN75\mathrm{mm}$,给水	m	90.6
030901010001	消火栓	$DN75\mathrm{mm}$	套	28
031003013001	水表	$DN100\mathrm{mm}$	组	1

414

项目编码	项目名称	项目特征描述	计量单位	工程量
031003001001	螺纹阀门	$DN100mm$	个	1
031003001002	螺纹阀门	$DN75mm$	个	1

【例 8-134】 某采暖系统供水总立管如图 8-127 所示，每层距地面 1.8m 处均安装立管卡。试计算立管管卡工程量。

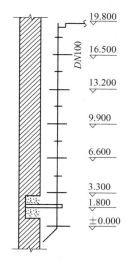

图 8-127 采暖供水总立管示意

【解】 工程量：6(支架个数)×1.41(单支架重量)=8.46 （kg）

清单工程量计算见表 8-166。

表 8-166 清单工程量计算表 (一百零七)

项目编码	项目名称	项目特征描述	计量单位	工程量
031002001001	管道支架制作安装	立管支架 $DN100mm$	kg	8.46

【例 8-135】 某建筑采暖系统热力入口如图 8-128 所示，由室外热力管井至外墙面的距离为 2.0m，供回水管为 $DN125mm$ 的焊

接钢管。试计算该热力入口的供、回水管的工程量。

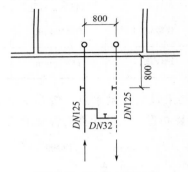

图 8-128　热力入口示意

【解】　（1）室外管道

采暖热源管道以入口阀门或建筑物外墙皮 1.5m 为界，这是以热力入口阀门为界。

DN125mm 钢管（焊接）管长：

[2.0（接入口与外墙面距离）－0.8（阀门与外墙面距离）]×2（供、回水管）=2.4（m）

钢管，项目编码：031001002，计量单位：m。

工程数量：$\dfrac{2.4}{1} = 2.4$

（2）室内管道

DN125mm 钢管（焊接）管长：[0.8（阀门与外墙面距离）+0.37（外墙壁厚）+0.1（立管距外墙内墙面的距离）]×2（供回水两根管）=2.54（m）

钢管 DN125mm，项目编码：031001002，计量单位：m。

工程数量：$\dfrac{2.54}{1} = 2.54$

【例 8-136】　疏水器安装如图 8-129 所示，试计算其工程量。

【解】　疏水器：1 组。

DN32mm 螺纹连接：2.4m。

416

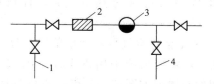

图 8-129　疏水器安装示意

1—冲洗管；2—过滤器；3—疏水器；4—检查管及阀门

过滤器：1 台。

冲洗管：1 个。

检查管：1 个。

$DN32$mm 截止阀：4 个。

清单工程量计算见表 8-167。

表 8-167　清单工程量计算表（一百零八）

项目编码	项目名称	项目特征描述	单位	工程量
031003007001	疏水器	$DN32$mm 螺纹连接	组	1
031003001001	螺纹阀门	管径 $DN32$mm	个	4

【例 8-137】　某办公大楼采暖系统中热空气幕布置如图 8-130 所示，为满足人体的舒适以及系统的平衡，在其主要开启外门安装 RML/W-1×12/4 热空气幕两台，RML/W-1×8/4 热空气幕两台。试计算其工程量。

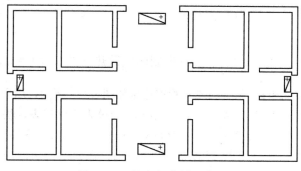

图 8-130　热空气幕平面布置

417

【解】 RML/W-1×12/4 型热空气幕，计量单位：台，工程量：2。

RML/W-1×8/4 型热空气幕，计量单位：台，工程量：2。

【例 8-138】 某采暖系统采用钢串片（闭式）散热器进行采暖，其中一房间的布置图如图 8-131 和图 8-132 所示，其中所连支管为 $DN20mm$ 的焊接钢管（螺纹连接）。试计算其工程量。

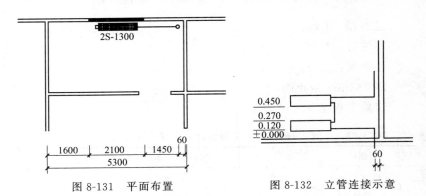

图 8-131 平面布置　　　　图 8-132 立管连接示意

【解】 （1）钢制闭式散热器 2S-1300

项目编码:031005002,计量单位:片,工程量：$\dfrac{1\times2(每组片数)}{1(计量单位)}=2$

（2）焊接钢管 $DN20mm$（螺纹连接）

项目编码：031001002，计量单位：m

工程量：$\left[\dfrac{5.3}{2}(房间长度一半)-0.12(半墙厚)-0.06(立管中$

$心距内墙边距离)\right]\times2-1.3(钢制闭式散热器的长度)=3.64(m)$

【例 8-139】 某室内燃气管道连接如图 8-133 所示，用户采用的是双眼灶具 JZ-2，燃气表采用的是 $2m^3/h$ 的单表头燃气表，快速热水器为平衡式，室内管道为镀锌钢管 $DN20mm$。试计算其工程量。

【解】 （1）镀锌钢管 $DN20mm$ 计量单位：m；项目编码：031001001

418

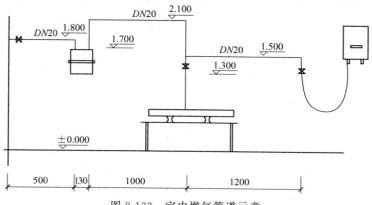

图 8-133 室内燃气管道示意

工程量：{(0.5+1.0+1.2)(水平管长度)+[(1.8-1.7)+

(2.1-1.7)+(2.1-1.3)+(1.5-1.3)](竖直

管长度)}/1(计量单位)

=(2.7+1.5)/1

=4.2

（2）螺纹阀门旋塞阀 $DN20$mm 2 个，球阀 $DN20$mm 1 个

旋塞阀项目编码：031003001，计量单位：个，工程量：$\dfrac{2}{1}=2$

球阀项目编码：031003001，计量单位：个，工程量：$\dfrac{1}{1}=1$

（3）单表头燃气表 2m^3/h，项目编码：031007005，计量单位：块，工程量：1

（4）燃气快速热水器直排式，项目编码：031007004，计量单位：台，工程量：$\dfrac{1}{1}=1$

（5）气灶具：双眼灶具 JZ-2，项目编码：031007006，计量单位：台，工程量：$\dfrac{1}{1}=1$

【例 8-140】 某室内燃气管道一管段如图 8-134 所示，燃气管道采用无缝钢管 D219×6 为防腐，外刷沥青底漆三层，夹玻璃布两层。试计算该管道清单工程量。

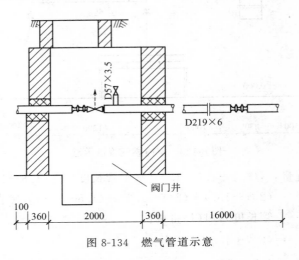

图 8-134　燃气管道示意

【解】（1）燃气管道调长器 $DN200$mm

项目编码：031007010，计量单位：个，工程量：1

（2）焊接法兰阀 $DN50$mm

项目编码：031003003，计量单位：个，工程量：1

（3）法兰 $DN200$mm

项目编码：031003011，计量单位：副，工程量：1

（4）无缝钢管 D219×6

项目编码：031001002，计量单位：m。

工程量：$0.1+0.36+2.0+0.36+16.0=18.82$（m）

【例 8-141】 某南方建筑，燃气立管完全敷设在外墙上，引入管采用 D57×3.5 无缝钢管，燃气立管采用镀锌钢管，该燃气由中压管道经调节器后供给用户，调压器设在专用箱体内，调压箱挂在外墙壁上，调压箱底部距室外地坪高度为 1.5m，其系统简图如

图 8-135 所示，图中标高 0.700 处安有清扫口，采用法兰连接，镀锌钢管外刷防锈漆两道，银粉漆两道。试计算其工程量。

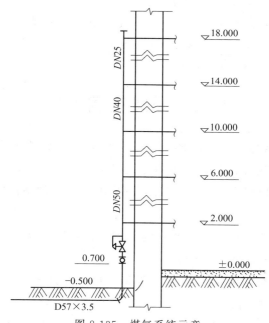

图 8-135　煤气系统示意

【**解**】　（1）$DN50\text{mm}$ 煤气调压器安装

项目编码：031007008，计量单位：个，工程量：1

（2）$DN50\text{mm}$ 法兰焊接连接

项目编码：031003011，计量单位：副，工程量：1

（3）$DN50\text{mm}$ 镀锌钢管

项目编码：031001001，计量单位：m，工程量：

$$\frac{10.000-2.000（\text{标高差}）}{1（\text{计量单位}）}=8$$

（4）$DN40\text{mm}$ 镀锌钢管

项目编码：031001001，计量单位：m，工程量：

$$\frac{14.000-10.000(标高差)}{1(计量单位)}=4$$

（5）$DN25\mathrm{mm}$ 镀锌钢管

项目编码：031001001，计量单位：m，工程量：

$$\frac{18.000-14.000(标高差)+0.2}{1(计量单位)}=4.2$$

8.16 通风空调工程

【例 8-142】 某通风系统设计圆形渐缩风管均匀送风，采用 $\delta=2\mathrm{mm}$ 的镀锌钢板，风管直径为 $D_1=900\mathrm{mm}$，$D_2=340\mathrm{mm}$，风管中心线长度为 110m。试计算圆形渐缩风管的制作安装清单项目工程量。

【解】 （1）圆形渐缩风管的平均直径：$D=(D_1+D_2)\div2=(900+340)\div2=620$（mm）

（2）制作安装清单项目工程量：$F=\pi LD=3.1416\times110\times0.62=214.15$（$\mathrm{m}^2$）

【例 8-143】 某空气调节系统的风管采用薄钢板制作，风管截面积为 $500\mathrm{mm}\times160\mathrm{mm}$，风管中心线长度为 110m；要求风管外表面刷防锈漆一道。试计算该项目的制作安装工程量。

【解】 （1）清单项目工程量：$F=2(A+B)L$
$$=2\times(0.5+0.16)\times110=145.2(\mathrm{m}^2)$$

（2）施工量

① 风管制作安装工程量：$F=2(A+B)L$
$$=2\times(0.5+0.16)\times110=145.2（\mathrm{m}^2）$$

② 除锈刷油工程量：$S=F\times1.2=145.2\times1.2=174.24$（$\mathrm{m}^2$）

【例 8-144】 图 8-136 所示为一单叶片风管导流片。计算其制作安装工程量。

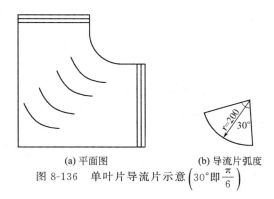

(a) 平面图　　　　　　(b) 导流片弧度

图 8-136　单叶片导流片示意 $\left(30°即\dfrac{\pi}{6}\right)$

【解】　工程量：$0.2×\dfrac{\pi}{6}×0.3=0.03$（m^2）

【例 8-145】　某管道尺寸如图 8-137 所示。试计算其清单工程量（$\delta=2$mm，不含主材费）。

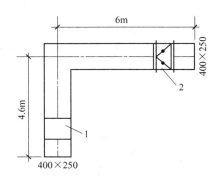

图 8-137　管道尺寸示意

1—帆布软连接，长 320mm；2—对开式多叶调节阀，长 240mm

【解】　（1）风管（400×250）工程量计算

长度 $L_1=4.6-0.32+6-0.24=10.04$（m）

工程量：$2×(0.4+0.25)×L_1=2×(0.4+0.25)×10.04=13.05$（m^2）

（2）帆布软连接工程量计算

423

长度 $L_2=0.32m$

工程量：0.32m

（3）400×250 手动密闭式对开多叶阀的工程量为 1 个

清单工程量计算见表 8-168。

表 8-168　清单工程量计算表（一百零九）

项目编码	项目名称	项目特征描述	计量单位	工程量
030702001001	碳钢通风管道制作安装	尺寸 400×250	m²	13.05
030702008001	柔性软风管	长度 0.32m	m	0.32
030703001001	碳钢调节阀制作安装	管径 400×250	个	1

【例 8-146】　某矩形风管尺寸如图 8-138 所示，风管材料采用优质碳素钢，镀锌钢板厚为 0.75mm，风管保温材料采用厚度 60mm 的玻璃棉毯，防潮层采用油毡纸，保护层采用玻璃布。试计算其工程量（$\delta=2mm$，不含主材费）。

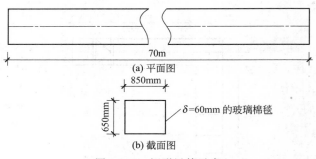

(a) 平面图

(b) 截面图

图 8-138　矩形风管示意

【解】　矩形风管工程量：$70×2×(0.85+0.65)=210$（m²）

清单工程量计算见表 8-169。

表 8-169　清单工程量计算表（一百一十）

项目编码	项目名称	项目特征描述	计量单位	工程量
030702001001	碳素钢镀锌钢板矩形风管	850×650，$\delta=0.75mm$，风管玻璃棉毯保温，$\delta=60mm$，油毡纸防潮层，玻璃布保护层	m²	210

424

【例8-147】 已知一段柔性软风管，如图 8-139 所示。试计算此柔性软风管（无保温套）的清单工程量（不含主材费）。

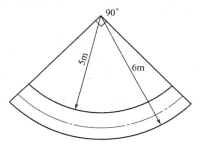

图 8-139 软风管示意

【解】 清单工程量：

$$L = \frac{1}{4} \times 2\pi \times \frac{5+6}{2} = 8.64 \ （m）$$

清单工程量计算见表 8-170。

表 8-170 清单工程量计算表（一百一十一）

项目编码	项目名称	项目特征描述	计量单位	工程量
030702008001	柔性软风管	$\phi500$	m	8.64

【例8-148】 某塑料通风管道如图 8-140 所示，断面尺寸为 300mm×300mm，壁厚 $\delta = 4mm$，总长度为 100m，其上有两个方形塑料插板阀（300mm×300mm，长度 500mm）。试计算其工程量。

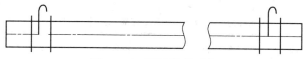

图 8-140 通风管道示意

【解】 （1）300mm×300mm 塑料风管的工程量：

$$S = 2 \times (0.3 + 0.3) \times (100 - 0.5 \times 2) = 118.8 \ （m^2）$$

（2）两个方形塑料插板阀的工程量为 2 个。

清单工程量计算见表 8-171。

表 8-171　清单工程量计算表（一百一十二）

项目编码	项目名称	项目特征描述	计量单位	工程量
030702005001	塑料通风管道制作安装	300mm×300mm	m²	118.8
030703005001	塑料风管阀门制作安装	300mm×300mm	个	2

【例 8-149】　某碳钢通风管道尺寸如图 8-141 所示。试计算其工程量。

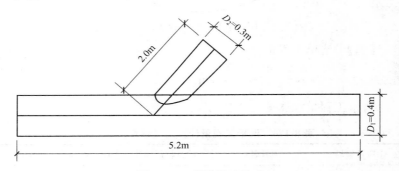

图 8-141　管道尺寸示意

注：通风管道主管与支管从其中心线交点处划分以确定其中心线长度。

【解】　$D_1 = 400$mm 工程量：$\pi D_1 L_1 = 3.14 \times 0.4 \times 5.2 = 6.53$（m²）

$D_2 = 300$mm 工程量：$\pi D_2 L_2 = 3.14 \times 0.3 \times 2.0 = 1.88$（m²）

清单工程量计算见表 8-172。

表 8-172　清单工程量计算表（一百一十三）

序号	项目编码	项目名称	项目特征描述	计量单位	工程量
1	030702001001	碳钢通风管道制作安装	直径为 400mm,长度 5.2m	m²	6.53
2	030702001002	碳钢通风管道制作安装	直径为 300mm,长度 2.0m	m²	1.88

【例 8-150】　某办公室安装空气加热器（冷却器）5 台，规格

型号为 KJ2501，重量为 30kg/个，支架为 8 号槽钢 8045kg/m×5m，金属支架刷防锈油漆一遍，刷调和漆两遍，如图 8-142 所示。计算加热器清单工程量。

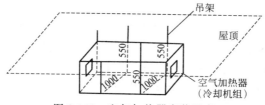

图 8-142　空气加热器安装示意

【解】　安装空气加热器（冷却器）5 台。

清单工程量计算见表 8-173。

表 8-173　清单工程量计算表（一百一十四）

项目编码	项目名称	项目特征描述	计算单位	工程量
030701001001	空气加热器（冷却器）	空气加热器（冷却器），规格型号为 KJ2501，重量为 30kg/个，支架为 8 号槽钢 8045kg/m×5m，金属支架刷防锈油漆二遍，刷调和漆两遍	台	5

【例 8-151】　风机盘管采用卧式暗装（吊顶式）3 台，如图 8-143所示。计算其清单工程量。

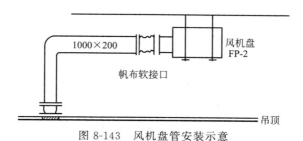

图 8-143　风机盘管安装示意

【解】　风机盘管采用卧式暗装 3 台。

清单工程量计算见表 8-174。

表 8-174　清单工程量计算表（一百一十五）

项目编码	项目名称	项目特征描述	计算单位	工程量
030701004001	风机盘管	吊顶式	台	3

【例 8-152】　图 8-144 所示的铝板渐缩管均匀送风管，大头直径为 750mm，小头直径 500mm，其上开一个 270mm×230mm 的风管检查孔孔长为 25m。计算其清单工程量。

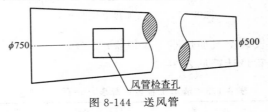

图 8-144　送风管

【解】　铝板风管的工程量 $S = L\pi(D+d)/2 = 25 \times 3.14 \times (0.75+0.5)/2 = 49.06$（m²）

清单工程量计算见表 8-175。

表 8-175　清单工程量计算表（一百一十六）

项目编码	项目名称	项目特征描述	单位	工程量
030702004001	铝板通风管道制作安装	$\phi_大$ 为 750mm，$\phi_小$ 为 500mm	m²	49.06

【例 8-153】　某矩形网式回风口如图 8-145 所示，矩形网式回风口采用 600mm×400mm 的尺寸安装共 9 个。计算其制作安装工程量。

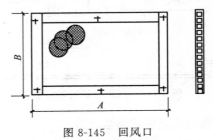

图 8-145　回风口

428

【解】 安装共 9 个。

清单工程量计算见表 8-176。

表 8-176 清单工程量计算表（一百一十七）

项目编码	项目名称	项目特征描述	计量单位	工程量
030703007001	吹风口	网式，600mm×400mm	个	9

参 考 文 献

[1] 中华人民共和国住房和城乡建设部. 建设工程工程量清单计价规范（GB 50500—2013）[S]. 北京：中国计划出版社，2013.

[2] 中华人民共和国建设部. 建筑工程建筑面积计算规范（GB/T 50353—2013）[S]. 北京：中国计划出版社，2014.

[3] 中华人民共和国建设部. 全国统一建筑工程基础定额（GJD-101—1995）[S]. 北京：中国计划出版社，2003.

[4] 中华人民共和国建设部. 全国统一建筑工程预算工程量计算规则（GJDGZ-101—1995）[S]. 北京：中国计划出版社，2002.

[5] 中华人民共和国建设部. 全国统一安装工程预算定额（第二册，GYD-202—2000）[S]. 北京：中国计划出版社，2001.

[6] 中华人民共和国建设部. 全国统一安装工程预算定额（第八册，GYD-208—2000）[S]. 北京：中国计划出版社，2001.

[7] 中华人民共和国建设部. 全国统一安装工程预算定额（第九册，GYD-209—2000）[S]. 北京：中国计划出版社，2001.

[8] 住房和城乡建设部标准定额司. 建设工程工程量清单计价规范（GB 50500—2013）宣贯辅导教材 [M]. 北京：中国计划出版社，2013.

[9] 于榕庆. 建筑工程计量与计价 [M]. 北京：中国建材工业出版社，2010.

[10] 刘镇. 工程造价控制 [M]. 北京：中国建材工业出版社，2010.

[11] 李蕙. 例解建筑工程工程量清单计价 [M]. 天津：华中科技大学出版社，2010.

[12] 张建新，徐琳. 土建工程造价员速学手册 [M]. 第 2 版. 北京：知识产权出版社，2011.